飛行工程概論

夏樹仁　編著

全華圖書股份有限公司

序言 Preface

1. 本書共分十章，其內容包括航空工程的入門知識以及飛機飛行的基本原理。以淺顯易懂的文字有系統的介紹有關飛行器飛行的知識，內容對「飛機結構」、「升力的產生」、「機翼概論」、「飛行材料」、「控制與平衡」、「推進系統」、「高速飛行展望」等均有詳盡的詮釋。本書適用於大專院校工學院各科系之選修科目，供一學期十六週之教學之用。其中第四章“機翼概論”及第九章“推進系統”，因資料太多可酌量於二或三週內授畢。
2. 本書係作者於工業技術研究院航太中心工作任內，於新竹市內之中華大學機械工程系及清華大學之動力機械系兼課之講義材料彙集而成，課名分別為“飛機概論”及“飛行器概論”，於大學部二年級或三年級選修。復於義守大學機械系二年級開授課名為“航空工程概論”其名雖異，但內容卻相同。頗受學生歡迎。
3. 本書撰寫之目的在于利用簡明的文字描述飛行的原理而儘量不引用枯燥的數學演練，作者抱著推廣航空工程知識給有興趣的青年學子及社會人士的熱誠，希望本書成為一本介紹航空科學知識的入門書籍，作者覺得本書可適合大專院校理工科學生之輔助教材，又因文字淺顯易明，又可為數理程度較好之中學生探討航空工程知識之課外讀物。
4. 本書內容主要是介紹或討論在地球大氣層內的飛行活動。至於大氣層外的太空船或是星球間之外太空活動的人造衛星或是太空船，以及火箭或飛彈之類並不在本書討論範圍之內。
5. 本書承蒙全華圖書公司惠予出版，特此誌謝。
6. 內人朱蕙嫦女士及小女懿德，在撰稿期內諸多督促及鼓勵，在此一併致謝。

夏樹仁　謹識

履歷 Curriculum Vitae

夏樹仁

- 籍貫：湖北省
- 出生日期：民國 27 年 7 月 1 日
- 婚姻狀況：已婚，育有一女
- 學歷：國立成功大學機械工程系學士 (民國 45-49 年)
  美國辛辛那堤大學航太工程系碩士 (民國 52-54 年)
  美國辛辛那堤大學航太工程系博士 (民國 54-56 年)
- 經歷：

民國 49-51 年　中華民國海軍少尉機務官。
民國 51-52 年　國立成功大學機械系助教。
民國 52-54 年　美國辛辛那堤大學航太研究所助教。
民國 54-56 年　美國辛辛那堤大學航太研究所講師兼研究員。
民國 54-56 年　美國通用電氣公司 (G.E.CO.) 飛彈及太空部門專案工程師及專案經理。
民國 61-71 年　美國通用電氣公司 (G.E.CO.) 航空引擎部門設計經理及專案經理。
民國 71-77 年　中科院航發中心航空研究所副所長及雲漢計劃主持人。
民國 71-81 年　美國聯合信號航太公司所屬國際渦輪引擎公司副總經理 (ALLIED SIGNAL AEROSPACE CO.)。
民國 81-87 年　工業技術研究院航太中心正研究員。
民國 83-85 年　中華工學院航太所及機械系兼任副教授。
民國 85-87 年　清華大學動機系兼任副教授
民國 87-92 年　私立義守大學機械系助理教授。

- 特殊事蹟：

1. 曾獲美國專利二項 (引擎另組件設計方面)。
2. 曾獲美國 G.E. 公司優秀經理獎狀及發明獎章。
3. 曾擔任美國航太學會會刊評審委員二年。
4. 美國航太學會 (AIAA) 資深會員 (FELLOW)。

5. 曾獲國防部雲麾勳章(獎勵研製經國號戰機有功)。
6. 曾發表專業論文九篇及研究報告三十五份(目錄備詢)。

Edward S. Hsia

- Supervised construction of the Engine Development Test Facility in Taichung, a complex for jet engine development and qualification tests built at a cost of $27 million.
- Planned and scheduled engine qualification and flight tests, completing over 10,000 engine testing hours and over 500 sorties.

GENERAL ELECTRIC CO., Aircraft Engine Group — Evendale, OH
Manager, Advanced Turbine Systems — 1979-1982

Defined and executed engineering design analysis and experimental development programs for improving cooled turbine performance and durability.

- Completed development work in establishing design capabilities in: highly sophisticated cooling systems for turbine components, liquid and steam cooling systems, DS-Eutectic blade, thermal-barrier coated turbine hardware, active turbine clearance control system, structural enhancement turbine components and low-cost fabricated blade for high temperature aircraft engines such as the ATEGG and JTDE.

Manager/Senior Engineer, Turbine Aero/Cooling System Design — 1972-1979

- Planned development engineering projects for advanced turbine engine systems.

- Executed detail design for advanced turbines,combusters and exhaust systems in the ATEGG series and GE23.
- Performed redesign work for most GE in-service engines: CF6-6, -50, F101, J101, CFM56 and TF34.
- Developed numerous computer design programs.

Project Engineer, Space and Missile Devision, Power and Propulsion Dept. 1967-1972.

Directed research and development in the areas of energy conversion, advanced power plant, space electricity generation, MHD and solar power generation, liquid metal technology, two-phase flow systems and nuclear energy conversions.

EDUCATION

B.S.M.E. 1960, National Cheng-kung University, Taiwan.
M.S.Ae.E. 1965, University of Cincinnati, Cincinnati, Ohio.
Ph.D. 1968, Aerospace Engineering, University of Cincinnati, Cincinnati, Ohio.
Completed 14 graduate credits towards the Master of Industrial Management and Administration from Union College, Schnectady, New York.

PROFESSIONAL ACTIVITIES

- 9 technical papers published in professional journals or presented at conferences in the fields of: turbine engine design and evaluation, heat transfer, liquid metal boiling and condensing, two-phase flow, MHD, and dissociating gas dynamics.

- 35 technical reports published by the University of Cincinnati, NASA, USAF, and the General Electric Company.
- Member of the Engineering Design and Practice Board, Aircraft Engine Group, General Electric Co. from 1978 to 1983.
- Member of the Reviewer Board of the Joumal of Aircraft and AIAA publications from 1979 to 1981.
- Associate Fellow, AIAA.
- 2 General Electric Patent Awards.

Edward S. Hsia (夏樹仁)

Ass. professor

M.E. Dept.

I.SHOU UNIVERSITY

TA-SHU, KAOSHIUNG, R.O.C. (TAIWAN)

QUALIFICATIONS

Over 20 years experience as an aerospace and mechanical engineer,with technical expertise in:

- turbine engine testing and manufacture
- heat transfer and turbine cooling design
- advanced power and propulsion systems
- long-term project research and development

EXPERIENCE

CENTER FOR AVIATION & SPACE TECHNOLOGY, INDUSTRY TECHNOLOGY RESEARCH INSTITUTE — Hsinchu, Taiwan

Senior Research Scientist — 1992-present

Conduct basic and applied research for jet propulsion and airframe design for civilian industry application.

CHUNGHUA INSTITUTE OF TECHNOLOGY — Hsinchu, Taiwan

Adjunct Professor — 1993

Teach graduate-level courses in fundamentals of flight vehicles and jet propulsion.

INTERNATIONAL TURBINE ENGINE CO., Allied-Signal Aerospace Co., Phoenix, AZ

Associate General Manager 1988-1992

Oversaw manufacturing, logistic support, and budgeting for production phase of the TFE 1042 mid-size turbofan engine, a joint venture between ITEC and the Aero Industry Development Center.

- Estimated program funding requirements and prepared funding proposals; annual budget approximately $250 million.
- Located and approved outside vendors; set qualification and substantiation standards.

AERO INDUSTRY DEVELOPMENT CENTER Taichung,Taiwan

Managing Director, jet Engine Division 1982-1988

Directed the TFE 1042 engine research and development program.

編輯部序 Preface

「系統編輯」是我們的編輯方針，我們所提供給您的，絕不只是一本書，而是關於這門學問的所有知識，它們由淺入深，循序漸進。

作者基於教學之熱誠，將多年的教學經驗，利用簡明的文字描述飛行的原理而儘量不引用枯燥的教學演練，抱著推廣航空工程知識給有興趣的青年學子及社會人士的熱誠，希望本書成爲一本介紹航空科學知識的入門書籍，內容包括航空工程的入門知識以及飛機飛行的基本原理。以淺顯易懂的文字有系統的介紹有關飛行器飛行的知識，內容對「飛機結構」、「升力的產生」、「機翼概論」、「飛行材料」、「控制與平衡」、「推進系統」、「高速飛行展望」等均有詳盡的詮釋。適合大學航空相關科系「飛行工程概論」課程之輔助教材。

若您在這方面有任何問題，歡迎來函連繫，我們將竭誠爲您服務。

目次 Contents

飛行史話

1-1 遠古時期

人類對飛行的奢望應該開始於遠古時期，人類羨慕著鳥類能在天空自由自在的飛翔，在東西方各類的古籍裡都能找出人類或半人半獸的東西在天空飛行的神話或故事。例如中國的封神演義、西遊記、述異記等古代的文學作品皆有人類在天空中騰雲駕霧的描述。這說明了人類夢想著能在天空中騰雲駕霧的飛行。西方的神話故事（如希臘神話等著作）更有不少的在天空中飛翔或漫遊的故事。不過那時只是夢想而未能實現在現實生活中，這種夢想一直鼓舞著人類對飛行的開拓與發展。靠著這股無形精神的力量，人類才能開拓及享有今日廿世紀光輝的飛行成就。

1-2 鳥翼飛行

人類早期的飛行可以說是利用類似鳥翼的振動來試作飛行，人類長期注視鳥類飛行振動雙翼，覺得人類也可模擬鳥翼來飛行。利用振動翼飛行我們稱之爲鳥人或鳥機 (ORNITHOPTERS)，著名的希臘神話中曾記載這樣的故事，德的勒斯 (Daedalus) 和他的兒子印卡爾斯 (Icarus) 的故事，德的勒斯爲了協助他兒子逃離地中海中門羅王 (MINOS) 的迷宮，他特地建造了雙翼安裝在他兒子的雙肩上，讓他可以飛行，但警告他不能飛到離太陽太近的地方。因爲這雙肉翅是用腊黏在他雙肩上的，結果他兒子不但逃離了迷宮，且一時得意忘形而享受飛行之樂，越飛越高而忘了他父親的警告。因太接近太陽，由太陽的熱溶化了肉翅上的腊，而使雙翼脫落。印卡爾斯最後落入地中海中死亡。類似的肉翅鳥人故事，在北歐及英國都有記載，我國的封神演義中亦有周文王的兒子雷震子借助於生有的雙翅自亂陣中救出父親周文王的故事。

約在十或十一世紀之時，歐洲即有不少利用鳥翼振動飛行的記載，這是利用雞或鷹的羽毛製成翅膀形態而安裝在雙肩上，用手協助雙翅振動，此後好幾百年，人類繼續從高塔或峭壁向下跳，拍擊雙臂沉落到地面上，結果當然是腦漿四濺而死，但亦創下了在空中飛行 220 碼以上的記錄。十三世紀文藝復興的巨匠達文西(Leonardo Da Vinci)(1452 ～ 1519) 就曾經設計過幾十種飛行器，皆是利用振動翼的原理，他利用各種不同的滑輪及履帶組合來推動雙翼振動。當然這些設計均不會成功而也從未製造測試過。因爲這種利用振動翼飛行的原理，根本上就行不通的，原因在人類用雙翼振動模擬鳥類動作，根本上就不可模擬，因爲人類僅僅模擬一隻小小的麻雀振動動作時，就須要每分鐘心跳 800 次以上或是每分鐘呼吸 400 次以上，當然這麼高的每單位體積付出的能量，人類是永遠不可能有的。

1-3 輕於空氣的飛行

十三世紀西歐修道院的神父羅傑・培根 (Roger Bacon) 曾建議在一密閉的球體內充滿一種神祕氣體 (Ethereal air)。

假如這一神祕體輕於空氣的話，則此球體自可能飛升，但它並沒有說明這氣體是什麼東西或如何製造它，而這個球體也必須是非常輕的金屬做的才行。不過它曾描述這種氣體如同蒸氣或像早上的露珠遇太陽照射後變成飛升的霧一般或是像煙一樣可以在空氣中飛升。這個構想從未試驗過，後來在 1650 年空氣唧筒 (Air Pump) 發明後，曾有人建議如果自極薄銅製球體內將空氣抽出後，根據阿基米德浮力定律，此球體就輕於空氣而可以飛升了。如果將 4 個球體繫於一條船上，則船就可以飛翔了，當然此時的船重必須小於浮力才行。當然這個想法是不錯，但是 16 世紀時仍沒有製作極薄球體的能力，在抽氣之時，也需防止崩裂，如加厚球壁又太重了。

由於這種種原因，輕於空氣飛行仍僅存於人類幻想中，又過了二百多年，一直到 1782 年，法國的蒙高菲 (Montgolfier) 兄弟可以說是當時世上第一次試飛輕空氣氣球成功的記錄。這兩兄弟當時是紙廠的老板，但具有高度的科學熱誠。他們在家注意到壁爐爐火的煙自煙囪中飛升時，他們用一小紙片置於煙中，小紙片竟然隨煙飛升，他們又用一小絲製袋子，在袋底燒了一小撮布巾，然後注意到此絲袋上升直至天花板高度，他們後來在室外用紙袋作試驗，這時在袋底可以燒木材或草料，這種燃燒後的熱氣，他們稱之爲蒙高菲氣體 (Montgolfier Gas) 當然這不過只是熱空氣罷了。他們尙不知道這是因爲加熱後空氣密度降低，如此這輕於四週之空氣產生了浮力，三國演義中曾說道，諸葛亮七征孟獲南蠻時，曾製造類似的飛升紙袋作爲指揮或連絡軍隊用，蠻人驚爲天人，我們後來稱爲孔明燈，也是利用熱空氣輕於空氣而飛翔的原理，熱氣球航行直至今日仍是觀光地的熱門節目，只是今日的熱氣球加裝非常好的控制系統，可隨意起飛及降落了。

在 1783 年蒙高菲兄弟的熱氣球曾在巴黎作了一次極成功的公開展示，如圖 1-3-1，這個汽球相當大，約有 36 呎的直徑，是用麻布加上膠製作的，這次飛行的記錄是上升了 6000 英呎，這時引起了法國科學院的重視，特派了一位物理學家查爾斯 (J.D.C.Charles) 去觀察，它發現氫氣與熱空氣的浮力效果大致相同，自此，氫氣球和熱空氣汽球開始平行進行研究，這時可說是汽球飛行的巓峰時期 (1783 ～ 1785)。

▲ 圖 1-3-1　1783 年蒙高菲兄弟在巴黎展示的熱氣球 (取材自參考資料 1)

輕氣球飛行的缺點仍在控制方面，在 1870 ～ 1871 年間美國內戰時，在戰場曾有繫帶子的輕氣球作爲偵查敵情用。在法國－普魯士戰爭時，輕氣球曾被用作偵查及交通用來解除巴黎被圍之困。在十九世紀中期，用以載人的大型氣球開始問世，這時氣球形狀逐漸趨向流線型以減低飛行阻力，用機器驅動的螺旋槳也加裝在氣球一側增加推力，開始時，電動馬達和蒸汽機都試過，但仍以內燃機最有效率，因爲輕的關係，世界上第一支實用的輕氣球應該是一位在巴黎的巴西人山多．杜蒙 (Alberto-Santos-Dumont) 製造的，他本人直接參與設計及製造，嗣後又多次獲得氣球飛行大賽。他的飛船是一橄欖形的氣球，在上、下掛有支架可以載人，如圖 1-3-2，他可以說是第一個利用內燃機及流線型氣球的人。

▲ 圖 1-3-2　1874 年，山多．杜蒙的飛船 (首次具有內燃機的熱氣球)(取材自參考資料 1)

輕氣球飛行船的最後發展可以說是德國的齊別林爵士完成 (Count Ferdinand Von Zeppelin)，此時飛行氣球更大更流線型，氣球是由輕金屬支架再覆以絲織品製成。齊別林在 1900 年開始製造，法國在第一次世界大戰時即開始使用此另類飛船，稱之爲飛船，因爲氣球是延長了的橢圓型，在空中飛行像極了一般船在水面航行。在 1930 年初期，齊別林飛船曾數次飛行到美國，甚至到南美洲各地，更大的興登堡號飛船 (Hindenburg) 當時曾執行自歐洲到美國的航線，直到 1937 年在紐澤西州的雷赫城著火墜毀爲止 (Lakehurst，New Jersey) 才結束了橫越大西洋的飛船之旅。

此時美國開始以氦氣 (Helium) 替代氫氣 (Hydrogen)，因爲氦氣較不易著火燃燒，雖然浮力不若氫氣效率，但爲安全起見美國樂於採用。美國海軍曾委託固特異．齊別林公司 (Goodyear Zeppilin Co.) 建造兩艘氦氣飛船亞空及馬空號 (Akron and Macon)，如圖 1-3-3 但這兩艘飛船命運乖舛，分別於 1933 年及 1935 年因氣候惡劣而墜毀。這兩飛船皆約 800 英呎長，設計時並未考慮在惡劣氣候條件下操作的。至此可以說輕空氣飛行劃下了休止符。

▲ 圖 1-3-3　充滿氦氣的飛船美國海軍的亞空號 (Akron)(取材自參考資料 1)

但在 1970 年代因石油危機，大型飛船用作交通用又死灰復燃，活躍了一陣，但實在是速度太低，飛行高度太低，又費用太高種種原因，並未能獲得美國政府支援作進一步的研究。和當時的飛行飛機相比，費用要貴上 2 到 3 倍而速度也慢 3 ～ 6 倍，因此不值得發展。

1-4 重於空氣的飛行

人類對於飛行的摸索逐漸了解到應該模擬整隻鳥的飛行而不是僅僅模擬鳥的雙翼，因此有了人類第一次的飛行器的構想設計。它應該有固定的翼提供升力以及不同形狀的表面提供控制及推進力，這樣的設計是首先由一位英國紳士 (Sir George Cayley) 喬治 · 蓋萊提出的。蓋萊爵士在 1796 年即做過直升機模型試驗，三年後，在 1799 年，他 26 歲的時候，曾在一枚銀碟上刻劃著一架他設計的飛機圖案。(圖 1-4-1) 此圖今日仍存放在倫敦的大英科博館中，這設計顯示出提供升力的固定翼以及提供穩定及控制的水平和垂直尾翼，另外還可以看見提供推進力腳踏面等等。在此碟的另一面，他刻劃了飛行時升力、阻力以及合成力的方向，提供了類似現代空氣動力學的分析。這位了不起的年輕學者復在 1804 年又設計及建造了一旋轉臂的試驗設備，在臂的一端可以安裝不同形狀的翼形面 (Airfoil) 同時可以量測翼形面上著力的情形，這個簡單的測試設備可以說是今日極端複雜風洞的先驅。唯一的不同僅是此設備是驅動翼形面穿過靜止的空氣，而風洞中是鼓動空氣流過翼形面而已。

在 1805 年，蓋萊開始用他的飛行器設計來製造風箏，他用環扣來控制尾翼的迎角 (Incidence Angle)，同時又加入揚升角 (dihedral Angle) 使機翼面更能保持側面穩定 (Lateral stability)，在 1809 年，他發表了他的風箏飛行試驗結果。這些基本的航空科學數據自 1848 年至 1854 年間，刊登在自然哲學月刊上 (Journal of Natural Philosophy)，在 1849 年間，蓋萊爵士又從事了多項基礎航空學的研究和試驗，在 1849 年他建造一架滑翔機，曾載著一個七歲的小孩飛行了十幾公尺的高度，復在 1853 年，他又建造了一架大一點的滑翔機，這次是命令他的車伕坐在上面，在一空谷中飛行了數百碼的距離，據說他的車伕在飛行後馬上辭職不幹了，因爲害怕再被拿來做飛行試驗的緣故。

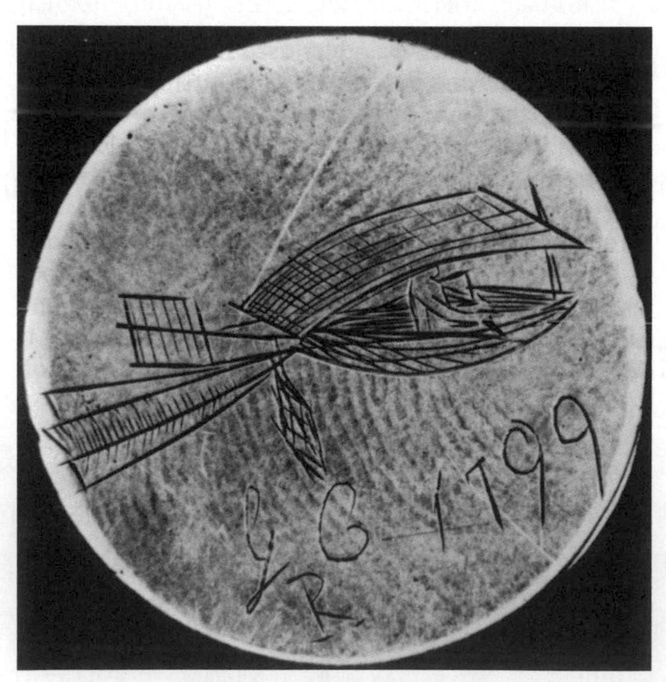

▲ 圖 1-4-1　1799 年，英國喬治．蓋萊 (George Cayley) 設計之飛行器草圖 (現存倫敦大英科博館)(取材自參考資料 1)

自蓋萊的重於空氣的滑翔機飛行之後，直至 1940 年前後，雖有不少人嘗試滑翔機飛行，但數十年間並沒有超越滑翔機飛行的基本原理，蓋萊早期的研究工作奠定奠定了基本飛行的原理，在 1962 年英國的航空史者 (Charles H. Gibbs-smith) 收集了蓋萊一生的工作成果集結成一書名為「蓋萊爵士的航空學」(Sir Geroge Cayley's Aeronautics)。

蓋萊的努力限於滑翔機飛行而沒有動力，當時實在找不到提供動力的引擎，這個引擎必須夠輕，也就是我們現在所說的高推力與重量比的引擎，在那時是不存在的，這個問題一直到 1903 年萊特兄弟的小鷹號試驗機才得到解決。

1-5 滑翔機飛行

蓋萊爵士的風箏及滑翔機飛行，奠定了人類重於空氣的飛行基礎，嗣後數十年間，一直到 1890 年代，人類嘗試用蓋萊的飛機設計加上蒸汽機，但都沒有成功的記錄，主要原因仍是蒸汽機太重太複雜而又不容易控制。

德國人李連陶 (Otto Lilienthal) 可以說是第一個利用滑翔機證實人類飛行是可以實現，他在 1891 至 1896 年，6 年之間建造了 2000 架以上的滑翔機，作非常有系統的測試以及擷取數據分析，包括了機翼在飛行時的升力與阻力，對基本的空氣動力學理論開始以試驗來理解，李連陶畢業於柏林工技學院機械系，在 1889 年，他寫了一本書“鳥的飛行是航空學的基礎”(Bird Flight as the Basis of Aviation)，他對鳥的翅膀作了非常詳細的結構觀察與飛行透視，利用滑翔機試飛結果，他的空氣動力學數據皆被後來的美國萊特兄弟採用過設計他們的飛機，他認為作實地實際試驗是了解航空學的不二法門。這也是他一生中建造了 2000 架以上滑翔機作試驗的原因，但很不幸的，在 1896 年李連陶的滑翔機遭遇到強風而墜毀地面，李連陶也因此而犧牲了。如圖 1-5-1 所示，李連陶的滑翔機利用如鳥翼的形狀且具有現代機翼的剖面以及垂直和水平尾翼裝置，控制是由移動人的身體左右而達成，直如現代的滑翔翼操縱，李連陶認為升力 (Lift) 與控制 (Control) 是飛行的兩大重點，在他失事之前他已準備了要實驗動力飛行，雖然他那時尚沒有螺旋槳理論出現，但他的一些動力飛行構想設計以及一些試驗數據曾鼓舞一些後起的航空飛行開創者。包括舉世聞名的萊特兄弟及錢第 (Octaue Chanute) 等人，錢第是一歸化美國的法國人，是一位住在芝加哥的土木工程師，自 1875 年起他即對飛行具有狂熱，儘量收集各種有關飛行的知識及技術。並在 1894 年他發表一本書名為“飛行器的進展”“Progress in Flying Machine”，自 1896 年始他開始設計及建造滑翔機，他利用他土木工程知識以建築橋樑方法來設計機翼，他開始加上尾翼增加滑翔機的穩定。他最有名的設計爲雙翼滑翔機 (Biplane Glider)，如圖 1-5-2 所示。控制仍然由人體左右滑動獲得，錢第後來與來特兄弟因同時醉心於飛行而成爲非常好的朋友，在萊特兄弟成功的動力飛行中，錢第也提供了很多的協助。

▲ 圖 1-5-1 1891 年德國李連陶滑翔機 (Ref.1)

▲ 圖 1-5-2 1898 年美國錢第的雙翼滑翔機 (Ref.1)

1-6 萊特兄弟世界上第一次動力飛行

韋伯和奧維爾．萊特(Wilbur and Orville Wright)兩兄弟是出生於美國俄亥俄州的代頓市(Dayton，Ohio)，韋伯是哥哥出生於1867年，弟弟奧維爾小他四歲，據說他們對飛行的興趣是發源於小時候兄弟在一起玩竹蜻蜓(Toy Helicoptor)而引發的，這兩兄弟開始時在鎮上發行一小型地區報紙，後來合開了一家腳踏車生產及修理的小工廠，在1894至1895年的時候，他們知道了在德國試驗滑翔機的李連陶，他們開始透過史密斯松研究所(Smithsomian Institute)向李連陶要他的試驗資料，後來史密斯松研究所又介紹了在芝加哥的錢第與他們相認，而得以互換研究心得，自此以後，這兩兄弟開始非常有系統及科學化的分析所有獲得的資料及數據，他們又由觀察所得發現鳥類由微彎鳥翼而獲得側向穩定(Iateral Stability)，由此而引導萊特兄弟設計時加入了機翼上的襟片(Flaps)，及翼尖(Wing Tips)而獲取穩定及平衡，他們開始使用箱形風箏來驗證平衡構想設計，然後才開始設計他們的第一具滑翔機，此具滑翔機是雙翼且具有翼彎曲的能力以及前控制面可控制機頭升降(Pitch Control)，在1900年的第一次試驗可以說是一次滑翔試驗。次年，在1901年，他們找到了一個非常適合試驗滑翔機的地方，這就是北卡洛林納州的小鷹鎮(Kitty Hawk，North Carolina)，1900年的第一次試驗可以說是一次滑翔試驗，次年，在1901年他們又建造了第二架滑翔機，這架翼展較大有22英呎長，亦在同地點作了滑翔試驗，自此以後這兩兄弟共約建造了約百架滑翔機，最大的有370英呎長，但飛行成績仍不理想，他們覺得一直引用李連陶的飛行數據可能是問題所在，於是這兩兄弟開始建造自己的風洞，作一系列有系統的機翼部份的試驗，量取空氣動力學的新數據開始用新的機翼剖面形狀(Airfoil Shape)。他們的土製風洞可說是世界上第一具風洞，由木板釘製只有6英呎長以及16英吋見方的試驗區，如圖1-6-1所示，他們一共試驗了超過200種的機翼模型有不同的厚度、長寬比以及垂曲度(Thickness Ratio，Aspect Ratio，Camber)，這對兄弟眞了不起，雖然沒有受過高深的教育，可是他們卻非常有系統化及科學化的求知精神。

自有了新的空氣動力數據，萊特兄弟開始設計他們的1902年的滑翔機，這具翼展32英呎、翼寬5英呎，又加了前後垂直及水平控制面，增加了整機的三向控制(Pitch，Roll and Yaw)。在1902年，這具滑翔機共試驗了800多次，這是世界上第一具飛行器具有三軸控制的。試驗結果非常令人滿意，飛行最大距離超過了600英呎，留空時間也超過了一分鐘。即使是在強風之下飛行亦極平穩，以前的穩定問題，至今可以說獲得解決。圖 1-6-2 顯示萊特兄弟 1902 年的滑翔機風貌。

▲ 圖 1-6-1　1900 年前美國萊特兄弟的早期飛行試驗工具 (Ref.1) 自製的風洞

▲ 圖 1-6-2　1902 年美國萊特兄弟滑翔機試驗 (Ref.1)

多次的滑翔機試驗成功之後，萊特兄弟對飛行充滿了信心，在 1903 年之後，這兩兄弟開始對動力飛行集中注意力，但當時找不到能產生 8 匹馬力而重量又小於 200 磅的引擎，他們開始自己設計並製造合此規格的引擎，得力於他腳踏車工廠的技術工人查理．泰勒 (Charlie Taylor)，引擎終於製造成功了，這具內燃式引擎實際可以產生 12 匹馬力，但 3 匹馬力消耗在與兩具旋槳相連的鉸鏈上了。

螺旋槳理論在當時尚未成熟，但萊特兄弟和試驗翼型面 (Airfoil) 一樣，利用風洞首次取得了螺旋槳的數據，首次奠定了螺旋槳的理論。

在 1903 年萊特兄弟再次建造了 1903 小鷹號滑翔機 (1903 Kitty Hawk Flyer)，如圖 1-6-3。當年 12 月 17 日這一天，他們成功驗證世界上第一次人類的動力飛行，他們一共飛行了四次，兩兄弟互換做操作員，在每小時迎風 24 英哩的風速下最大飛行距離爲 852 英呎，這個成績相當於無風速時飛行距離超過半英哩，這個是人類第一次以重於空氣的飛行物，載人飛離地面向前飛行而加以控制的一次飛行了。自這一天起，人類可說是可以像鳥一樣天空中飛行了。

▲ 圖 1-6-3　1903 年美國萊特兄弟的小鷹號滑翔機 (Kitty Hawk Flyer)，世界上第一次人類動力飛行用此機於 1903 年 12 月 17 日完成 (Ref.2)

小鷹號在第 4 次試驗飛行後，受到強風吹翻而嚴重受損，次年，萊特兄弟又建造了 1904 Flyer，這具飛機與 1903 小鷹號大致相同，不過引擎馬力大了許多，他們在代頓市附近草地上飛行了 100 多次留空時間超過 5 分鐘，在 1905 年他們又建造另一架改良式的小鷹號，這一年他們創造了飛行 24 英哩及留空時間超過 38 分鐘的記錄。

萊特兄弟在 1906 年像美國政府軍備部要求表演他們的飛行器，但軍備部拒絕他們要求一直到 1908 年，萊特兄弟在歐洲成功的展示了他們的動力滑翔機後，才獲得美國政府的同意於 1909 年交給了美國陸軍第一架萊特式飛機，此機簡直就是 1901 原型機小鷹號的翻版，惟一的不同在機尾加裝了升降舵 (Elevators)。

萊特兄弟是兩位了不起的人物，他們沒有受過正式的工程科學的訓練，但僅憑著對飛行的熱誠、好奇心加上求知慾，他們收集了大批的飛行資料，又能有系統整理成可實用的工程數據，又從事數百次以上的機翼面 (Airfoil) 及各種控制面 (Flaps，Wing Warp，Elevators，Rudder) 以及螺旋槳的模型在風洞中做試驗，獲取可靠的設計數據，特別是發現了三軸控制系統，對現代的飛行更是居功厥偉，他們的成功以及成為航空史上的偉人，不是他們運氣好而是歸功於他們的求新知的精神以及鍥而不捨努力不懈的工作態度。

1-7 歐洲的飛行活動

在萊特兄弟動力飛行成功的同時或稍後，歐洲的飛行活動也風起雲湧的展開。值得一提的是法國的山多士．杜蒙 (Santos-Dumont) 在 1907 年自己設計及建造的飛機，他的飛機極類似萊特兄弟 1903 年的小鷹號，但飛行性能差多了，復在 1909 年法國的路易．貝萊特 (Louis Bleriot) 設計建造了世界上第一架單翼飛機，如圖 1-7-1，同年他駕駛這架飛機橫渡了英倫海峽，這次飛行驗證了飛行的運輸交通及軍事價值。英國開始由政府主導研發航空以達到國防目的，同時法國政府也開始注意飛行的軍事應用。在同一時期，美國的格倫．寇帝斯 (Glenn Curtiss) 也開始著手設計及建造水上飛機，如圖 1-7-2。

▲ 圖 1-7-1 1909 年法國路易．貝萊特首次利用單翼飛機橫渡英倫海峽 (Ref.1)

▲ 圖 1-7-2　1911 年美國格倫 · 寇帝斯設計及建造的首架水上飛機 Curtiss NC-4(Ref.1)

1-8 第一次世界大戰時期前後的飛行活動

1914 年至 1918 年世界第一次世界大戰時期，由於航空飛行的發展，人類也首次進入了立體戰爭。法國、英國以及德國、俄國、美國在航空軍事上皆大力發展，其中最著名的法國雙翼戰鬥機在歐洲上空表現極爲優異如圖 1-8-1 所示，此外飛機除了戰鬥、轟炸，也加入了偵察及運輸的任務，不過這時飛機的座艙是沒有加壓也沒有通訊導航設備，飛機上的武器也極爲簡陋，駕駛員只能用手槍互相射擊。一次大戰以後的幾十年間，飛行的進展幾乎停頓，戰時的飛機製造廠工作幾乎陷於停止。許多工廠關門了，但這時仍然有一些出色的飛行家仍爲航空科學努力，值得一提的是美國海軍的寇帝斯 NC-4 號飛行船，是一種水上飛機，其推進系統是由 4 具 400 匹馬力 12 汽缸水冷式引擎 (Liberty Engine) 如圖 1-7-2 所示，在 1919 年這架飛機，是三架中的一架，從紐約長島飛至葡萄牙的里斯本 (Lisbon，Portugal)，費了 13 天的功夫，可見當時的飛行速度是相當緩慢的。這種飛機同時也創造了最長的飛行距離 2250 公里或 1400 海里，是從紐芬蘭島南飛至南美洲的亞速群島 (Azores)，另外兩架 NC-4 卻因氣候惡劣而迫降海面失事了。在同年英國的 Alcock 及 Brown 在英國試飛了一架英製的轟炸機 (British Vickers Vimy Bomber) 自紐芬蘭島到愛爾蘭，推進系統是兩具 375 匹馬力鷹式引擎 (Eagle ngine)，這是第一次直接飛越大西洋的記錄，幾年後，在 1924 年，美國有 4 架道格拉斯環球號飛機 (Air Service Douglas World Cruiser)，這是一種雙翼單引擎的飛機，其中兩架成功的在 175 天內環繞了地球一週，其餘兩架則失事了。

▲ 圖 1-8-1　法國在第一次世界大戰出盡風頭的雙翼戰鬥機 (French Spad)(Ref.1)

1927 年，這些在航空前線的開拓者再次創造了長距離飛行記錄，這次的記錄英雄是林白上校 (Charles Lindbergh)，是從紐約直飛巴黎，他的座機命名爲聖路易精神號 (Spirit of St.Louis) 如圖 1-8-2。這是一架單翼單引擎飛機，(Ryan Single-engine Monoplane)，林白飛了 34 小時橫渡了大西洋，嗣後數年掀起了飛行橫渡大西洋的狂熱，但大部份卻失敗了，主要原因在於當時沒有導航及通信設備，飛行主要是憑著磁羅盤、運氣和直覺去完成。

▲ 圖 1-8-2　1927 年美國林白上校創世界長距離世界記錄，由美國紐約 直飛法國巴黎 34 小時，其座機命名為聖路易精神號 (Spirit of St.Louis)(Ref.1)

1-9 飛行與運輸交通

在 20 世紀的 20 年代利用飛行作爲交通運輸，開始萌芽於歐洲各國，世界上第一架作爲客運商務交通的飛機是由英國的哈雷．佩基公司建造的 W8b 12 人座的雙翼飛機，其原型機在 1920 年建造試飛，正式服役於 1922 年。飛行路線爲倫敦→巴黎

→布魯塞爾，來回於英、法及比利時間，此架飛機推進系統為兩具 360 匹馬力的羅斯羅挨司引擎 (Rolls-Royce Engine)，如圖 1-9-1 所示。其後在 1926 年，Armstrong-Whitworth 公司的 Argosy 號，可運載 20 人，航行於倫敦及歐洲各大城之間，同時法國及德國開始建造不少客運飛機，值得一提的是德國的容克式飛機 (Junkers)，容克式飛機在 1915 年即開始採用全金屬來製造飛機，在此之前多採用木板或布巾來建造飛機的表面。著名的容克 F-13 號 20 人座單翼單引擎飛機即是全金屬製成如圖 1-9-2，此型飛機一共製造 3247 架為歐洲各國的航空公司採用。在 1924 年的荷蘭，出現了一位航空運輸發展的先驅安東尼．福克 (Tony Fokker)，這位先生親自設計及督造了一系列的運輸飛機，且自己也創立了飛機製造公司，這公司直至今日仍繼續經營，雖已於年前與德國公司合併。福克公司的第一架運輸機為 1928 年的 Fokker FV Ⅱ-3m，為一 3 引擎 10 人座運輸機，推進系統為 3 具 300 匹馬力的 Wright-Whinwind Engine。此型飛機曾行銷全球。

▲ 圖 1-9-1　1920 年世上第一架客貨運輸飛機－英國哈雷－佩基公司之 W8b-12 人座雙翼機 (Ref.1)

▲ 圖 1-9-2　1932 年德國的容克 Ju52 號 17 人座空運機，具有 3 具發動 機 (Ref.1)

在大西洋的彼岸美國，對運輸交通飛行開發較歐洲爲晚，在 1920 年代初期，有單引擎單翼 4 人座的 Fairchild FC-2W，其後，有在 1926 年試飛成功美國第一架多引擎運輸機，命名爲 Ford Trimotor 如圖 1-9-3 所示，此機除了引擎及全金屬製造 (鋁板) 與德國的容克式極爲相似，Ford Trimotor 銷路極好，幾乎被美國、加拿大及墨西哥三國的航空公司採用。同時歐洲及中南美洲的航空公司亦樂意採用。

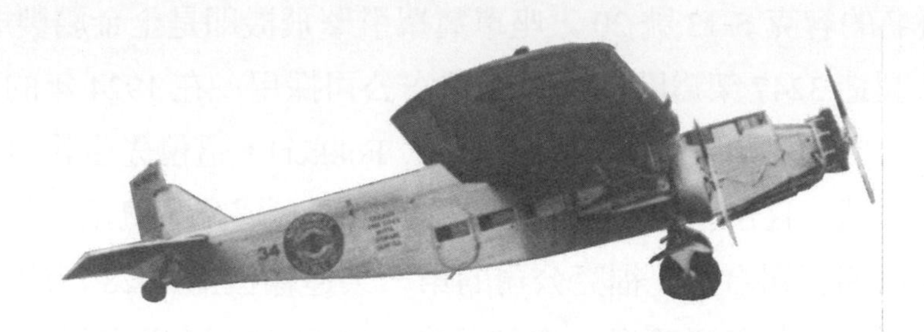

▲ 圖 1-9-3　1927 年美國的 Ford Trimotor 三發動機的空運機 (Ref.1)

1928 年，著名的波音公司推出了 18 人座 3 引擎的雙翼運輸機，引擎是採用 PW 公司 (Pratt & Whitney) 的野蜂號發動機 (Hornet)，每具可產生 525 匹馬力，是當時最強勁的活塞式內燃發動機了。此機命名爲 Model 80A，是雙翼造型且具有固定式的起落架，這架飛機是美國雙翼機加固定起落架設計的最後一種，以後就再也看不見雙翼飛機加固定起落架的設計了。其後在 1931 年美國史汀生飛機公司 (Stinson Aircratt Co.) 開發了一種高單翼 (High-Wing Monoplane) 運輸機，推進系統是 3 具 215 匹馬力的來康明 (Lycoming) 發動機，這種 10 人座的運輸機的市場反應相當不錯，共約生產了 148 架，其後在 1933 年，寇帝斯航空公司推出了可稱爲第二代的雙翼飛機，命名爲 Cnrtiss T-32 Condor，兀鷹號如圖 1-9-4 所示，這種雙引擎 10 人座運輸機採用了特別設計的可伸縮的起落架 (Retractable Landing Gear) 以及美國航空總署 (NACA) 研製發展出的低阻力發動機外罩 (Engine Cowls)，很不幸地，這些 10 人座的運輸機，很快的就被更先進更具航行效率的波音 247 號驅出市場。Boeing 247 號是一種 10 人座、全金屬、雙發動機，以及機身契合的機翼而不是以前的高單翼或雙翼設計，起落架是可伸縮的，推進系統是兩具 PW 公司黃蜂號發動機 (Wasp Engine) 每具出力 550 匹馬力。Boeing 247 號機如圖 1-9-5 所示。Boeing 247 號機航行速度爲每小時 155 英里，在此之前的運輸機航行速度皆爲每小時 110 至 125 英里之間，可見乾淨俐落的 Boeing 247 號設計提供了小阻力及高航行效率。這時美國的航空界起了一些小小的糾紛，因爲合約的關係，波音公司的產品只供應給聯合航空公司 (United Airlines)，該公司一強烈對手環球航空公司 (Trans World Airlines)TWA，竟然買不到波音的飛機，TWA 只好退而求其次，自己訂下更先進的規格與麥道航空的前身道格來斯公司 (Douglas Aircraft Co.) 合作研製更先進的運輸機，原型機稱爲 DC-1，生產型稱爲 DC-2，它的時速 170 英哩以及舒適和省油皆超過波音 247 號甚多，因此也給波音 247 號機嚴重的打擊，不久就停止生產了。後來連聯航 (UA) 也不得不採用量產型的 DC-3 了，1936 年服役的 DC-3 運輸機，如圖 1-9-6 所示，是一種雙發動機單翼及附

▲ 圖 1-9-4　1933 年美國寇蒂斯公司生產的雙發動機十人座空運機兀鷹 號 (Curtiss T-32 Condor)(Ref.1)

▲ 圖 1-9-5　1934 年美國波音公司開發的 Boeing 247D 空運機 (Ref.1)

▲ 圖 1-9-6　1936 年美國道格拉斯公司的 Donglas DC-3 號運輸機 (Ref.1)

有襟翼 (Wing Flaps) 的設計，起落架是可以伸縮的，其結構採用可以承受應力的蒙皮 (Stress Carrying Skin) 如此整個飛機的重量就減少了許多，此機可載客 21 人而座艙仍非常寬敞舒適，此機的推進系統採用兩具 PW 或萊特公司 (Wright Engine Co.) 發動機，每具發動機產生 1200 匹馬力，此機航行速度可達每小時 180 英哩，這種優秀的運輸機一共生產了 800 多架才停止生產 (1941 年)。在戰時 (1941 ～ 1945) 這種飛機爲了應付軍用運輸及交通又生產了 400 多架，甚至在 1987 年，已有 52 年機齡的 DC-3 機仍在世界上服役。這在飛行運輸史上是了不起的記錄。

在 1930 年代，美國致力於水上飛機的發展，較著名的有 Sikorsky S-42 與馬丁公司的 M-130 China Clipper 號，M-130 是馬丁公司受汎美航空公司 (Pan American Airways) 委製，這種水上飛機可乘載 32 至 48 人，可在水面上起飛及降落，如圖 1-9-7 所示。

▲ 圖 1-9-7　1935 年美國馬丁公司推出的水上空運機 Martin China Clipper 號 (Ref.1)

直至二次大戰結束，唯一可與 DC-3 抗衡的可說是波音公司的層雲號 (Boeing Stratoliner) 運輸機，這種 4 發動機可乘坐 33 人，於 1940 年服役，在二戰期間，道格拉斯飛機公司推出了更有效率的 DC-4，這是 44 人坐客運機，但爲戰時空軍徵用命名為 C-54 客貨兩用運輸機，因作戰需求量大，這種飛機一共生產了 1300 架，直至戰後更名為 DC-4，如圖 1-9-8 所示，此機採用兩具 PW 公司 R-2000 發動機，每具產出 1450 匹馬力。DC-4 的航行速度為每小時 230 英哩，在當時是最快的了。

▲ 圖 1-9-8　1940 年美國道格拉斯公司生產的 DC-4 空運機安裝 4 具發動機 (Ref.1)

值得注意的是，與運輸機發展的同時，軍用及競賽用的飛機也同步獲得相當的進展。軍用戰鬥機方面，有 1932 年波音公司的 F4B-4 及 1934 年的 P-26A，如圖 1-9-9。另外有海軍戰鬥機的 Vought Corsair(航艦用) 以及 1935 年的馬丁 B-10 轟炸機，另外格魯曼公司的 F3F 及 F4F，戰場上屢建功勳。

▲ 圖 1-9-9　1934 年美國波音公司生產的軍用戰鬥機 P-26A(Ref.1)

在中國戰場與日本零式機抗衡的有北美公司的野馬式戰鬥機 (North American Mustang) 以及洛克希德公司的 P38 戰鬥機，如圖 1-9-10。同時在中國戰場時時出現的波音 B-17 及 B-29 重型轟炸機，如圖 1-9-11 所示。此外，尚有道格拉斯公司出產的 A-20 及 A-26 戰鬥機以及康維公司的 B-24 重轟炸機。

▲ 圖 1-9-10　1940 年美國洛克希德公司生產的軍用戰鬥機 Lockheed P-38(Ref.1)

▲ 圖 1-9-11　二戰中，美國波音公司生產的兩型重轟炸機 (Ref.1)(上)B-17 飛行堡壘；(下)B-29 超級空中堡壘

在英國方面，戰鬥機有頗居盛名的噴火式戰鬥機(Spitfire)以及颶風號戰鬥機(Hawk Hurricane)。轟炸機有 Avro Lancaster Bombers，這些飛機在擊潰德國及取得制空權方面建功厥偉，是同盟國獲得最後勝利的關鍵點。

二次大戰戰後，飛行在商用運輸及交通方面又見蓬勃氣象。這時在戰時軍用機所研製成功的飛行科技皆陸續的應用到商用航空上來了。戰後的第一架大型運輸機是洛克希德公司的星座號(Lockheed Constellation)，如圖 1-9-12 所示。以及在次年，1946 年的道格拉斯公司 DC-6 如圖 1-9-13 所示，這兩款飛機顯示了在商用運輸機的大進步。推進系統是採用前所未有的 4 發動機，DC-6 採用 4 具 PW 公司的 R-2800 發動機，星座號則採用萊特公司的 4 具 R-3350 發動機。此兩型飛機皆可乘載 52 人而客艙仍十分寬敞，航行速度也由 DC-4 的 230 英哩增加到 320 英哩，同時座艙加壓系統也在此時問世，使乘客在高空航行時更為舒適，DC-6 及星座號是屬於長程客貨運輸用的，再過兩年在 1948 年康維公司的 Convair 240 及馬丁公司的 Martin 404 兩型較小型的運輸機是專為航空公司應付短程航線的機種，康維 240 直至 1987 年仍有服役的記錄。

▲ 圖 1-9-12 二戰後美國洛克希德公司生產的大型運輸機星座號 (Lockheed Constellation)(Ref.1)

▲ 圖 1-9-13 二戰後，美國道格拉斯公司推出的首架大型運輸機 Douglas DC-4B(Ref.1)

至 1950 年代，空中運輸的機種多爲上面兩型的成長型，道格拉斯公司繼續推出了 DC-7 以及洛克希德公司的超級星座號 (Super Constellation) 這兩型飛機其前段的機身加長，乘客人數也增加了，同時使用更新型的發動機萊特公司的 R-3350，這種發動機是首次使用渦輪增壓器 (Turbocharger)，使燃油的效率更高，產生的馬力更大。由於發動機可產生的可靠度增加以及較大馬力，這兩型飛機多爲航空公司採用爲長程越洋航行之用。直到 1960 年代初期，噴射發動機時代來臨之前，這兩型飛機可以說壟斷航空市場，直到波音公司的 707 號以及道格拉斯公司 DC-8 號出現後才稍作改變。戰後另一種運輸機亦享有盛名，這就是戰時的波音重轟炸機，俗名稱之爲超級空中堡壘的 B-29 改裝而來，初時被空軍徵用命名爲 C-97，在 1944 年首次服役，在軍用運輸上建功甚偉，空軍一共訂了 888 架 C-97，在 1947 年波音首次推出 C-97 的民用型 (稱爲 Stratocruiser 或 B-377)。B377 首次應用雙層甲板的設計非常類似今日的 B747 廣體客機設計，其在下層的酒吧甚受乘客喜愛。其推進系統是 4 具 PW 公司的 R-4360 野蜂式幅流發動機，每具產生 3500 匹馬力，每具發動機具有 28 個內燃汽缸。

B377 運輸機雖然在舒適及航速方面領先一時，但太耗油了很不經濟。因此此型飛機僅生產了 55 架而已。

1-10 二次大戰前後的軍用飛機發展

在二次大戰前十幾年，噴射發動機作爲飛機的推進系統已開始萌芽。在 1928 年，英國的法蘭克．惠特 (Frank Whittle) 已經發現了用渦輪機產生高速廢氣的作用力而產生反作用力作爲飛機的推力。他在 1930 年申請了專利，但一直到 1937 年的 4 月，他的構想設計才正式在試驗上驗證成功。在 1941 年的 5 月才正式安裝在一單發動機戰鬥機上試飛成功。這架飛機是世界上第一架用噴射推進方式飛行的飛機，當時命名爲 Gloster E28/39，服役時命名爲流星號 (Gloster Meteor)，1944 年服役時已是雙發動機戰鬥機了。如圖 1-10-1。

在彼岸的美國方面，第一架噴射戰鬥機是貝爾公司的試驗機 XP-59A，仍然是利用英國的惠特發動機 (Whittle Engine)，不過後來美國的通用電氣公司 (General Electric Co. 簡稱 GE) 自製了噴射發動機 GE-1，但仍然是以 Whittle Engine 爲參考而改製的，因此美國參戰的噴射戰鬥機是 Lockheed 公司的彗星號 (F80 Shooting Star)，配備 GE-1 噴射發動機。圖 1-10-2。

▲ 圖 1-10-1　1944 英國首次生產的噴射戰鬥機流星號 (Gloster Meteor Fighter)(Ref.1)

▲ 圖 1-10-2　1945 年美國首架噴射戰鬥機洛克希德公司的流星號 (Lockheed F-80 Shooting Star Fighter)(Ref.1)

在此同時，軸心國的德國也已開始研發噴射發動機，主要的工作人員是馮歐漢 (Pabst Von Ohain)，第一架試驗機是稱爲 Heinkel He178 是在 1939 年 8 月試飛，1944 年佈署於戰場的噴射戰鬥機是雙發動機的梅塞梅特 Me-262，此機飛行速度約每小時 350 英浬，比當時美國的野馬式戰機 (P-51) 及英國的噴火式戰機 (Spitfire) 每小時約 200 英浬要快許多了。

研究二次大戰戰史的人曾評論說：希特勒當時面臨一項非常重要的決定，是以有限的財力去發展 V2 飛彈呢？還是去發展噴氣戰鬥機 Me-262 呢？結果是希特勒作了致命的決定去發展 V2 飛彈去了，V2 連續的轟炸英倫三島，並未使得英國屈服，反而愈戰愈勇。這時盟國以極強大優勢的航空力量，成功的諾曼地登陸，突破隆美爾防線以及本土德國的轟炸，使其兵工業摧毀殆盡。德國主要是喪失了制空權，係如有 Me-262 戰鬥機群，盟軍的轟炸不可能如此順利的長驅直入，如入無人之境。所以當時希魔假如選擇了發展 Me-262 戰機或許今日的歷史可能要重寫了。

1-11 超音速的飛行

二戰後，航空飛行方面又有了極驚人的發展，尤其是在軍用飛機方面。噴射發動機的科技日益進展，不僅推力增加而且重量更爲減少，也就是說今日我們所謂的推力重量比越來越高。空氣動力學理論方面也突飛猛進，發明了後掠機翼 (Sweepback Wing) 來增加飛行速度及避免高馬赫數 (High Mach Number) 的擾流不穩現象。在實驗飛機方面有用火箭爲推力的超音速飛行 (Supersonic Flight，馬赫數大於 1.0)，這時在 1947 年實驗機 Bell X-1 創下超過音速的記錄，如圖 1-11-1，稍後在 1951 年，道格拉斯公司的 D-558 II 也創下馬赫數 1.89 的記錄。在 1953 年，Bell X-1A 實驗機又創下每小時 1650 哩，或是馬赫數 2.5 的記錄，稍後在 1962 年北美航空公司的實驗機 X-15 創下馬赫數 6.7 及 35386 英呎高空飛行記錄。如圖 1-11-2 這個記錄一直到太空梭 (Space Shuttle) 問世後才被打破。這些高速的實驗飛機都是由火箭來推動的 (Rocket-powered Airplane)。

▲ 圖 1-11-1　1947 美國的火箭實驗機 bell X-1 首次飛行超越音速，突破音障 (Ref.1)

▲ 圖 1-11-2　1962 年美國的火箭實驗機 North American X-15 首創 6.7 馬赫飛行速度及 35,386 英呎高度記錄 (Ref.1)

這時服役的軍用戰鬥機，都是呈超音速的設計，有共和公司的雷霆式 F84(Republic F84) 以及北美公司的軍刀式 (North American F-86) 如圖 1-11-3，這兩型戰機在 1946 到 1947 年進入美空軍行列，這時噴射轟炸機方面有波音公司的 B-47，用了 6 具 GE 公司的發動機 J-47 如圖 1-11-4，B-47 服役了 8 年後，由 1950 至 1957 年，才由更大的 B-52 代替，B-52 用了 8 具 PW 公司的噴射發動機 J-57。直至今日 B-52 仍然是美空軍的長程戰略轟炸機。(Long-Range Strategic Bomber) 如圖 1-11-5。

▲ 圖 1-11-3　1950 年前後，服役於美國空軍的噴射戰鬥機 (Ref.1)(上) 共和雷霆式 Republic F-84；(下) 北美軍刀式 North American F-86

▲ 圖 1-11-4　1950-1957 年間，美國空軍之重轟炸機波音 B-47 安裝了 6 具 GE J-47 噴射發動機 (Ref.1)

▲ 圖 1-11-5 1957 年美國空軍開始使用波音公司的重轟炸機 B-52，安裝了 8 具 PW J-57 噴射發動機 (Ref.1)

另外，一些服役時間極長的軍用機還有海軍航母上使用的道格拉斯公司的天鷹式戰機 A-4，如圖 1-11-6 以及美國海空軍共用麥道公司幽靈式戰機 McDonnell F-4 Phantom，如圖 1-11-7。拜美蘇冷戰之賜，在 70 年代，高速戰機方面又大放異彩。這時設計更講究高速、靈活，所謂的空優條件 (Air Superiority)，值得一提的有格魯曼公司的海軍 F-14A 雄貓式戰機 (Tomcat)，具備了兩具渦輪扇發動機，以及空軍的空優戰機，麥道公司的鷹式戰機 F-15(Eagle)，如圖 1-11-8。以及 GD 公司的 F-16 隼式戰機 (Falcon)，如圖 1-11-8。這些空優戰機的速度可高達馬赫數 2.0 至 2.5，皆配備有極靈敏的航電導航、火控系統，這些戰機雖已服役了十幾年，但仍然是今日美國及自由世界各國的主力第一線防衛力量。著名的超音速轟炸機洛克威爾公司的 B-1，如圖 1-11-9，這個可以在樹梢高度以超音速飛行的飛機，主要是避免敵方雷達的偵測。B-1 長程轟炸機雖然試飛成功，但仍因造價過於高昂 (每架約一億五千萬美元) 並未進入量產以取代逾齡的長程轟炸機 B-52。

▲ 圖 1-11-6 1956 年美國海軍航母使用道格拉斯公司 A-4 天鷹式攻擊機 (Sky Hawk)(Ref.1)

▲ 圖 1-11-7　1961 年美國海空軍合用的麥道公司 F-4 幽靈式戰鬥機 (Ref.1)

▲ 圖 1-11-8　1970 年代，美國空軍的第一線戰鬥機 (Ref.1)(上) 麥道公司的 F-15 空優戰績；(下) 通用動力公司的隼式 F-16

▲ 圖 1-11-9　1980 年代早期，美國空軍開始採用超音速重轟炸機洛克威爾公司的 B-1B(Ref.1)

在軍用飛機中，在六○年代有高空偵察用的 U-2 飛機，因負有偵察照相的任務必需飛得極高及長時間的留空能力，因此 U-2 機利用了極長機翼，像極了一具滑翔機，如圖 1-11-10，同時也創下飛機升空高度至七萬六千英呎，如此地面的傳統炮火已沒有威脅了。這種飛機在美蘇冷戰時期內曾創下不小的功勞，但後來仍被蘇聯的飛彈擊落一架，飛行員鮑爾斯曾被俄國俘虜，引起國際糾紛。U-2 在台灣，亦被中華民國空軍應用偵測中共大陸西北區域的飛彈及核子發展情況，但亦被中共的地對空飛彈 SAM-2 擊落四架之多。主要歸因於中共的飛彈科技日益進步之故，第二代的偵察機可說是洛克希德公司在 1964 年命名爲 SR-71 的俗稱黑鳥 (Black Bird) 的高空高速偵察飛機。SR-71 是超音速的偵察機，直至今日仍是速度的保持者，可高達馬赫數 3.2，此機可飛至十一萬英呎的高空，因此一般的飛彈已不構成威脅了，此機配備兩具噴射發動機 PW J-58，此機外觀塗成黑色因此才有黑鳥的綽號，如圖 1-11-11，讀者中有興趣赴美觀光時，可以去俄亥俄州的代頓市 (Dayton，Ohio) 美國空軍總部的博物館前廣場呈列有一架 SR-71，可以實地看看，眞是一龐然大物。如圖 1-11-12。在 1995 年時 SR-71 機除役後，又被 NASA 徵用爲執行太空研究任務。

▲ 圖 1-11-10　美國空軍之高空偵察機 U-2(Ref.4)

▲ 圖 1-11-11　美國空軍之高空高速偵察機 SR-71(Black Bird)(Ref.4)

▲ 圖 1-11-12 在美國空軍總部所在地俄亥俄州代頓市 (Dayton，Ohio) 空軍博物館前展示的 SR-71，黑鳥偵察機 (Ref.2)

1-12 噴射時代的航空運輸

自 40 年代，噴射發動機問世以來，英國的哈佛蘭航空公司受英國海外航空公司委託研制成功世界上第一架噴射空運機彗星一號 (Comet Ⅰ) 由 4 具噴射發動機推動，如圖 1-12-1 所示，這種 36 人座的空運機在 1949 年試飛成功，1952 年正式服役。

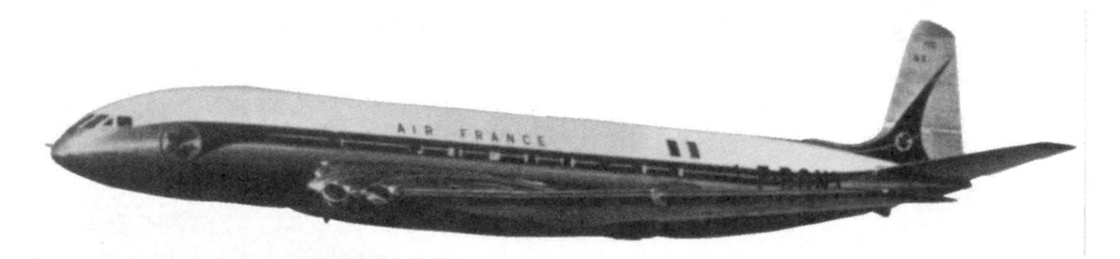

▲ 圖 1-12-1 世界上第一架噴射推進的運輸機，1952 年英國迪哈佛蘭公司的彗星號，DeHavilland Comet(Ref.1)

彗星一號由於速度快及舒適甚受大眾歡迎，此時因為高空飛行的座艙壓力平衡問題獲得解決。噴射空運機飛行高度多在 3 至 4 萬英呎，高度較以前活塞式引擎飛機飛行的 2 萬 5 千英呎高度高了許多，壓力平衡問題更不易克服。但很不幸的，在 1953 及 1954 年彗星一號失事了三次，主要是起飛及油管金屬疲勞破裂而致，也因為這些失事，才暴露了高速飛行時動力及材料結構問題，才能在 1958 年再推出改良的彗星 4 號 (Comet 4) 問世。但這時美國的波音 707 及道格拉斯公司的 CD-8 也開始進入航空公司服役，B707 大部份設計脫胎於噴射轟炸機 B-47 的設計經驗，由 4 具 PW J-57 噴射發動機推動，B707 在 1954 年首次試飛，道格拉斯公司隨後亦在 1955 年研製了 DC-8。B707 在 1958 年正式服役而在 1959 年 DC-8 亦加入服役行列，如圖 1-12-2。

這兩型噴射空運機皆為 135 人座，巡航速度 (Cruise Speed) 為 545mph(英哩 / 每小時) 比活塞式引擎的空運機快了幾乎一倍。噪音及振動也減少了許多，座艙內極為舒適，這時噴射發動機科技亦大有進展，PW 公司此時推出了更省油及更小噪音的發動機 JT3D，這是一種低旁通比的渦扇發動機 (low Bypass Ratio Turbofan Engine)，本書將有另一章介紹飛機推進系統時詳加介紹。B707 及 DC-8 皆配備 4 具 JT3D 發動機。取代前所使用的 PW J-57 噴射發動機。

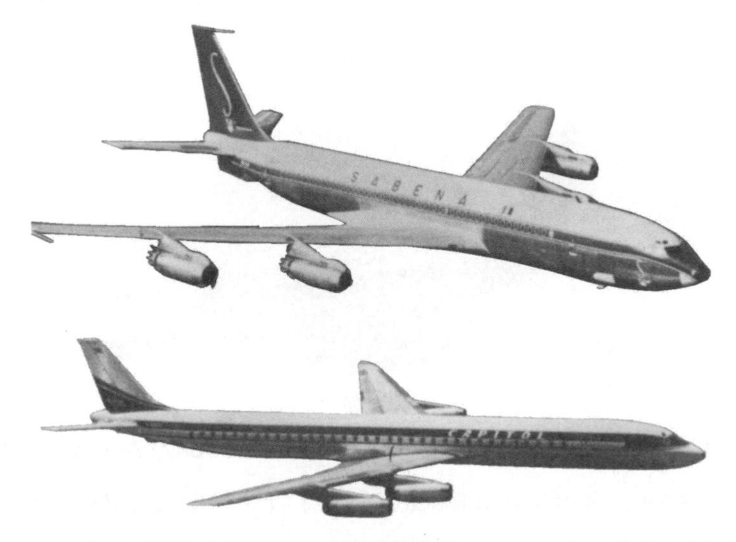

▲ 圖 1-12-2　1958 年美國同時發展出的噴射運輸機 (Ref.1)(上) 波音公司的 B-707-320；(下) 麥道公司的 DC-8-63

嚴格的說，B707 及 DC-8 兩型運輸機是適合長程飛行 (航程大於 2500 公里)，但由於空運需求日甚，航空公司為了應付中短程的航運市場，推出了以螺旋槳為推進系統所謂的渦槳飛機 (Turboprop Aircraft) 以洛克希德公司的 Lockheed L-88 Electra 及英國航太公司的 Vickers Viscount 子爵號為代表，如圖 1-12-3。

由於短程航運市場需求日益成長，尤其是美國及歐洲各大城市之間的空中交通日益頻繁。為此，在 1959 年，法國航空公司推出了造型奇特的 Cara velle 短程客運機，其發動機係安裝在機身的後部或尾部，美國方面也適時推出了波音 727 及 737 以及道格拉斯的 DC-9，這些短程空運機均配備 PWJ T8D 低旁通比渦扇噴射發動機。(Low Bypass Ratio Turbofan)，B727 及 DC-9 空運機如圖 1-12-4。

▲ 圖 1-12-3　1959 年英美兩國同時推出的渦槳空運機 (Turboprop Aircraft)，適合中短程航運市場 (Ref.1)(上)Lockheed Electra(美國)；(下)Vickers Viscount(英國子爵號)

▲ 圖 1-12-4　1960 年代末期，美國推出的短程噴射運輸機 (Ref.1)(上) 波音公司的 B727-200；(下) 道格拉斯公司的 DC-9-30

由於旅行業成長，自 1960 年代以後，航空公司對大運量及長程客運機需求日甚，在 1966 年，道格拉斯公司推出了 DC-8-61、62、63 系列之空運機，這些都是原型機 DC-8 加長型或延伸型以增加運輸空間，如 DC-8 載客原爲 135 人，而 -63 系列機可乘座 200 人，如此可增加了航空公司的利潤。而 1980 年前後 GE 公司推出了與法國史耐客馬公司合作的新省油的 CFM56 渦扇發動機，自此而後所有的 DC-8-61、63 系列的空運機全換了 CFM56 發動機。看樣子，這些飛機可以飛入下個世紀了。

在 1960 年代中期，波音公司沒有辦法將 B707 加長或延伸機身而增加運量，而與道格拉斯的 DC-8 競爭，而選擇了重新設計的方向。波音這一決定促成了 1970 至 2007 年 A380 投入服務之前獨佔市場的廣體客機 (Jumbo OR Wide-Body Aircraft)B747 的誕生，這是當時最大最長程的客運機，可以乘坐 365 人，此機配備了 4 具 PW JT9D 高旁通比渦扇發動機，每具出力 43000 磅，今日所謂廣體客機 (Wide Body) 是座艙內有二條走道之意，B747 在 1970 年正式服役航空公司，嗣後在 1971 年，洛克希德公司亦推出了 L1011 廣體客機，同年麥道公司亦推出了同級的 DC-10 廣體客機。L-1011 配備了 3 具 Rolls-Rotce RB-211 渦扇發動機，而 DC-10 則配備了 3 具 GE 公司的 CF6-6 發動機，L-1011 及 DC-10 雖較 B747 較小 (約小 25% 至 30% 載客量) 但更適用於航空公司的調配，用三具發動機則更省油及低操作費用，這三種型式的廣體客貨機構成了今日航空公司的主力機隊。圖 1-12-5 顯示波音的廣體客貨機 B747-200。以及 DC-10 如圖 1-12-6。

▲ 圖 1-12-5 1970 波音公司推出大運量、長程的廣體可貨機 B-747-200，367 人座 (Ref.1)

▲ 圖 1-12-6 1971 年道格拉斯公司推出的廣體客機 DC-10-30(Ref.1)

這時歐洲的英國、法國與德國合組成空中巴士航空公司(Airbus Industrie)也推出了中運量、中程的廣體客機，A-300B，此機配備了兩具 GE CF6-50C 渦扇發動機，每具推出 51000 磅，此機一出即攻佔了相當大的美國市場，由於波音公司首當其衝，即刻決定研發出 B757 及 B767 兩型中運量(200 ～ 250 人座)中程(2500 ～ 3500 公里)客貨機應付，B757 及 B767 兩型機均配置兩具發動機，B757 只有一排人行道，186 人座、航程 3500 英哩，B767 稍大，雙排人行道及 210 人座，也同是 3500 英哩航程，如圖 1-12-7，由於航電的進步，此兩型機均可由兩名駕駛人員操縱。在此之前，大中型的空運機均須由三人以上在駕駛艙操作。(正負駕駛及空勤機械人員)

▲ 圖 1-12-7　1982 年波音公司推出的中運量、中程廣體客運機 B767(Ref.1)

在 1970 年代末期航空公司又興起了生產中短程，130 ～ 150 人座的客運機，這時有波音公司的 B737-300 以及麥道公司的 MD-80、MD-95，同時歐洲的空中巴士公司亦推出了 A320、A319，這些性能優越的客運機都配備了相當進步的省油渦扇高旁通比的噴射發動機。在 1980 年代中期，麥道公司又推出了 DC-10 的成長型 MD-11 及 MD-12 兩型大運量的廣體客機，由於航電的進步，駕駛艙中仍然只須兩名駕駛操作即可。

1-13 超音速空中交通運輸

超音速運輸機是英法兩國合作研製的產物，是非常了不起的成就，這種飛機稱為協和號客機(Concorde)，協和號客機是在 1965 年開始研製 1969 年完成首次試飛，但首次服役型直至 1973 年才開始在法國航空公司營運。協和號客機可飛至兩倍音速，即是馬赫數 2.0，在圖 1-13-1 及圖 1-13-2 中可以看到這種飛機奇特的外型，其鼻錐可以自動操縱其攻角的大小以避免超音速時所產生的不穩定氣流，這種飛機的成功可說是當時在高速空氣動力學上的非凡成就，但非常不經濟，因造價太高，噪音太大以致乘客抱怨甚多。再加上耗油率高，操作費用也高，諸多原因使得航空公司不樂意採用一直至今日仍然只是初期生產了 16 架而已，英航及法航各採購了 8 架。但不要忘記在超音速氣動設計上，實在是有許多不可忽視的成就。今日全球有意再發展下個世紀的超音速運輸，其基礎就是建立在協和機客機上。

▲ 圖 1-13-1 英法兩國合作研製的超音速運輸機協和號 (Concorde)(取材 Ref.4)

▲ 圖 1-13-2 兩架法航公司的協和號超音速運輸機 (停在紐約機場上)(Ref.4)

1-14 幾種奇特造型的飛機

本節將介紹讀者幾架奇特造型的飛機，這些飛機因爲某些特別原因或目的，其外型與常規飛行物不一樣。目前這些飛機多半均已量產。

一、超級古比魚 (Super Guppy)

超級古比魚是歐洲空中巴士公司 (Airbus Co.)，爲了運送巨大的機身結構從德國工廠運至法國巴黎南方的裝配工廠而研製成功的，這個造型奇特的巨大運輸機外型像極了隻戲水的海豚，此機由 4 個渦輪扇發動機推動，在 1970 年初期，歐美各航空公司均規劃發展所謂的超大型運輸機，即所謂的 FLA 計劃 (Future Large Aircraft)，空中巴士公司即以此機應付市場需求，乘客人數約在 600 至 800 人座，比當時最大乘客量的波音 747 要大多了。當時波音公司的想法是將 B747 機身延長，才可以乘坐 600 ～ 800 人，這個仍在構想的巨無霸客機暫名爲 B7XX，超級古比魚由圖 1-14-1 顯示，已被空中巴士公司命名爲 A300-600ST，其中 ST 意爲 (Super Transporter) 即超級運輸機之意。此機一共建造了五架均爲 Airbus 公司自用。

▲ 圖 1-14-1 超級比古魚 (Super Guppy) 是歐洲空中巴士公司 (Airbus Co.) 運載大型機身結構而研製的 (Ref.4)

二、太陽能電力推動實驗機

這一架輕巧簡單結構的實驗機是藉由太陽能發電電力推動的，它的首次試飛是在 1993 年 9 月 21 日在美國克利夫蘭城美國太空總署之路易士研究中心完成的，留空時間一共爲 6 小時，其太陽能蓄電池也與衛星或太空船上使用者相同。

▲ 圖 1-14-2　利用太陽能電力推動的實驗機於 1993 年九月廿一日在美國克利夫蘭城太空總署路易士研究中心首次試飛 (Ref.4)

三、垂直起降運輸機 V-22 鶚式運輸機 (Osprey)

圖 1-14-3 及 1-14-4，V-22 Osprey 鶚式運輸機是綜合了直升機及小型渦槳運輸機的功能而發展出來的，這是美國國防部及海軍陸戰隊所推動的計劃，此計劃的萌芽於 1970 年代初期，其設計特點為在機翼兩端各安裝了一具可以機械操縱傾斜後向上，作為直升機的操作，實驗機一共生產了 5 架，但試飛時第一及第四架因失事而墜毀了。統計到 2020 年 6 月止已生產 400 架以上。主要的問題乃在於控制及平衡操縱系統。

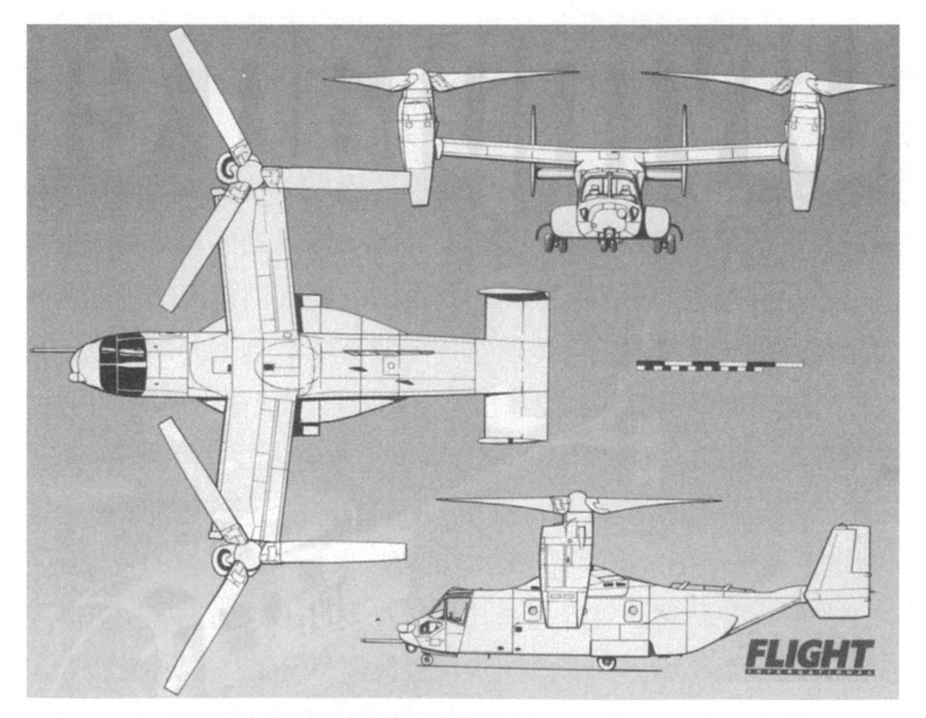

▲ 圖 1-14-3　V-22 Osprey 鶚式垂直起降運輸機之三面圖 (取材自美飛行雜誌)

▲ 圖 1-14-4 V-22 Osprey 試飛時的姿態 (直升機模式)

四、F-117 隱形匿蹤戰術轟炸機

圖 1-14-5，F-117 匿蹤戰機是在 1970 年代後期由美國空軍完成戰備的，這種戰機是美軍對付高價值目標用的，它可以躲避敵人的雷達，直接轟炸敵人的領導階層，重要通訊指揮中心和交通設備以及發電廠及軍火工廠等等。由於設計時以隱形爲主要目標，我們可以從附圖上看到，它具有楔形的機身，其後掛著怪形的尾翼，其飛機外型輪廓主要有後掠角達 67.5 度的變形三角翼，除低矮的尾翼外，並無水平安定面的裝置。爲了達到匿蹤的目的，其三角翼是由一些不同角度的平面組合而成，因此外表看起來怪怪的，這樣的組合是將雷達反射波散射到不同的方向，再加上使用雷達波吸收材料後，使得飛機回射波在雷達上顯示爲零或非常模糊。F-117 匿蹤設計主要在於機身各種平面組合而儘可能抑制或降低雷達射入波之反射訊號的強度。

美軍在波灣戰爭所謂沙漠風暴行動中，F-117 曾創下輝煌的戰績。在一夜之間 F-117 的出動幾乎癱瘓了伊拉克的整個防空系統，這種飛機怪異的空氣動力設計，爲了隱形目的，其變形三角翼的設計並無任何航空動力上的優點，由許多不同角度的平面組合在先天上就是不穩定的設計，飛行性能雖然不錯，但卻難以駕駛。在早期的研發階段即有失事二次的記錄，主要是因爲降落速度過高之故。

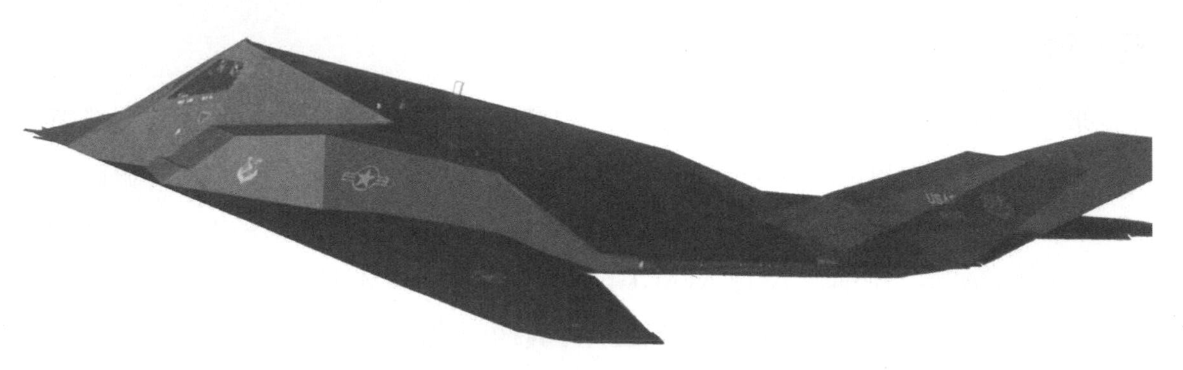

▲ 圖 1-14-5 美國空軍之 F-117 匿蹤戰術戰鬥機 (取材自美飛行雜誌)

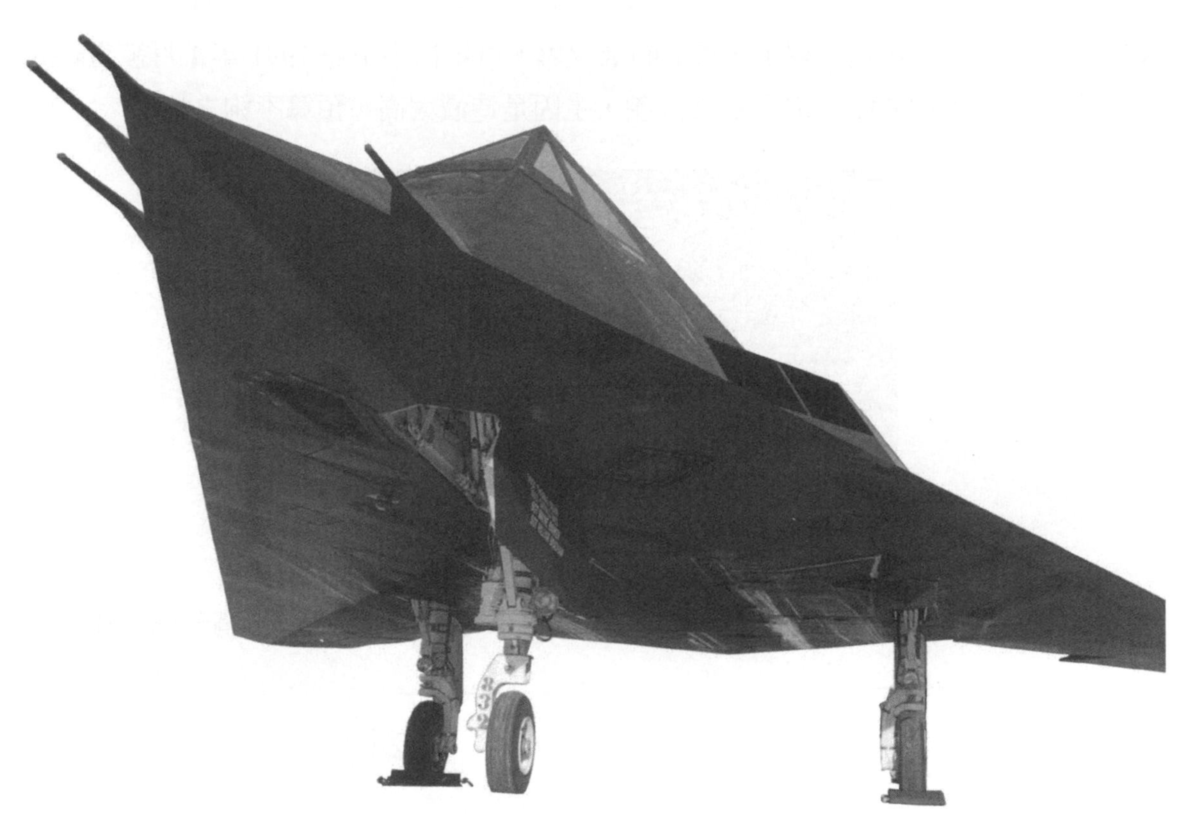

▲ 圖 1-14-6 F-117 具有變形三角翼的機身，機首裝置了可伸縮自如的天線 (取材自美飛行雜誌)

F-117 曾進入小量量產大約生產了 59 架左右，皆配屬於美空軍第 4450 戰術戰鬥機大隊，2008 年退役。

五、飛行翼機

飛行翼機 (Flying Wing) 是一種很特別的飛機設計，它是將傳統的機身與機翼合而爲一，這種飛行翼的構想設計並不新穎，它在 60 年代即有人提出來討論過如圖 1-14-7。這裡收集了一些珍貴的圖片供讀者欣賞，圖 1-14-8 是在 1970 年代即開始研製的美國海軍的計劃稱爲 A-12 AVANGER，海軍原想以 A-12 取代逾齡的 A-6 攻擊機，通用動力公司 (GD) 即提出 A-12 之飛行翼構想設計，如圖示，這種特別外型主要是達到隱形及匿蹤的目的，它的截面積極小不易被雷達尋獲，A-12 可以負載 A-6 的兩倍且航程更長於 A-6。美國空軍也看中 A-12 想以 A-12 來取代 F-111 可變翼戰鬥轟炸機。A-12 設計因爲採取了三角形的飛行翼，可是很不幸在 1991 年 1 月被當時的美軍國防部長錢尼取消了這個 A-12 計劃，主因是造價太高，預算不夠之故。

▲ 圖 1-14-7　1964 年十月在諾斯諾甫公司 (NORTHROP) 飛行翼機試飛情形 (Ref.3)

▲ 圖 1-14-8　美國海軍 A-12 艦載攻擊機之構想設計 (飛行翼)

▲ 圖 1-14-9 藝術家筆下之飛行翼機攻擊姿態

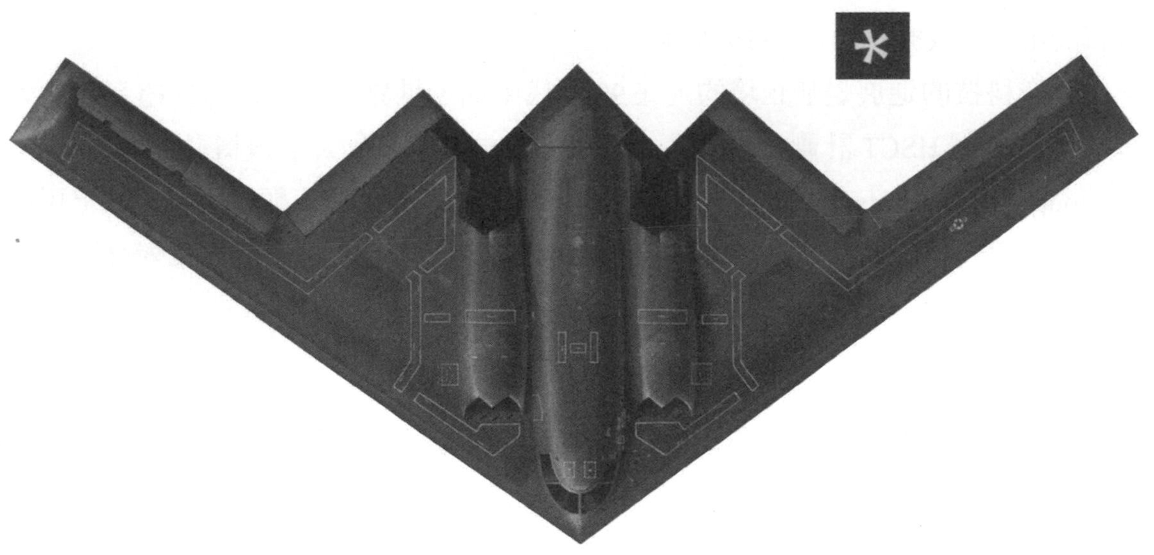

▲ 圖 1-14-10 美國諾甫 · 格魯曼 (NORTHROP-GRUMMAN) 公司研製之長程戰略轟炸機 B-2 飛行翼機之平面圖 (Ref.3)

圖 1-14-10 是美軍另一個正在進行的量產計劃，這就是長程重轟炸機 B-2，也是飛行翼的外型，亦是因爲造價太貴，僅是小量量產 21 架，每架接近 24 億美元 (2009 年幣值)。

1-15 結語

從本章的史話中，我們可以看出從 1903 年的第一次動力飛行 (萊特兄弟小鷹號) 直到今日的廣體運輸客機 A380 在短短的百年之間，航空科技的進步可以說是一日千里，其進步是驚人的。無論是在理論上或是實驗上均是値得稱讚的成就，僅以民用航空運輸機種而言，在載客量上從僅僅乘客一、二人至今日的 950 人座 (A380)，再看看飛行的速度從每小時 20 ～ 30 英里到 903mpH(每小時英里數)，航程更是從幾十公里到今日的 10,000 公里，在表 1-15-1 裡，我們可看到一些在航空科技上的突破，例如在 1933 年的 Boeing B-247 客機首次應用可以伸縮的起落裝置，以及在 1970 年代才開始應用了高旁通比 (High Bypass Ratio) 的渦扇發動機 (Turbofan Engine) 於廣體客機 B747、DC-10 或 L-1011 上面。這章表只列入了民用運輸飛機的資料。

另外在表 1-15-2 列出了航行速度的進步，這張表也列入了一些軍用飛機及一些實驗飛機，例如由火箭飛機實驗 X-15 在 1960 年代創下的飛行速度 (4100mph) 以及今日的第一線戰機 F-14 及 F-15 等等。

航空科技的進展是無止境的，在 90 年代中期，世界各國均致力於超音速的大眾運輸，所謂 HSCT 計劃 (High Speed Civil Transport) 以及太空飛機計劃 (NSAP)；(National Space Airplane Program) 這兩個計劃的成功又將是將人類在航空領域上更推前一步，但仍然需要智慧去解決一些十分複雜的問題。在本書的第十章對高速航行將有繼續的討論。

▼ 表 1-15-1 運輸航空飛機上的一些科技突破 (Ref.1)

Approx. Year	Aircraft	Multi-Engine	Engine Cowl	Flaps	Canti-lever Wing	Load Carrying Skin	Retract-able Landing Gear	Engine Super-chargers	Cabin Super-chargers	Com-pound Engines	Turbine Engines		Swept-back Wings	Rip-stop Structure	Turbo-fan Engines	Leading Edge Stats	High-bypass-ratio Turbofan
											Turbo-prop	Turbo-jet					
1927	Ford Trimotor	✓	–	–	–	–	–	–	–	–	–	–	–	–	–	–	–
1933	Boeing 247	✓	1/2	–	✓	1/2	✓	–	–	–	–	–	–	–	–	–	–
1936	DC-3	✓	✓	✓	✓	✓	✓	–	–	–	–	–	–	–	–	–	–
1939	Stratoliner	✓	✓	✓	✓	✓	✓	✓	✓	–	–	–	–	–	–	–	–
1946	DC-4	✓	✓	✓	✓	✓	✓	✓	–	–	–	–	–	–	–	–	–
1947	Constellation/ DC−6/240/202/ Stratocruiser	✓	✓	✓	✓	✓	✓	✓	✓	–	–	–	–	–	–	–	–
1952	DC-7/1049	✓	✓	✓	✓	✓	✓	✓	✓	✓	–	–	–	–	–	–	–
1955	Viscount/ Electra	✓	–	✓	✓	✓	✓	–	✓	–	✓	–	–	–	–	–	–
1952	Comet	✓	–	✓	✓	✓	✓	–	✓	–	–	✓	1/2	–	–	–	–
1958	707/DC−8 Turbojet	✓	–	✓	✓	✓	✓	–	✓	–	–	✓	✓	✓	–	–	–
1961	707/DC−8 Turbofan	✓	–	✓	✓	✓	✓	–	✓	–	–	–	✓	✓	✓	–	–
1965	727/DC−9−30/ 737	✓	–	✓	✓	✓	✓	–	✓	–	–	–	✓	✓	✓	✓	–
1970	747/DC-10/1011	✓	–	✓	✓	✓	✓	–	✓	–	–	–	✓	✓	–	✓	✓

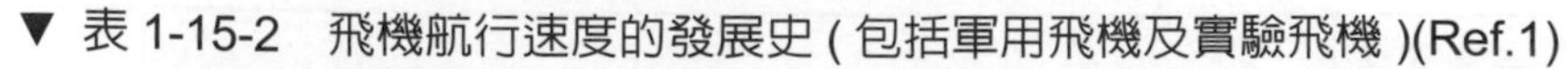

▼ 表 1-15-2 飛機航行速度的發展史 (包括軍用飛機及實驗飛機)(Ref.1)

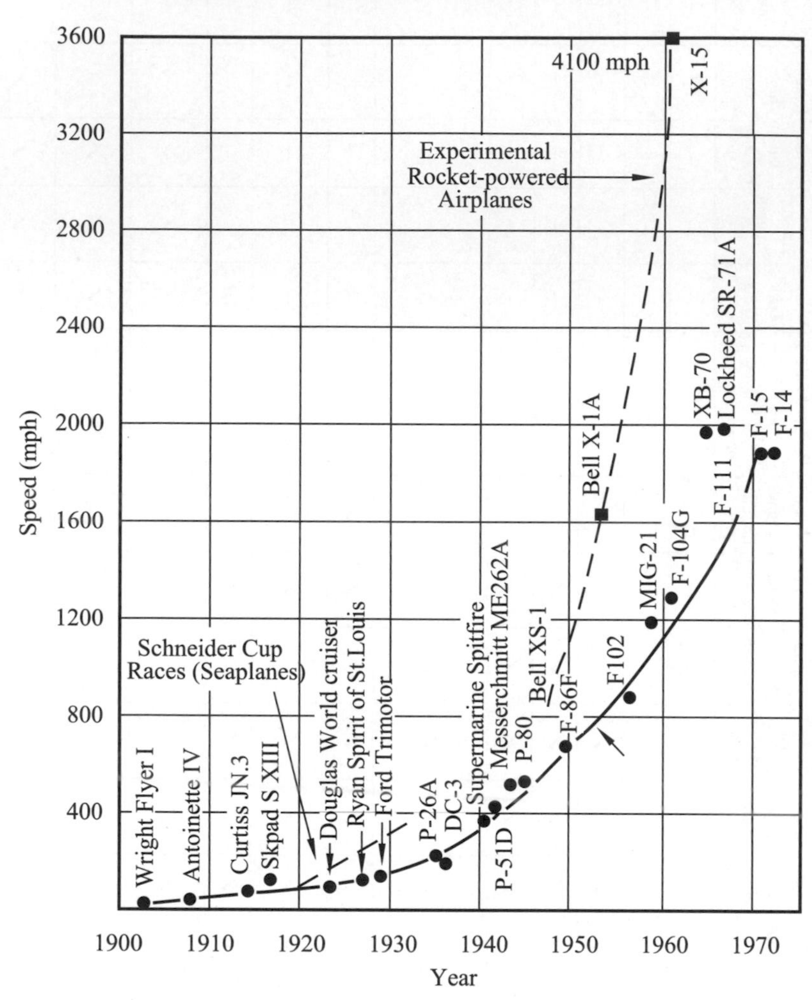

參考資料

Ref.1：Richard S. Shevell; "Fundamentals of Flight" 2nd Edition, Prentice-Hall, Inc. New Jersey, 1989。

Ref.2：P. Matricardi; "World Aircraft，1918-1935" Rand McNally, Chicago, 1979。

Ref.3：John D. Anderson; "Introduction to Flight" McGraw-Hill, New York, 1978。

Ref.4：Aviation Week and Space Technology; photo Contest Album 1969 and 1974, AW&ST magazine。

航空氣象與大氣概況

2-1 航空氣象

近年來，極端天氣所造成的事故頻傳，也引起科學家、政府機關、民間組織的高度關注，如熱浪、霸王寒流、暴雨、超級颱風等劇烈天氣，已經嚴重危害到人們的生活品質。2011 年新北市新店出現龍捲風，2015 年台南也出現了龍捲風，2018 年 3 月鋒面過境時，彰化地區還降下冰雹，極端天氣距離我們並不遙遠。台灣極端氣候與降雨的現象與聯合國評估報告指出的地球升溫風險極為一致，該報告指出，未來發生如熱浪、豪大雨、乾旱、颱風強度增加、海平面升高等極端事件的機率高達 66% 至 90%，再加上全球經濟發展與人口成長趨勢，未來災害的次數、受影響人口與災害損失將會大幅增加 (聯合國 - 極端氣候，2019)。即使有再先進的技術，也有無法突破的瓶頸，如突發性的天氣現象、颱風的移動路徑等，科學家還無法完全掌握，尤其是小尺度的天氣現象。對於長期的氣候趨勢，科學家還有一定的掌握能力，例如他們透過什麼現象或標準去判別今年是聖嬰年、反聖嬰年？對氣候的影響又會如何？尤其在氣候變遷的當下，這些資訊愈來愈受重視，對台灣的氣候又會有什麼影響？對飛行器之飛航安全是否可能造成激烈的衝擊？

天氣簡單地指的是在特定地點和時間的地球上的空氣狀況。科學和技術的應用是為了預測未來時間內大氣狀態由於其在人類生活中的有效性而非常重要。今天，天氣預報是通過收集有關大氣現狀的定量數據，並利用對大氣過程的科學認識來預測大氣將如何演變。大氣的混沌特性意味著需要大量的計算能力來解決描述大氣條件的方程式。這是因爲對大氣過程的理解不完全，這意味著當前時刻與預測時間之間的時間差異增加時，預測變得不那麼準確。天氣是一個連續的，數據密集的，多維的，動態的和混亂的過程，這些屬性使天氣預報成爲一個巨大的挑戰。天氣預報是一種概率系統，未來的結果很難提前說明。天氣取決於多種氣象條件，如溫度、氣壓、濕度、風流速度和方向、雲高和密度以及降雨量，任何參數的更改都可能對未來的天氣產生或多或少的影響。天氣預報是一種實時系統，用於多種應用，如機場、農業、電力、水庫和旅遊業。因此，天氣預報的準確性對決策至關重要。

惡劣天氣是影響飛機運行，增加運行成本並導致事故的主要原因； 能提升不良天氣的預報性能，它將絕對有助於飛 計劃、備用油 、飛 中決策與機場作業。隨著 值預報模式和電腦計算能 的發展，目前我們對綜合規模天氣系統的發展、移動和消散等 爲已有相當 錯的預報能 ，然而對霧、低雲幕、熱 雨和地面風場等牽涉到邊界層非線性過程的天氣系統，模型的預測結果與實際天氣通常會有很大的差異。終端機場預測是否能掌握這 天氣，正是決定航空作業是否會延遲或關閉的重要關鍵，因此這個問題已成爲近 各國相關單位投注最密集及最多資源的研究目標。

根據以往飛安數據統計，天氣因素直接或間接造成飛安事故的比例已超越三分之一以上，在飛行中，最有可能發生事故是起飛和降落階段，在 2002 年至 2018 年的死亡總數共占了 74%，比巡航 (水平飛行) 階段和滑行階段高出相當多倍。

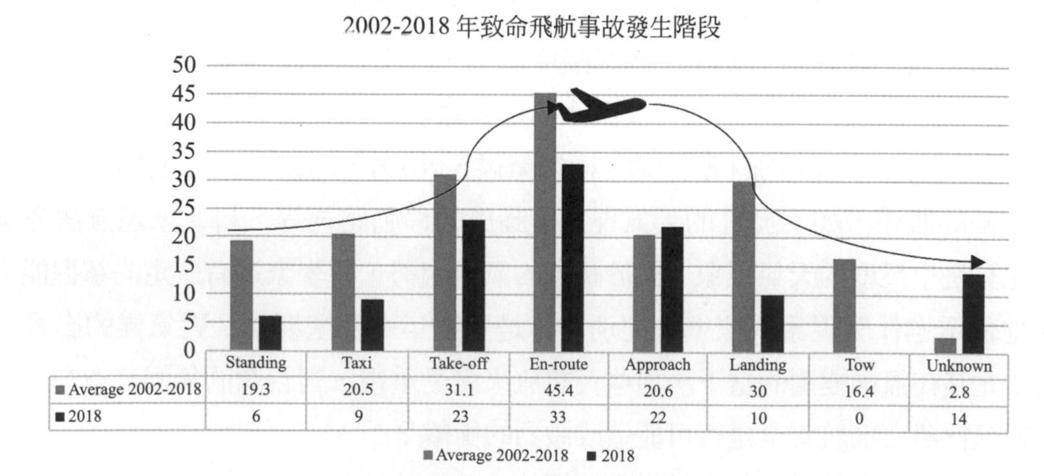

	Standing	Taxi	Take-off	En-route	Approach	Landing	Tow	Unknown
■ Average 2002-2018	19.3	20.5	31.1	45.4	20.6	30	16.4	2.8
■ 2018	6	9	23	33	22	10	0	14

▲ 圖 2-1-1　在飛行中，最有可能發生事故是起飛和降落階段

最直接影響飛航安全和飛機操作之航空氣象因素可以概括爲風、雲、溫度、能見度、氣壓、降水、密度和其他重大顯著危害天氣例如亂流、飛機結冰、低空風切、雷暴雨引發下爆氣流、濃霧所引起的低能見度等。其中，與天氣相關的致命飛航事故中，以飛機遭遇積冰 (43%) 及低能見度 (34%) 最多，分別造成 406 人及 432 人罹難，雷暴、風切及下爆氣流也是飛機在起降階段的危險天氣，2000 年至 2020 年造成的事故共有 600 多人罹難。下爆氣流爲雷雨胞下方常出現的下衝風，飛機通過這個區域時會因風向及風速迅速改變，讓飛機升力不夠而往下沉，若在降落階段是相當危險的。

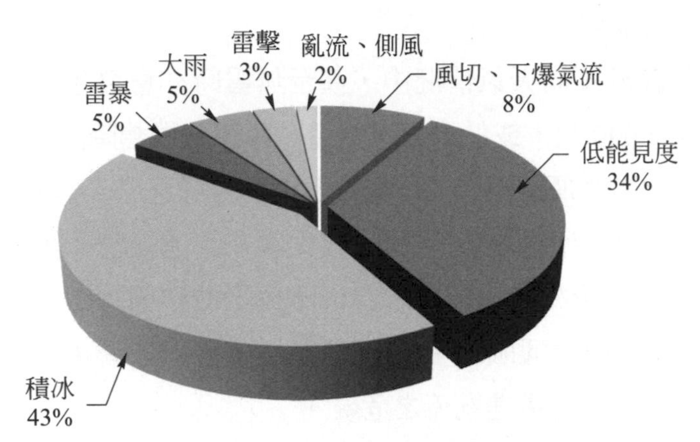

▲ 圖 2-1-2　與天氣有關的致命航空事故

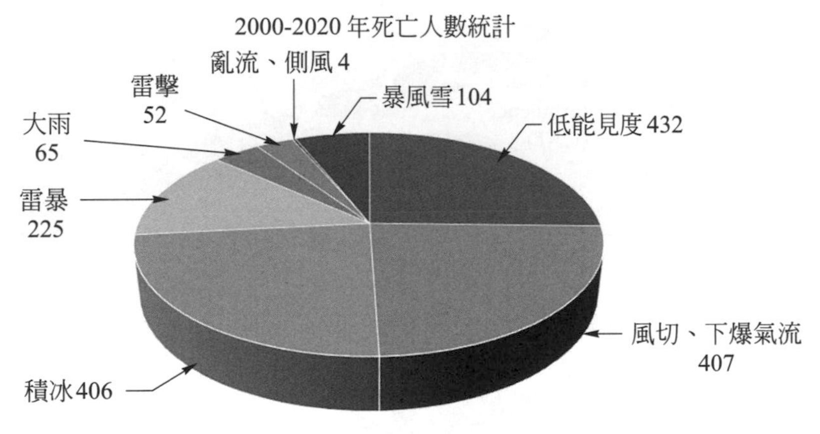

▲ 圖 2-1-3　不同天氣因素導致之死亡人數

2-2 影響飛航安全之天氣

1. 大氣亂流 (Air Turbulence)

所謂大氣亂流，即當空氣不規則劇烈運動時，能使飛機發生一連串顛簸與震動之現象，其強度可視空氣穩定性而定。凡是氣流發生任何細微或垂直流動，只要能使航機飛行高度或路線突發劇變者，均可稱爲亂流。大氣亂流可由對流、表面摩擦、重力波 (Gravity Wave) 與在亂流層中之平均氣流等四種主要來源獲得能量。

亂流生存於不同天氣情況中，甚至無雲時亦會發生，其存在區域或大或小，或高至 4,000 呎，或低至靠近跑道，影響飛機起降。大氣中各種類型之亂流擾動，均能影響飛行操作、航空安全與乘客舒適等。小範圍局部氣流擾動，可使飛行中航機突然上抬或下衝，致乘客有不適之感；大規模強烈氣流起伏翻騰，使航機顛簸震動，最嚴重者可導致飛機結構損壞。因大氣亂流與各型天氣情況有關連，故明瞭各種亂流擾動之成因與影響，將有助於避免或減少在飛機起降及飛行時遭遇亂流之危險。

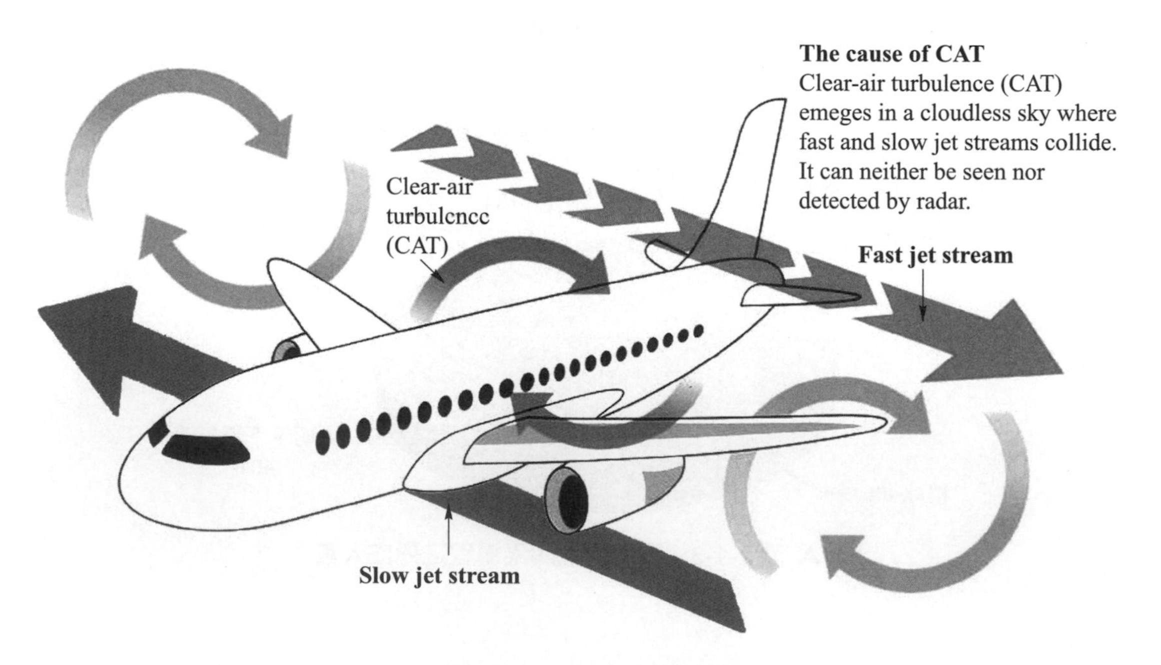

▲ 圖 2-2-1 大氣亂流的影響

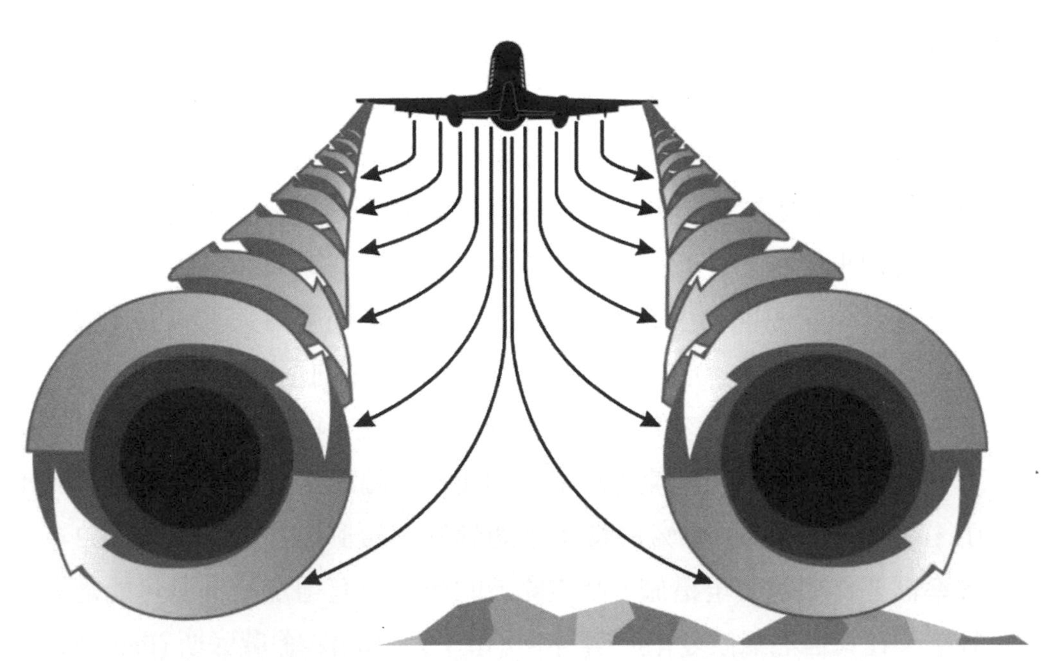

▲ 圖 2-2-2　機翼尖端旋渦產生亂流之現象。

大氣亂流無法直接測量，航空氣象預報人員知道產生亂流之地形及天氣徵兆，但對寶貴之天氣徵兆僅爲少數定時而地點遙遠之報告，故氣象預報員在預報亂流方面，較其他天氣預報更爲需要依賴飛行員之飛機氣象報告。因此多年來航空科學家們曾致力於解決之問題，係用客觀方法決定亂流之強度，其他各天氣狀況與亂流之關連性，以及制定表示亂流程度之通用文字。

2. 晴空亂流 (Clear Air Turbulence)

晴空亂流者，通常表示航機在無雲天空飛行時發生顚簸 (Bumpiness)，甚至上下翻騰現象之亂流。即使在卷雲中發生之亂流，亦稱爲晴空亂流。一般所謂晴空亂流，大多指高空噴射氣流附近之亂流，即高空風切亂流 (High Level Wind Shear Turbulence)，就像噴射氣流大都指高空噴射氣流而言。當寒潮爆發，衝擊南方之暖空氣時，沿冷暖空氣交界處噴射氣流附近一帶之天氣系統加強，晴空亂流在此兩相反性質氣團間以擾動能量交換之方式發展，冷暖平流伴著強烈風切在靠近噴射氣流附近發展，尤其在加深之高空槽中，噴射氣流彎曲度顯著增加之地方，特別加強發展，當冷暖空氣溫度梯度最大之冬天，晴空亂流則最爲顯著。

晴空亂流最容易出現的位置，是在噴射氣流冷的一邊 (極地) 之高空槽中，另外較常出現的位置，是在沿著高空噴射氣流而在快速加深中之地面低壓槽之北與東北方。有時即使沒有發展良好的噴射氣流存在，但在加深低壓、高空槽脊等高線劇烈彎曲地帶以及強勁冷暖平流區域之風切區，仍會遇到晴空亂流。此外山岳波也會產生晴空亂流，其垂直範圍可自山峰以上至對流層頂上方 5,000 呎之間出現，水平範圍可自山脈背風面向下游延展 100 哩以上。有時看起來似乎不可能出現晴空亂流，仍然遭遇亂流，是因爲強風把一團擾動空氣帶離其源地，在下風區出現亂流，但其強度將大爲減弱，當晴空亂流預報區被伸展至某一方向，即表示亂流從源地飄向下風區。

晴空亂流預報之空間體積，屬於塊狀散佈，與整個航空區域體積相比，實在藐小，但與局部亂流實際範圍相比，仍屬相當廣大，飛航於亂流預報區中，平均只有 10 ～ 15% 的機率遭遇到輕度擾動之亂流，大約有 2 ～ 3% 的機率需要作機艙安全措施。晴空亂流的頻率已有增加，推測可能是全球暖化效應。在《自然氣候變化》期刊中，雷丁大學的保羅·威廉斯 (Paul William) 及東英吉利亞大學的 Manoj Joshi 提出了若大氣中的二氧化碳是工業革命前的二倍，中等到強烈的晴空亂流會較現在增加 40% 至 170%。

3. 雷雨 (Thunderstorm)

雷雨或稱雷暴，係由積雨雲所產生之一種地區性風暴，代表最強烈之大氣對流現象。經常伴有閃電、雷聲、強烈陣風、猛烈亂流、大雨、偶或有冰雹等。對飛行操作威脅最嚴重之惡劣天氣，諸如亂流、下衝氣流、積冰、冰雹、閃電與惡劣能見度等項。熱力對流 (Thermal Convection) 與抬舉作用 (Dynamic Lifting) 造成初期之上升氣流，上升氣流之氣態水氣因絕熱膨脹冷卻而凝結成冰或冰晶之積雲。凝結作用放出之潛熱會抵銷飽和上升氣流之部份絕熱冷卻，使得積雲中空氣更具有浮力，而加強上升氣流，浮力更帶動上升氣流快速吸取更多水氣投入雲中，並增加水滴碰撞結合之機會，均會加速積雲之發展。由於塔狀積雲向上增長，濕絕熱冷卻之繼續進行上升，直至雷雨雲頂層溫度低於其周圍空氣溫度爲止。溫度差別與水滴或冰晶重量增加，上升氣流再無力托住，且也阻礙氣流之上升。較大水滴不克懸浮空中，而致降落地面，即爲降雨。雨滴在降落途中，因爲摩擦所生拖曳力之關係，便帶著大小水滴及充分水氣之周圍空氣也隨著下降，並因氣壓增加，再加強下降氣流，於是在降雨區造成強烈之下衝氣流。這種濕冷之空氣到達地面時，迅速向外流出，而在與周遭較暖空氣之接觸面附近形成強烈之陣風鋒面。

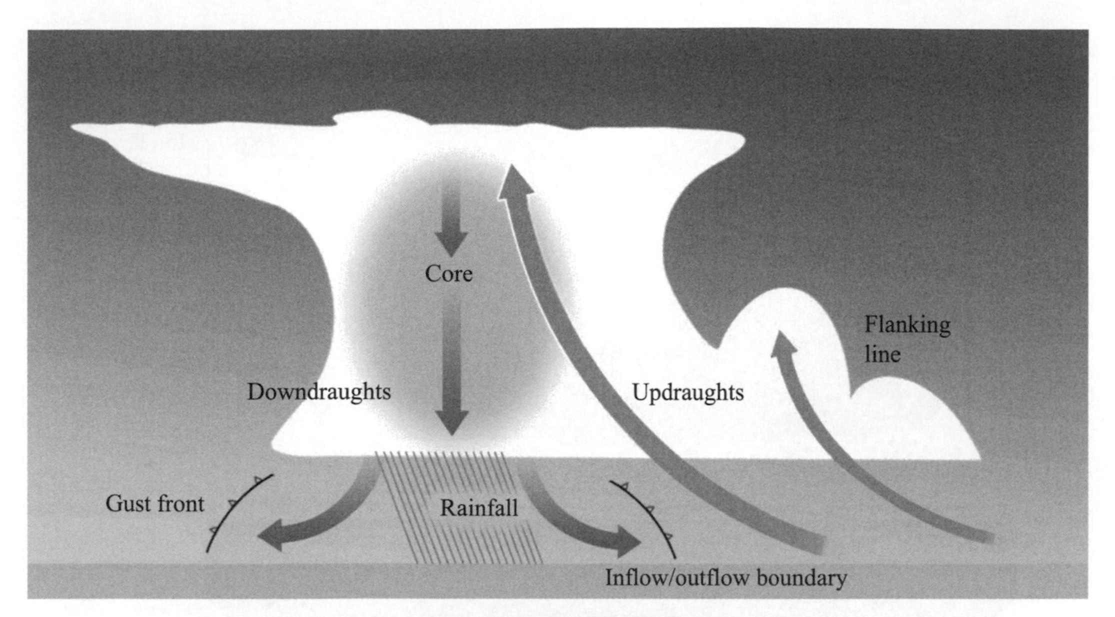

▲ 圖 2-2-3　雷雨形成之現象

飛機如飛入猛烈雷雨中，必遭致危險性之困擾，機身被措手不及之投擲轉動，時而上升氣流將其抬高，時而有下降氣流行將其摔低，冰雹打擊，雷電閃擊，機翼或邊緣積冰，雲霧迷漫，能見度低劣，機身扭轉，輕者飛行員失去控制飛機之能力，旅客暈機發生嘔吐不安現象；重者機體破損或撞山，造成飛航事故。大多數雷雨均兇猛異常，飛機偶或遭遇，應設法避開爲上策，如實不可能，則提高其飛行高度。更有進者，如雷達螢幕上發現雷雨雲頂至六、七萬呎者，可採取危險性較少之途徑飛行。據統計全球每天約有 44,000 個雷雨發生，以熱帶地方佔大多數，中緯度地帶大概自晚冬至初秋間雷雨比較頻繁，隆冬季節雷雨偶而與強烈冷鋒伴生者，但機會不多，炎夏季節雷雨能遠達北極區。

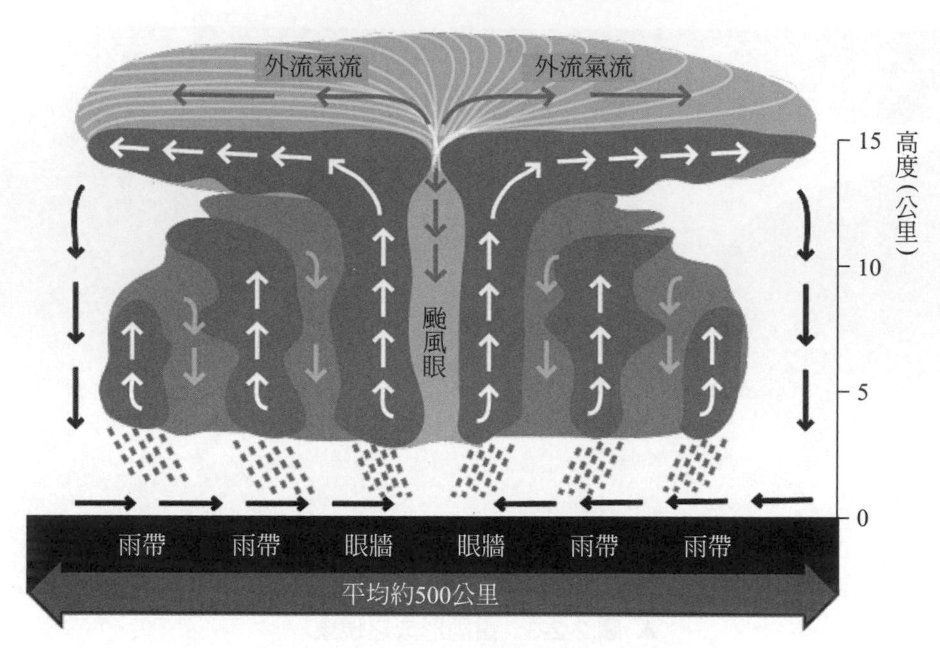

▲ 圖 2-2-4 熱帶氣旋形成之現象

4. 視程障礙與低雲幕 (Poor Visibilities and Low Ceilings)

雲幕係指天空最低雲層或視障 (Obscuring Phenomenon) 之垂直高度，而所謂雲層係指雲量在八分之五以上之“裂雲 (Broken)”和“密雲 (Overcast)”；視障係指整個天空朦朧昏暗看不清之現象。低雲幕與低能見度是造成多數飛機失事原因之一，它們對於飛機起飛降落之影響，比其他惡劣天氣因素更爲多見。

能見度係對著地面上明顯的目標物，以正常目視所能辨識之最大距離。通常氣象觀測所指的能見度係指在地面上任一水平方向之最低能見度，飛航應用上除了需要知道地面能見度之外，尚須飛行能見度 (Flight Visibility or Air to Air Visibility) 與斜視能見度 (Slant Range Visibility) 或稱近場能見度 (Approaching Visibility)。此三種能見度有時不盡相同，通常地面能見度最容易觀測，而飛行能見度與斜視能見度尚無儀器和實際測定法則，目前僅能從飛行員報告中獲知這些資料。當飛機 (尤其是噴射機) 在低雲幕和低能見度下降落時，位在近場區域之斜視能見度就非常重要了。

跑道視程 (Runway Visual Range；RVR) 係指飛機駕駛員在跑道中心線上，能夠看見跑道面標線或跑道邊界，能辨識跑道中心線燈光之最大距離。跑道能見度 (Runway Visibility) 爲飛行員在跑道上無燈光或中等亮度無距焦燈光下所能見到之最大距離。目前國際民航組織 International Civil Aviation Organization；ICAO) 規定當機場能見度低於 1500 公尺時，飛機起飛或下降能見度改以機場跑道視程爲起降標準，除了可確保飛機起降安全之外，並可提高跑道使用率。由於觀測員無法在跑道上觀測，因此依 ICAO 規定，在距離跑道中心線 120 公尺以內，跑道兩端降落區和跑道中段位置之跑道側邊，各裝設有跑道視程儀，利用跑道燈光、背景光及消光係數等三項計算跑道視程，換言之，跑道視程係在強烈跑道燈光下測得之跑道水平能見度數值，它與飛行員在飛機上斜視所見之能見度是有所不同。

5. 飛機積冰 (Aircraft Icing)

飛機積冰，指飛機飛經冷雲層 (Supercooled Clouds) 或雨雪區域，於適當條件下，機翼、機尾、螺旋槳或其他部分，常積聚冰晶，多者厚至數吋，影響飛機操作甚巨。雖然航空工程科學不斷進步，儀器設備不斷更新，企圖克服飛機積冰之困擾，可是氣溫在冰點以下，水氣容易凍結之事實，仍然構成飛機操作之危險。在發展儀器飛行 (Instrument Flight) 以前，因強度積冰通常發現於惡劣天氣中，飛機常避開惡劣天氣飛行，所以飛行員絕少遭遇飛機積冰問題。近年來，航空儀表更加精密，儀器飛行全面採用，飛機常在最惡劣天氣之雲層中飛行，則飛機積冰之嚴重情勢仍舊存在。

飛機積冰最能影響機翼機舵、螺旋槳、油箱、空速管、天線、擋風玻璃與駕駛艙罩、機體以及其他顯露之部分。在兩翼及方向舵上積冰者，大多在翼舵之前緣，但有時可擴展至半個翼面。在機體及天線上積冰者，有時可積聚甚厚。螺旋槳上積冰，較難沉聚，因螺旋槳轉動過速，冰體隨積隨脫，但極堅固者仍能停留於螺旋槳葉上，使螺旋槳失去原有之平衡。美國聯邦航空總署 (Federal Aviation Administration；FAA) 與美國軍民航空氣象單位達成協議，訂立飛機積冰強度標準，統一實施，將其分爲四種等級，供航空人員研究與認識每一強度等級之冰晶累積率與對航機構成之影響。尤應注意者，當積冰強度增加時，飛行操作應變時間如何被縮短，如果積冰非常快速，飛行員幾乎沒有充裕時間，對飛行操作應變措施和作成決定。飛機上雖具備除冰與防冰設備，可於飛行時有備無患，但不能保證解決所有飛機積冰之一切問題，所以非必要，飛機盡可能避開積冰現象最爲上策。

參考資料

Ref.1：Chen, C. J., Huang, C. N., 2021, March 26, "Application of a Deep Learning Neural Network to Aviation Weather Forecasting," 2021 Aviation and Maritime Conference, 2021, pp. 413-427. (ISBN: 978-986-06557-2-8) [MOST 109-2410-H-309-003-]

Ref.2：Chen, C. J., Ou, Y. R., 2020, March 27, "Extreme Weather and its Effects for Aircraft Operation and Aviation Safety," 2020 Aviation and Maritime Conference, 2020, pp. 1-18. (ISBN: 978-986-6358-75-3) [MOST 108-2813-C-309-007-H]

Ref.3：Chen, C. J., 2019, March 29, "A study on Application of Artificial Neural Network for Aviation Weather Forecasting," 2019 Aviation and Maritime Conference, 2019, pp. 146-163. (ISBN: 978-986-6358-67-8) [MOST 108-2813-C-309-007-H]

Ref.4：蕭華、蒲金標，航空氣象學，秀威資訊科技出版社，2008。

Ref.5：http://www.chinadaily.com.cn/hkedition/2017-10/20/content_33474331.htm

Ref.6：https://www.faa.gov/documentLibrary/media/Advisory_Circular/AC_90-23G.pdf

Ref.7：https://www.abc.net.au/news/2016-11-15/cross-section-of-thunderstorm-with-wind-circulation---bom.jpg

Ref.8：https://pweb.cwb.gov.tw/PopularScience/index.php/weather/94-%E6%97%8B%E8%BD%89%E7%9A%84%E6%B0%A3%E6%B5%81%E2%80%94%E9%A2%B1%E9%A2%A8

2-3 大氣的溫度、壓力、密度與高度的關係

飛機在地球的大氣層內飛行，我們稱之為航空 (Aviation) 在大氣層之外運作例如太空船或是衛星的領域，我們稱之為太空 (Space) 或是外太空 (Outer Space)，為了了解飛機在大氣層內運行，我們必須了解大氣層內空氣的特性，這包括了溫度、壓力以及密度、黏滯度的變化，因為氣象的關係，大氣的概況是千變萬化的，因此我們先設定了一個標準狀況 (Standard Condition) 這個標準狀況是假設空氣這個流體滿足或適合下列兩個公式：一個是理想氣體公式 (Equation of State of Perfect Gas) 或簡稱為 (Perfect Gas Law)。

$$P = \rho RT \tag{2-1}$$

這裡， P = 壓力 (牛頓 / 平方公尺，N/m^2 或磅 / 平方英呎，lb/ft^2)

ρ = 密度 (公斤 / 立方公尺，kg/m^3 或斯勒 / 立方英呎，$slugs/ft^3$)

T = 絕對溫度 (克爾文度，°K 或倫琴度 °R)

R = 空氣氣體常數 = 287.05Newton-meter / Kilogram Kelvin

= 1718 ft-lb / slug°R

或

另一個是流體靜力學導出的水靜力平衡公式：

$$dP = -\rho g dh \tag{2-2}$$

這裡， g = 重力常數 = 9.8 m/s^2 (公尺 / (秒)^2
= 32.17 ft/s^2 (英呎) / (秒)^2) } 海平面狀況

h = 地球海平面以上的高度 (公尺或英尺)

這些符號的單位，前面給的是公制，後面給的是英制。我們可以看圖 2-3-1，假設有一塊成四方形的流體 (空氣或水均可)，它的高度 dh，這裡的 d 是微小的意思，也就是非常小的數量。它的長與寬均假設爲 1.0，這是爲了方便計算起見假設的。我們如對此塊流體考慮靜力平衡，則在垂直方向靜力平衡可得：

$$P = (P + dP) + \rho g dh$$

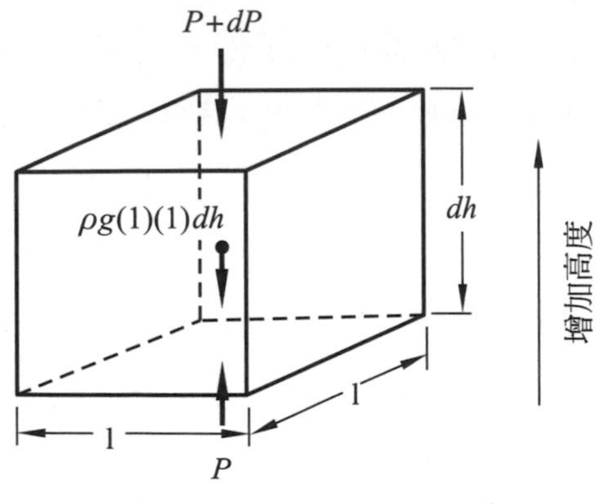

▲ 圖 2-3-1 水靜力平衡示意圖

其中

$$\rho g dh = (\text{密度}) \times (\text{體積}) = \rho g(1)(1)dh = \text{此流體之重量}$$

則由上式可得：

$$dP = -\rho g dh$$

即為前述之水靜力平衡 (公式 2-2)。

請注意，公式 2-2 可應用至任何流體 (液體或氣體)。

本公式為一微分方程式，表示極小高度變化即引起極小的壓力變化。

為了積分方便，我們再假設地球的重力加速度 g，在大氣層內為一常數而等於其在海平面的數值 g_0，事實上，由牛頓的重力定律可證明 g 是與其距地球中心的距離的平方成反比，假如地球半徑為 r_0，h 為大氣層的的高度則

$$g = g_0 \left(\frac{r_0}{r_0 + h} \right)^2$$

但因 r_0 比 h 大得太多，故假設 $g = g_0$ 是相當可靠的。如此則公式 2-2 可重寫為：

$$dP = -\rho g_0 dh$$

如今我們有了空氣壓力與高度的關係，我們另外要找的是溫度與高度的關係。這個關係必須由實驗而取得，這方面美國標準局做得最多，是利用氣象汽球或儀器測得的如圖 2-3-2 所示是大氣溫度及高度的變化，這完全是測量的結果，在整個的大氣層中，(約 47 公里或 154,000 英尺厚) 溫度的變化可以大約分為三區域，第一區域稱為對流層 (troposphere) 大約是自海平面到 11 公里 (36150 ft) 高處，此區域內大氣溫度是由海平面溫度成直線遞減，然後 11 公里高處再向上至差不多 25 公里 (82,300 ft) 處其溫度保持不變，此區域稱之為同溫層 (Stratosphere) 過了 25 公里高處再向上，則又到了另一梯度區 (Gradient Region) 這時溫度則隨高度成直線增加直至 47 公里處 (154,000 ft)。圖 2-3-2 僅標明至 100,000 ft 高度，這已是足夠了，因為大部份飛機的飛行高度均在 60,000 ft 以下，當然一些高空偵察機例如 U-2 或是 SR-71 等可以超過 100,000 ft，但一般而言，圖 2-3-2 的資訊是足夠了。

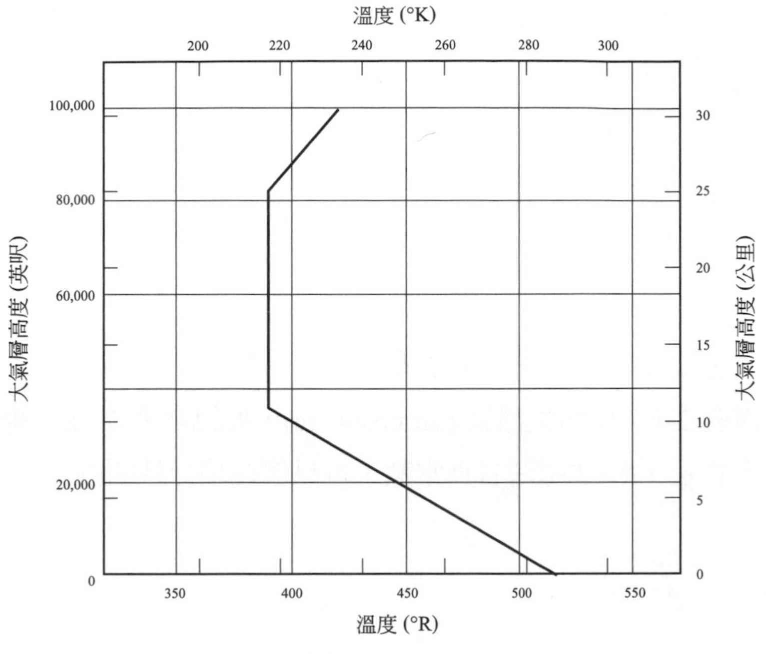

▲ 圖 2-3-2　美國標準大氣層溫度隨高度之變化

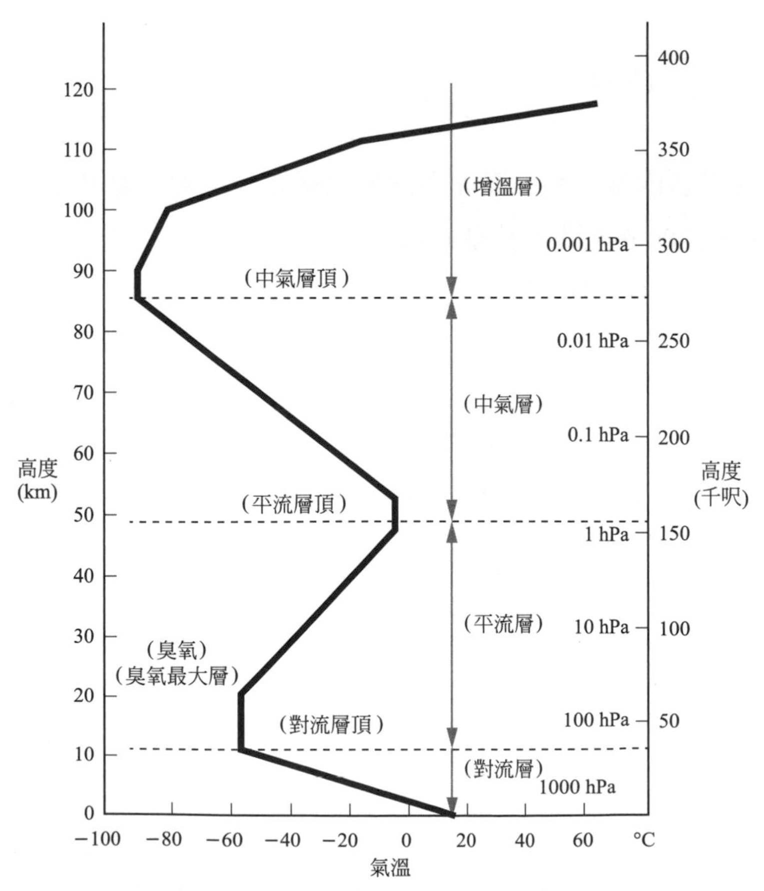

▲ 圖 2-3-3　大氣分層與平均氣溫之垂直分佈

有了這些公式及溫度 - 高度關係，我們就可以計算大氣層中任何一點的大氣概況了，我們來看看如何進行這些計算。

首先，合併公式 2-1 及公式 2-2

$$dP = -\rho g_0 dh \text{ 及 } P = \rho RT$$

$$\frac{dP}{P} = -\frac{\rho g_0 dh}{\rho RT} = -\left(\frac{g_0}{RT}\right) dh$$

爲了積分方便，必須找到 $T = Th$ 之關係式。

我們先考慮圖 2-1-2 中的恆溫區 (Stratosphere)，此區域內 T 爲一垂直直線的一常數，請注意，上式 g_0、R、T 這時皆爲常數，可以放在積分外則得：

$$\int_{P_1}^{P} \frac{dP}{P} = -\frac{g_0}{RT} \int_{h_1}^{h} dh$$

取積分，則得

$$\ln \frac{P}{P_1} = -\frac{g_0}{RT}(h - h_1)$$

上式中，h_1 爲恆溫區內某一點，而 h 則爲較高處之另一點，如此在此區域內任何高處，36,150 ft 至 82,300 ft 之間，其壓力爲

$$\frac{P}{P_1} = e^{-(g_0/RT)(h-h_1)} \tag{2-3}$$

由理想氣體公式，可得

$$\frac{P}{P_1} = \frac{\rho T}{\rho_1 T_1} = \frac{\rho}{\rho_1}$$

所以 $$\frac{\rho}{\rho_1} = e^{-(g_0/RT)(h-h_1)} \tag{2-4}$$

公式 2-3 及公式 2-4 可以計算在大氣層中恆溫區之壓力及密度與高度之變化概況。

再看看大氣層中的兩個溫梯度區，一個是直線式遞增，一個是直線式遞減，可以書寫成：

$$T = T_1 + \alpha(hh_1)$$

這裡 $\alpha = \dfrac{dT}{dh}$ 表示每單位高度的變化引起之溫度變化，也就是這兩直線的斜率，爲一常數，有時稱之爲遞變率 (Lapse-rate) 遞增或遞減率。

h_1 及 T_1 爲兩梯度區內之某一參考點。T 及 h 則爲此區域某一更高處之點，即須計算者。

因爲 $$dh = \frac{dT}{\alpha}$$

及 $$\frac{dP}{P} = -\left(\frac{g_0}{RT}\right)dh$$

所以 $$\frac{dP}{P} = -\frac{g_0}{\alpha R}\frac{dT}{T}$$

取積分，則得

$$\ln\frac{P}{P_1} = \frac{g_0}{\theta R}\ln\frac{T}{T_1}$$

或 $$\frac{P}{P_1} = \left(\frac{T}{T_1}\right)^{-g_0/\alpha R} \tag{2-5}$$

要找密度的關係必須再用理想氣體公式 2-1，

$$\frac{P}{P_1} = \frac{\rho T}{\rho T_1}$$

代入公式 2-5，得，

$$\frac{\rho}{\rho_1} = \left(\frac{T}{T_1}\right)^{\left[\left(\frac{g_0}{\alpha R}\right)+1\right]} \tag{2-6}$$

公式 2-5 及公式 2-6 可以用來計算壓力及密度與高度的變化在兩個梯度區內 (Gradient Region)。首先必需計算梯度區內直線之遞增或遞減率，或者是這兩直線之斜度自圖 2-1-2 中，我們可以很容易求出在第一梯度區。

或 $\alpha = -0.0065°K$ Per Meter (公制)

$= -0.00356°R$ Per Foot (英制)

第一梯度區範圍，海平面至 11019 m 或 36,150 ft 處。

我們可以依同法計算第二梯度區內壓力，密度與高度之變化，由圖 2-1-2 求出，然後由公式 2-5 及公式 2-6 求得該區域之 P 及之數值。第二梯度區之範圍爲 82,300 ft 至 154,000 ft 高度。

在圖 2-1-2 中海平面 ($h = 0$) 狀況常用爲參考點；標準海平面狀況爲：

$$P_0 = 1.01325 \times 10^5 \text{ N/m}^2 = 2116.2 \text{ lb/ft}^2 = 14.69 \text{ lb/in}^2$$

$$\rho_0 = 1.225 \text{ kg/m}^3 = 0.002377 \text{ slug/ft}^3$$

$$T_0 = 288.16 \text{ K} = 518.69°\text{R}$$

上述數值可作爲第一梯度區之參考值，然後用圖 2-1-2 求得 T 與 h 之直線關係計算出恆溫區之起點 $T = 216.6\text{K}(289.99°\text{R})$，在 $h = 11,019$ m(36,150 ft)，用這些數值及公式 2-4 及公式 2-5 計算第一梯度區內之 P 及 ρ 變化，另外在 $h = 11,019$ m 用作恆溫區之終點 $h = 25.1$ km，這裡又成爲第二梯度區之起點 (參考點)，再用公式 2-5 及公式 2-6 計算 P 及 ρ 在第二梯度區之變化直至 $h = 47$ km 爲止，如此則整個大氣層中之航空領域皆可計算出其壓力、溫度及密度與高度之變化。

依上述之計算方法，大氣層中之各項特性數值經美國國家標準局 (U.S.N.B.S) 公佈發表摘錄於附錄 A 中其表 A-1 是以公制刊出，表 A-2 是以英制刊出。此兩表中又加添了音速 (Speed of Sound) 及動黏滯度 (Kinematic Viscosity)，後者對計算雷諾數 (Reynolds Number) 非常方便。例如：

$$R_N = \text{雷諾數} = \frac{(\text{飛行速度})(\text{飛行物尺寸})}{\text{動黏滯度}}$$

$$= \frac{V \cdot l}{\nu} = \frac{(\text{ft/s})(\text{ft})}{(\text{ft})^2/\text{s}} \text{ 或 } \frac{(\text{m/s})(\text{m})}{\text{m}^2/\text{s}}$$

其中 ν 爲動黏滯度，定義爲 $\nu = \mu / \rho$，μ 爲一般稱之爲黏滯度 (Viscosity)。

參考資料

Ref.1：Shevell, Richard S. "Fundamentals of Flight" second Edition, prentice-Hall, Inc. New Jersey, 1979。

Ref.2：Anderson, John D. Jr. "Introduction to Flight" McGraw-Hill, New York, 1978。

Ref.3：Minzner, R.A. "The ARDC Model Atmosphere"，AF-CRCTR-SO-267, 1959。

MEMO

飛機基本之架構

前言

在詳細討論空氣動力學及飛機如何飛起來之前，我們應先了解一些飛機的基本架構，例如機身、機翼、尾翼以及附屬的一些控制面等等。本章將作概略性的介紹，至於機翼的種類及作用，升力與阻力的計算，以及控制面的種類等等都要等到以後幾章再續講到。

3-1 飛機基本架構之各項名稱

一、機身 (Fuselage)

這是飛機的主體，用來載運貨物或旅客，其中也包含了運載設備及衛廚設備等等。圖 3-1-1 及 3-1-2 表示了兩種不同型的飛機之基本架構以及各項分組件的名稱。

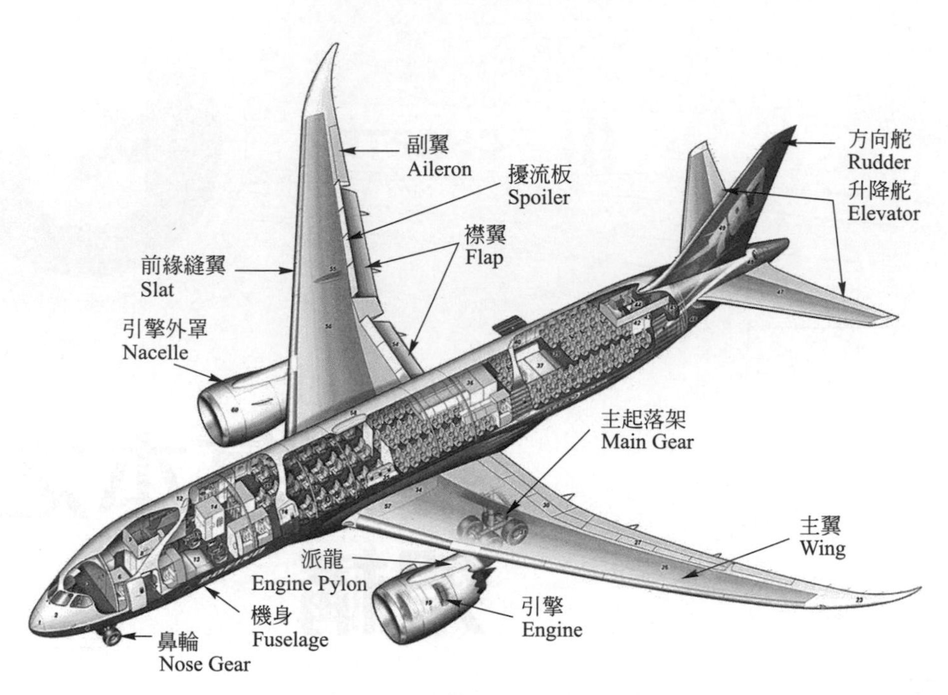

▲ 圖 3-1-1 波音 787 之各部名稱

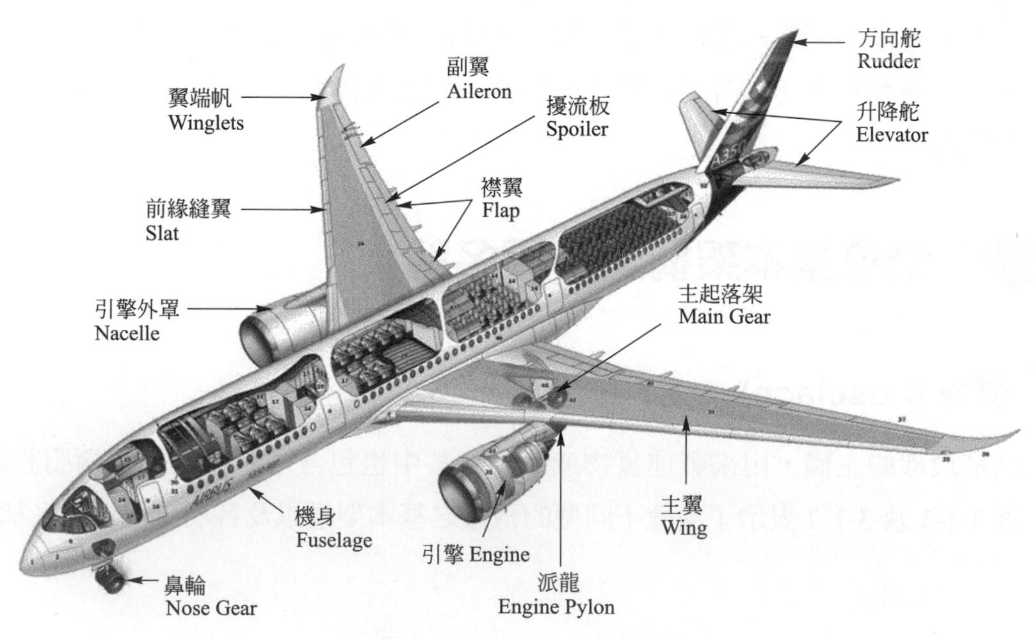

▲ 圖 3-1-2 A350 之各部名稱

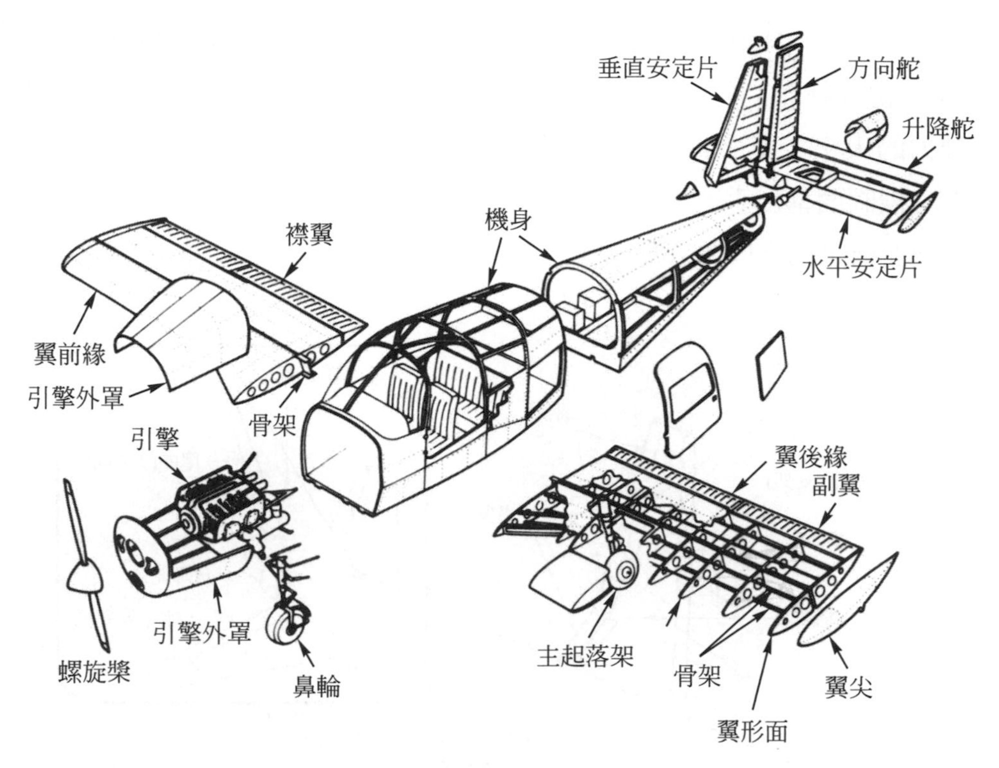

▲ 圖 3-1-3 瑞典生產之小型休閒飛機之各部名稱

二、機翼 (Wing)

機翼是一具有流線型的葉片 (Airfoil) 橫切面是提供飛機上升力的主要結構，機翼的前緣 (Leading Edge) 及後緣 (Trailing Edge) 均附屬有一些控制面 (Control Surfaces) 用來控制飛行時的平衡和動作，這些控制面將會在另一章討論飛機的控制與平衡時詳細介紹。

三、短艙 (Nacelle)

事實上這是一個具有流線型外型的外匣，是包圍在飛機發動機外的外罩，翻譯成短艙有些費解。通常短艙及發動機是吊掛在機翼下，如圖 3-1-2，這些吊掛的支撐物稱爲支架或派龍 (Pylon)。如發動機放在機身內就用不著短艙了，如圖 3-1-3。

四、尾翼 (Tail)

安置在飛機的後部，是飛機的主要控制與平衡的組件， 通常分爲水平尾翼及垂直尾翼兩部份，請參閱圖 3-1-4，水平尾翼 (Horizontal Tail) 前方有一固定的控制面

稱之爲水平安定面 (Horizontal Stabilizer)，在後緣的可移動的控制面稱之爲升降舵 (Elevators)，當升降舵上下移動時，可改變機翼的攻角 (Angle of Attack)，因此可調節機翼上升力的大小，進而調整飛機的上升或下降。同理， 在垂直尾翼 (Vertical Tail) 前緣的固定控制面稱爲垂直安定面 (Vertical Stabilizer) 或稱爲鰭 (Fin)，而在後緣的可移動的控制面稱之爲方向舵 (Rudder)。

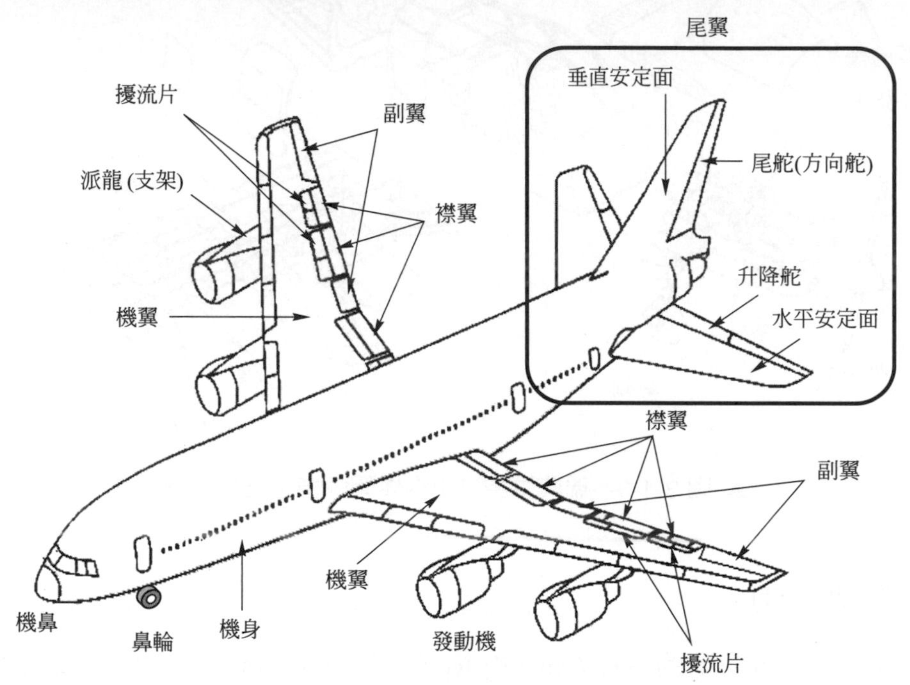

▲ 圖 3-1-4 波音 747 客機之各分組件名稱

五、副翼 (Aileron)

副翼爲飛機三大主要控制面之一，通常是安裝在機翼的後緣及靠近外端翼尖的地方，是附屬在主機翼上，可上下移動 (由制動器 (Actuator) 操作) 請參閱圖 3-1-4、3-1-5 及 3-1-6，當副翼向上伸起時，這時機翼外端部份的上升力會下降，相反的，向下展開時，上升力會提高，因此副翼在操作時，均是同時一對操作的，即是左翼的副翼向上翹時，右翼的副翼一定是向下展開的，如此飛機才能保持平衡。因此副翼的主要作用是防止飛機翻滾 (Roll) 因爲副翼的作用在於調節翼尖端部份的上升力大小。

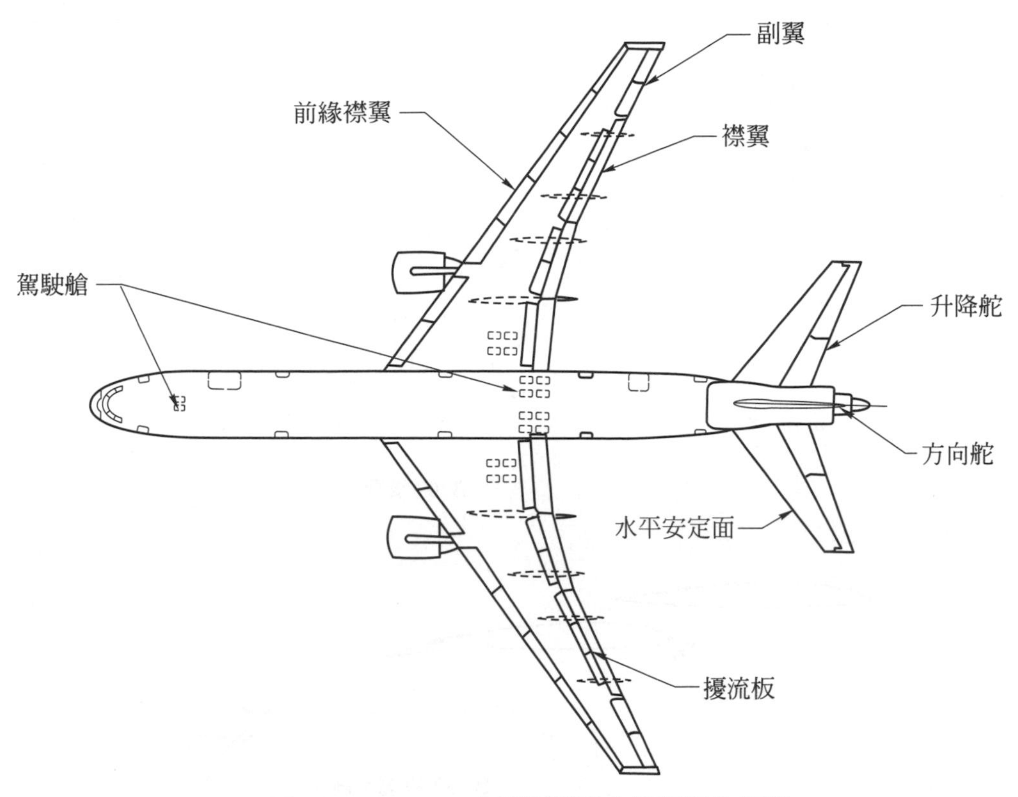

▲ 圖 3-1-5 L1011 大型運輸機之各部組件名稱

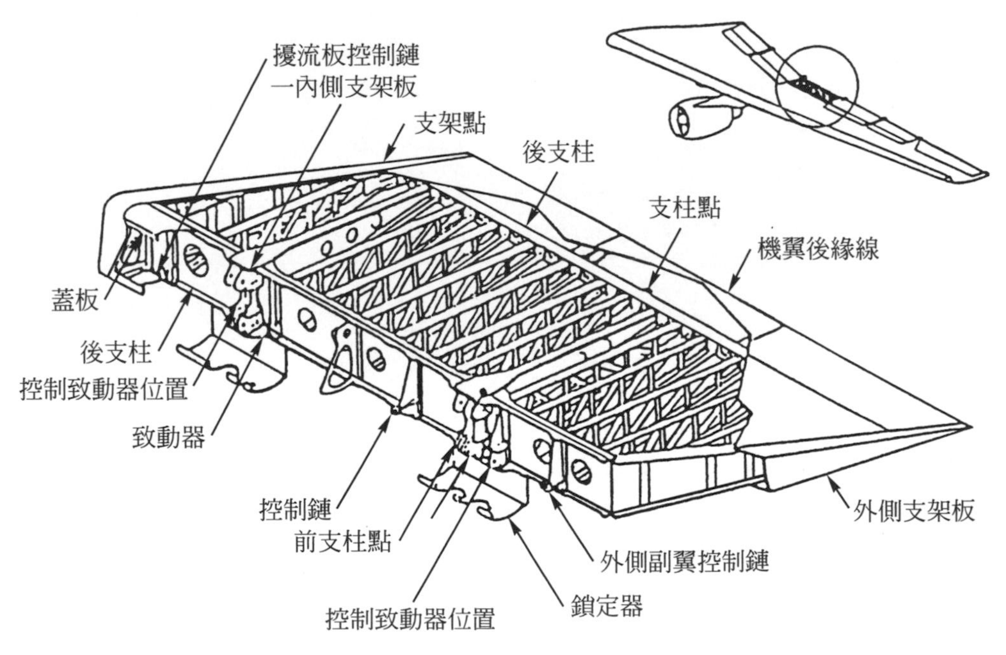

▲ 圖 3-1-6 飛機機翼後緣 (Wing Trailing Edge) 上之副翼 (Aileron) 細部結構 (圖示為 L-1011 廣體客機機翼)

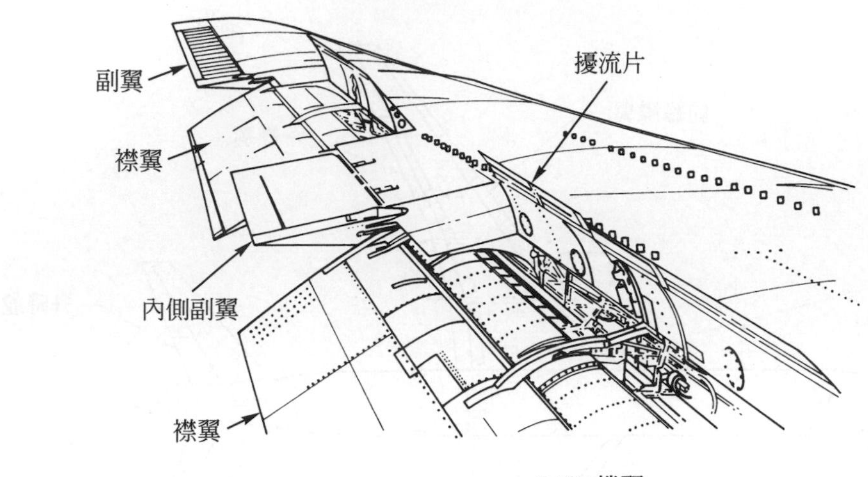

B707 機翼

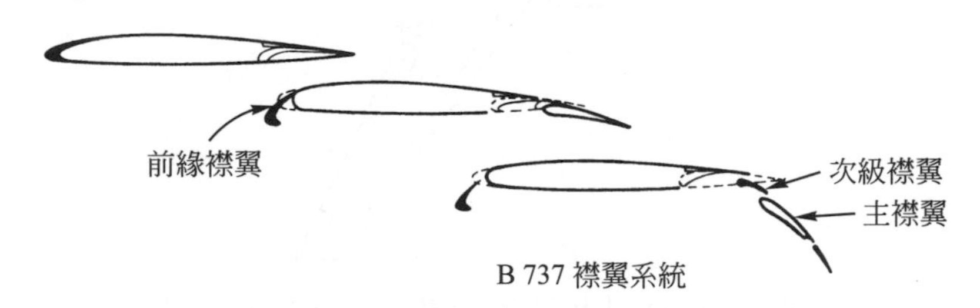

B 737 襟翼系統

▲ 圖 3-1-7 機翼上之控制面佈置圖

六、擾流片 (Spoiler)

擾流片也是控制面的一種，也是安置在機翼的後緣部份，請參閱圖 3-1-4、3-1-5、3-1-6 及 3-1-7，當擾流板升起時，因擾亂了流過機翼的空氣流場，因此降低了上升力，擾流板多半在下降或減速時應用。圖 3-1-8 顯示廣體客機 L-1011 之機翼上擾流板操作情況。

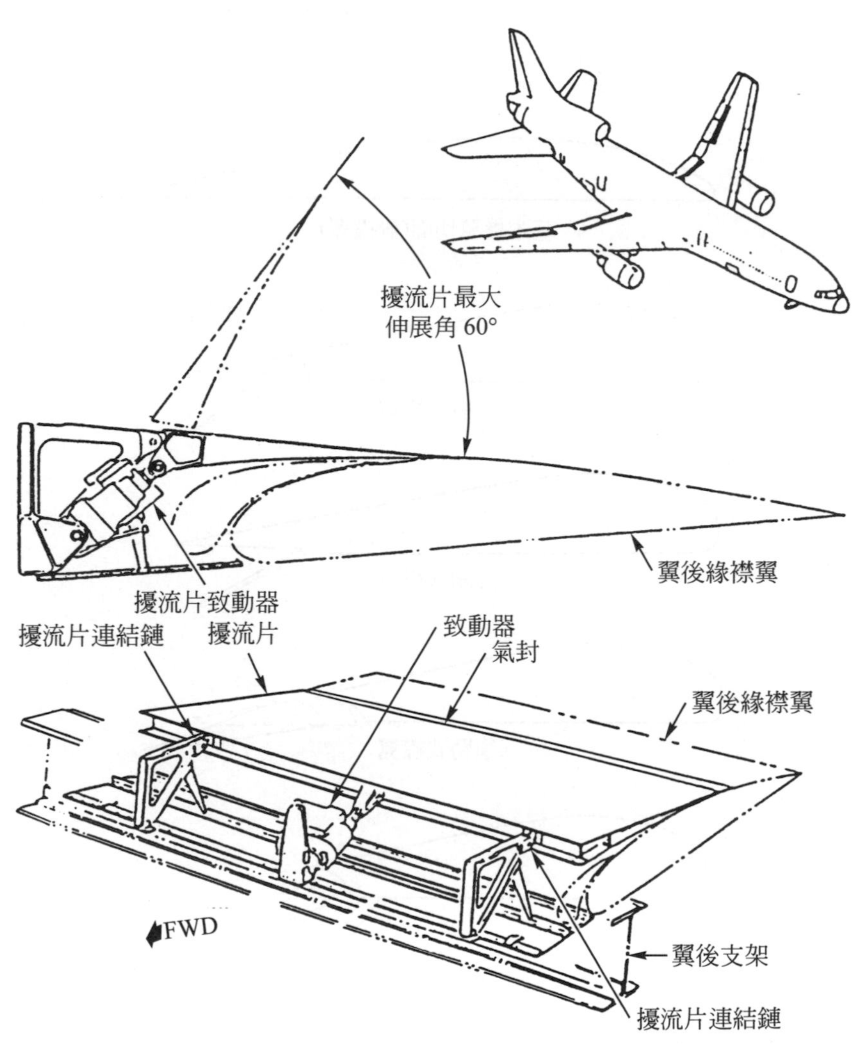

▲ 圖 3-1-8 L-1011 大型運輸機機翼上擾流片 (Spoiler) 之操作情形

七、前後襟翼 (Slat and Flap)

這些都是尺寸較小些的控制面，也都是附屬於機翼安裝在機翼前緣 (Wing Leading Edge) 的稱爲前緣襟翼 (Slat)，在後緣的稱爲後緣襟翼 (Flap)，請參閱圖 3-1-5、3-1-6 及 3-1-7。前後襟翼都是用來提升上升力的，尤其是在飛機起飛時一定要用的。圖 3-1-9 及 3-1-10 介紹了 4 種不同型式的 Flap 設計以及操作型態。圖 3-1-11 顯示另一特殊的 Flap 設計，未展開時形成機翼的後端部份，展開後改變了空氣流場，同時機翼面積也加大了。因此提升了上升力 (Lift)。

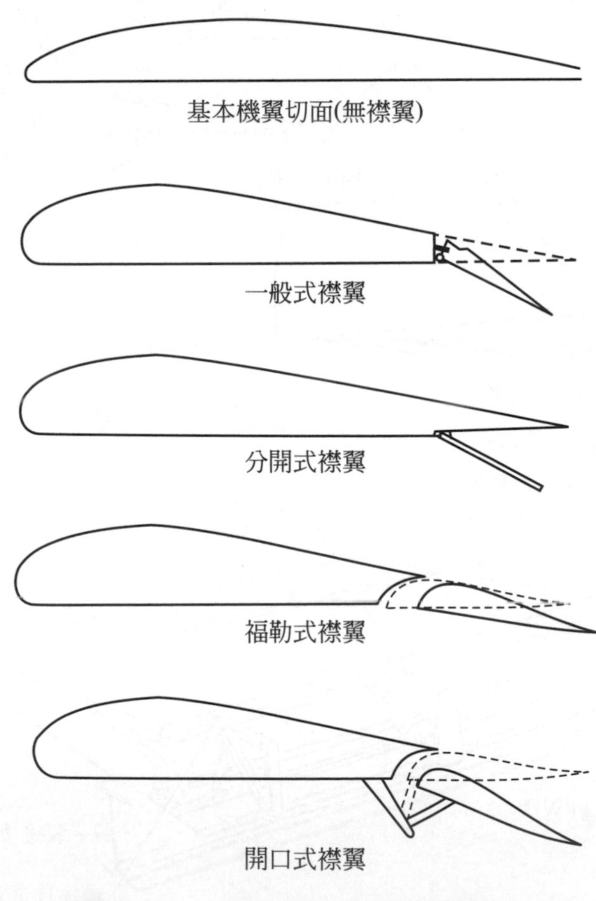

▲ 圖 3-1-9　4 種不同形式的後緣襟翼 (Flap)

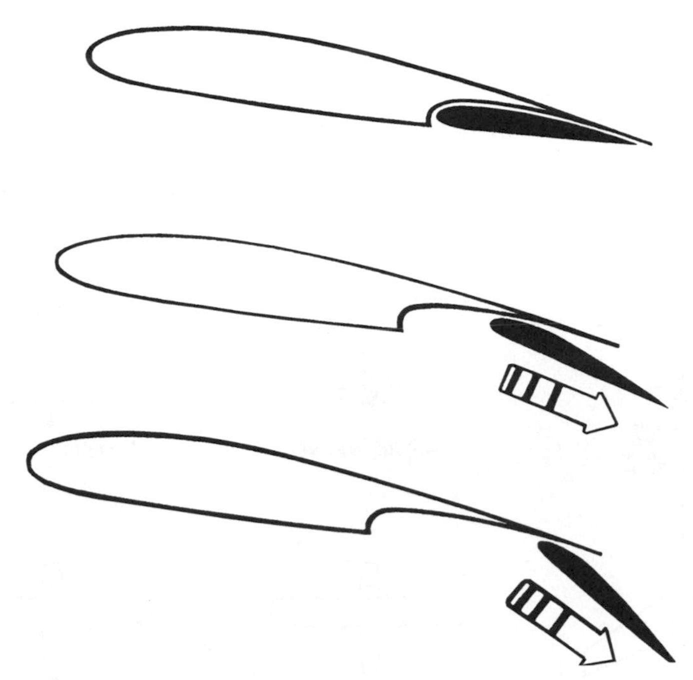

▲ 圖 3-1-10　後襟翼 (Flap) 之展開及回收操作情形

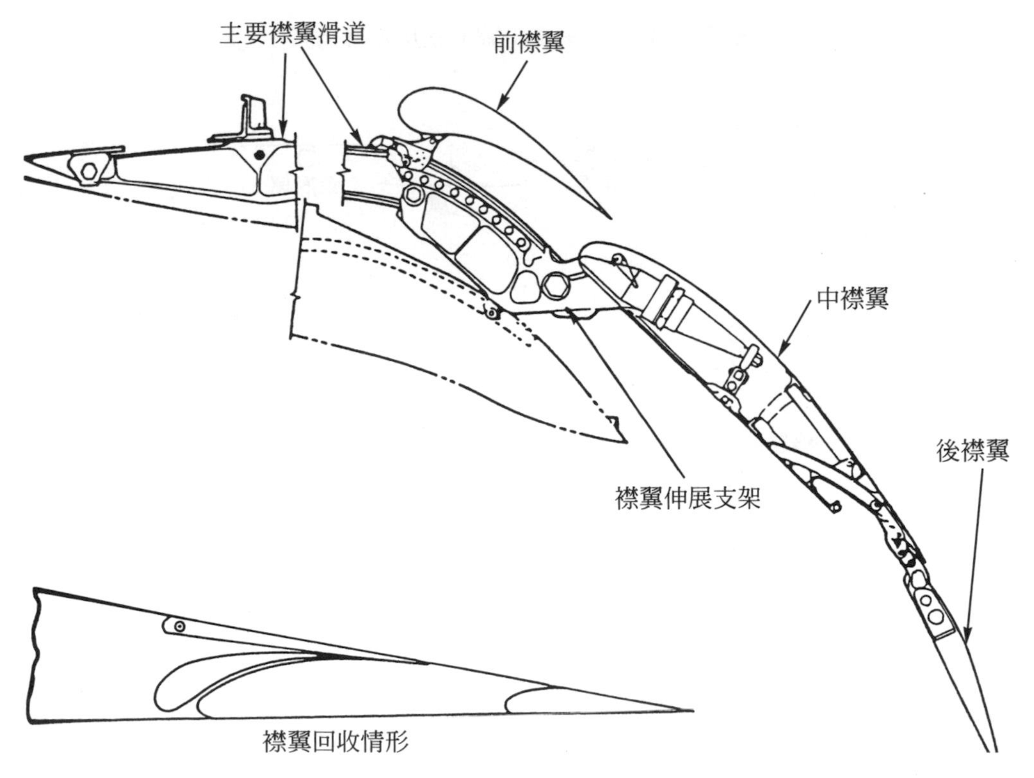

▲ 圖 3-1-11　三段式之後緣襟翼 (Flap) 之展開型態 (波音公司專利設計)

圖 3-1-12 介紹六種不同形狀的機翼以及安排方式，其中三角形及後掠式 (Sweptback Wing Delta Wing) 機翼是供給高速飛行飛機用的。圖 3-1-13 介紹了飛機的機翼、起落架及尾翼形狀及安排方式。在後面的第九章裡我們要詳細的介紹飛機的推進動力系統。

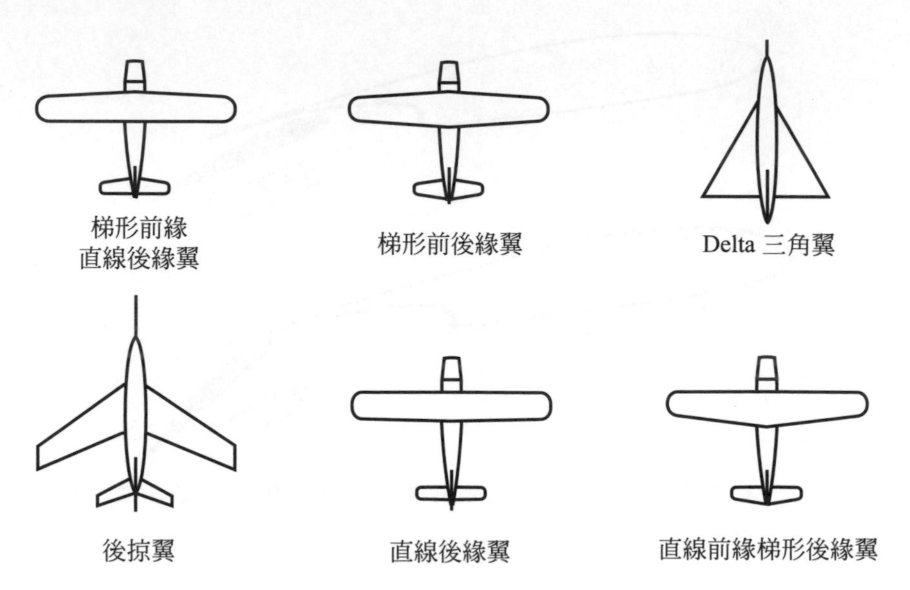

▲ 圖 3-1-12 飛機機翼形狀及安排方式

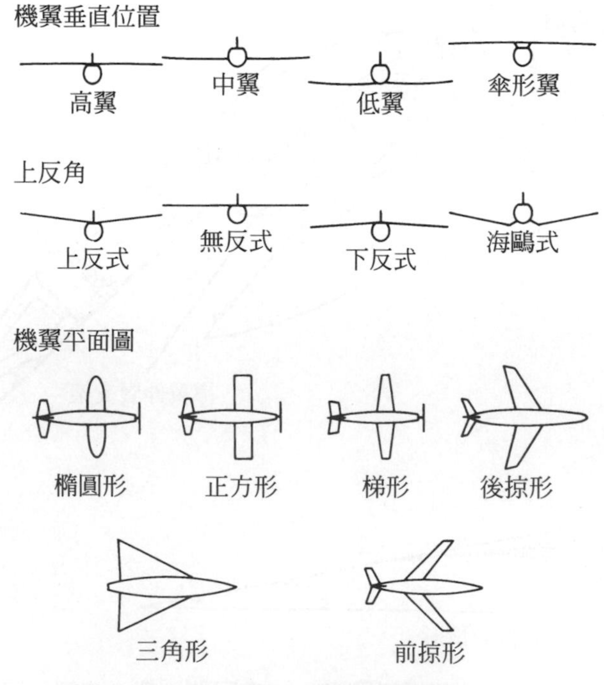

▲ 圖 3-1-13 機翼、尾翼及起落架之佈置圖

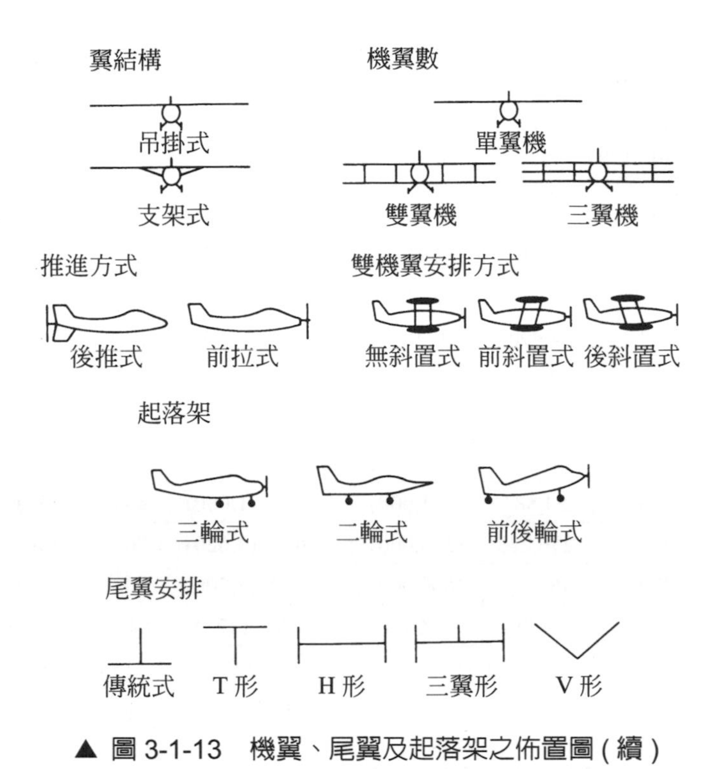

▲ 圖 3-1-13 機翼、尾翼及起落架之佈置圖 (續)

在本章結束之前，我們要介紹一個比較飛機性能的重要參數，這個就是所謂的機翼負載 (Wing Loading)，WL

$$WL = \frac{\text{飛機總重}}{\text{機翼面積}} = \text{機翼負載}$$

請注意這裡的飛機總重包括了起飛時燃油的重量，表 3-1-1 顯示了各型飛機的比較，包括了 1903 年的萊特兄弟小鷹號以迄今日的巨無霸客機波音 747-B，表列了起飛重量、機翼面積、機翼負載 (WL) 以及航行速度，同時也列出了各型飛機的服役年，我們可以看出，在 1903 年那時航空開始萌芽，WL 只有 1.5 lb/ft^2，也就是說每平方英呎的機翼面積只可以產生升力可將一磅半的重量飛離地面，到了 2004 約 100 年後，波音 777-300ER 客機的 WL 達到了 164.8 lb/ft^2，也就是說經過了 100 年的航空科技發展，對於機翼的設計及升力的提升約提高了機翼負載能力 109.2 倍，這是了不得的成就。

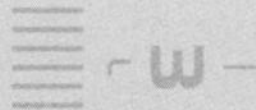

▼ 表 3-1-1

Airplane	Year of Introduction	Take off Weight. kg (lb)		Wing Area. m^2 (ft^2)		Wing Loading：		Approx. Cruising Speed. km/h (mph)	
Wright Flyer	1903	340	(750)	46.5	(500)	7.3	(1.5)	56	(35)
Cessna 150		726	(1,600)	14.6	(157)	49.8	(10.2)	188	(117)
Piper Cherokee		975	(2,150)	14.9	(160)	65.4	(13.4)	214	(133)
Ford Trimotor	1927	4,990	(11,000)	72.9	(785)	68.4	(14.0)	177	(110)
DC-3	1935	11,430	(25,200)	91.7	(987)	124	(25.3)	290	(180)
DC-6	1947	47,627	(105,000)	136	(1,462)	352	(72)	507	(315)
DC-8-50	1959	147,417	(325,000)	256	(2,758)	576	(118)	875	(544)
DC-9-30	1966	54,884	(121,000)	92.9	(1,000)	591	(121)	845	(525)
DC-10-30	1971	256,278	(565,000)	336	(3,620)	762	(156)	908	(564)
747-B	1970	362,872	(800,000)	511	(5,500)	708	(145)	917	(570)
DA-20	1992	750	(1653)	11.61	(125)	64.6	(13.23)	256	(159)
		1,653 lb		125.0 ft^2		13.23 lb/ft^2		159 mph	
Flight Design CT	1997	600 kg		9.94 m^2		60.36 kg/m^2		207 km/h	
		1,323 lb		107.0 ft^2		12.363 lb/ft^2		129 mph	
DA40	1997	1,200 kg		13.5 m^2		88.89 kg/m^2		279 km/h	
		2,646 lb		145 ft^2		18.206 lb/ft^2		173 mph	
Beechcraft Premier I	1998	5,670 kg		22.9 m^2		247.6 kg/m^2		835 km/h	
		12,500 lb		246 ft^2		50.71 lb/ft^2		518 mph	
ERJ190	2004	51,800 kg		92.53 ft^2		559.8 kg/m^2		829 km/h	
		114,199 lb		996 ft^2		114.66 lb/ft^2		515 mph	
777-300ER	2004	351,533 kg		436.8 m^2		804.8 kg/m^2		892 km/h	
		775,000 lb		4702 ft^2		164.84 lb/ft^2		554 mph	
A380	2007	575,000 kg		845 m^2		680.47 kg/m^2		903 km/h	
		1,267,658 lb		9,100 ft^2		139.3 lb/ ft^2		561 mph	
787-9/10	2011	254,011 kg		377 m^2		673.8 kg/m^2		903 km/h	
		560,000 lb		4058 ft^2		138.0 lb/ft^2		561 mph	
Learjet 70/75	2013	9,752 kg		28.95 m^2		336.86 kg/m^2		861 km/h	
		21,500 lb		311.6 ft^2		69.0 lb/ft^2		535 mph	
A350-1000	2015	316,000 kg		464.3 m^2		680.59 kg/m^2		903 km/h	
		696,661 lb		4,998 ft^2		139.39 lb/ft^2		561 mph	
A321NEO	2016	96,978 kg		122.4 m^2		792.3 kg/m^2		833 km/h	
		213,800 lb		1,317 ft^2		162.28 lb/ft^2		517 mph	
A220-100(CS100)	2016	60,781 kg		112.3 m^2		541.2 kg/m^2		829 km/h	
		139,000 lb		1,209 ft^2		110.85 lb/ft^2		515 mph	

3-2 飛機之其他系統

飛機的基本架構除了上述之硬體結構外，尚有許多其他系統以支持航行需要，下面介紹一些：

一、推進及輔助動力系統

這個是使飛機能飛離地面的動力系統，它包括了主要發動機或是引擎以及與引擎匹配的螺旋槳、齒輪輸送箱以及引擎的燃油系統及控油系統。另外尚有提供飛機次動力的輔助動力系統，這個包括了輔助動力器，所謂 APU(Auxiliary Power Unit) 以及附屬的燃油輸送管件及控制系統等等，這個 APU 是提供飛機上所需的環控系統動力，例如空調及加壓以及啓動引擎的次動力。這些複雜的主動力及次動力系統通常皆由其專業工廠承製然後再與飛機匹配。

二、通信及導航系統

這個是由航電業者承製，提供飛機之通信與導航的能力，使飛機能在惡劣的天候下仍能操作，通常導航系統中涵蓋了飛機的平衡及控制系統，以及儀器降落系統 ILS(Instrument Landing System) 等等。

三、燃油及防火系統：逃生防護系統

燃油及安全防護與防火系統等自成一單元。其中有特殊的材料應用以及高速的逃生系統等等。

四、緊急迫降系統

這個包括了第二套備用的起落架以及其他迫降用的裝備等等。

參考資料

Ref.1：Shevell, Richard S. “Fundamentals of Flight” second Edition, prentice-Hall, Inc. New Jersey, 1979。

Ref.2：Taylor, John W.R., et al., “The Lore of Flight” CrescentBooks, New York, 1976。

Ref.3：Anderson, John D. Jr. “Introduction to Flight” McGraw-Hill, New York, 1978。

Ref.4：http://www.executivetraveller.com/inside-the-boeing-787-dreamliner-amazing-cutaway-diagram。

Ref.5：http://world-stewardess.blogspot.com/2011/05/airbus-a350-900-cutaway-view.html。

機翼概論升力與阻力

前言

本章將介紹飛機中最重要的一個結構，即是機翼 (Wing)，機翼的種類及那些必要的數據以及機翼在氣流中的種種問題尤其是升力與阻力的產生，如何在風洞中測量以及粗略的估算，最後也談一些如何增加升力的方法。

4-1 機翼翼葉切面之各部名詞

所謂機翼之翼葉切面 (Airfoil) 就是機翼的橫切面的形狀，這些也適用於飛機的副翼 (Aileron) 或尾翼 (Rudder or Elevator) 的切面。這個切面有一定的輪廓形狀，能在氣流中獲得所需的升力。我們首先要介紹這個切面的一些名詞，請參閱圖 4-1-1。

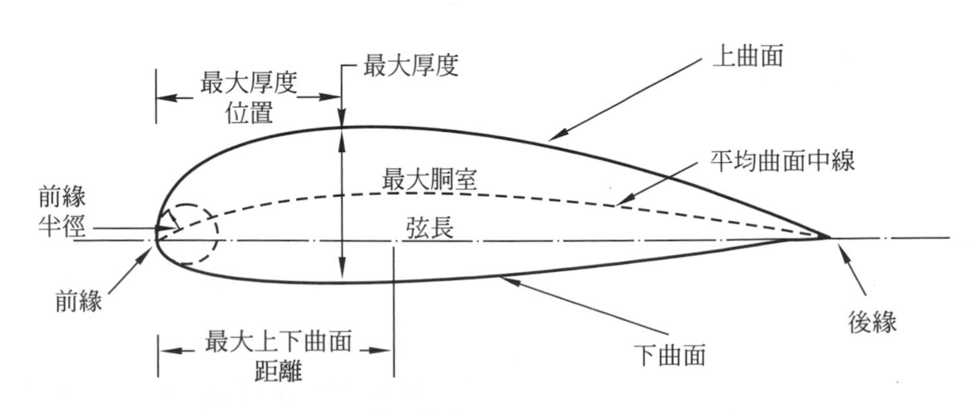

▲ 圖 4-1-1　機翼翼葉切面 (Wing Airfoil) 之各部名詞

1. 前緣 (leading Edge) 即切面之最前端點。
2. 後緣 (Trailing Edge) 即切面之最後端點。
3. 弦長 (Chord) 即切面之長度或前緣至後緣的距離，或簡稱翼寬。
4. 胴線 (Chamber Line) 是指切面的上下兩個曲面，假如劃一條曲線分離上下兩曲面，此即爲胴線，如此線與上下曲面間的面積相等，則此線稱爲平均胴線 (Mean Line or Mid Line)，又此線與弦長之間的空間稱之爲胴室 (Chamber)。
5. 最大厚度 (Maximum Thickness) 即切面之上下兩曲面間的垂直距離，即切面之厚度之最大值之處。切面之厚度分佈 (ThicknessDistribution) 是非常重要的設計數據。此厚度自前緣逐漸增加至最大值處然後逐漸減少至零至後緣處，此厚度也就是機翼的厚度，通常這個厚度所形成的空間是用來貯存燃油的燃料槽 (Fuel Tank)。
6. 最大胴室及最大厚度點 (Locations of Max Chamber and MaxThickness) 即是由前緣量向後緣時，最大胴線或最大厚度的地點，這個距離自前緣量起，通常用弦長的百分數來表示，例如一標準的低音速翼面具有 12% C 的最大厚度而位於 30% C 之處 (自前緣量起，C 即弦長)。
7. 中弧線 (Mean Camber Line) 及彎度 (Camber) 即機翼上下表面垂直線的中點所連成的線，此即爲中弧線。機翼中弧線最大高度與弦線之間的距離，即爲彎度。
8. 前緣曲面半徑 (Leading Edge Radius) 這個標明前緣曲面是一圓弧形，其半徑值大小決定切面前緣的大小，其緣心落在前緣部份的胴線上，而其圓弧部份與前緣的上下切面曲線融和一體。這個前緣半徑值通常爲零 (刀口狀前緣) 或 4% 至 5% C。

4-2 翼切面標示識別方法

在 1933 年的 11 月，美國國家航空委員會，NACA(National Advisory Committee for Aeronautics) 也就是現在的航空與太空總署 NASA 的前身，出版了一系列的關於翼切面的研究報告。其中著名的報告包括了 1933 年出版的 NACA REPORT 460 “The characteristics of the Seventy-Eight Related Airfoil Sections from Tests in the Variable Density Wind Tunnel” 這篇報告彙集了 78 個不同形狀的翼切面，切面的形狀、尺寸

以及在風洞中吹試的結果都有記載。其中對切面的 4- 字及 5- 字標示方法亦有介紹。現在節錄在圖 4-2-1 中以及在下面的簡單說明：

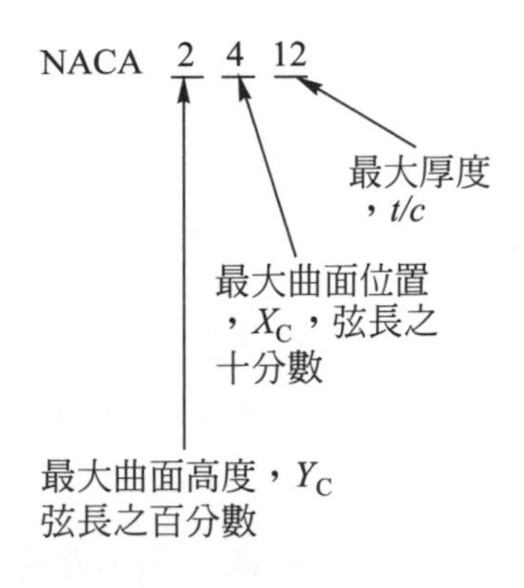

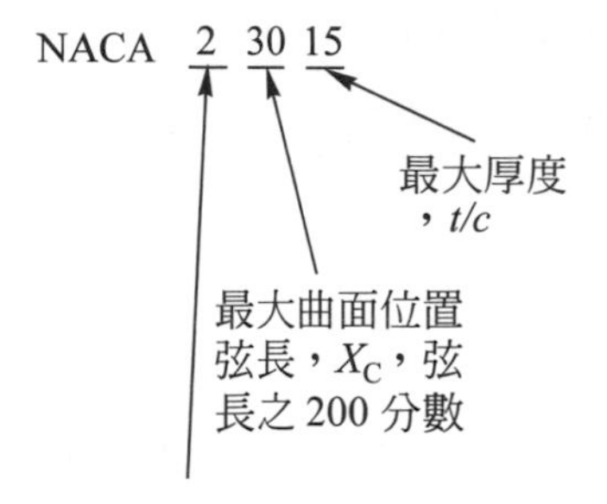

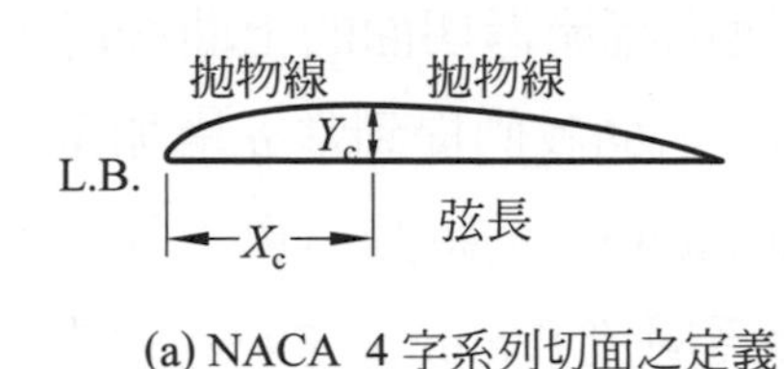

(a) NACA 4 字系列切面之定義

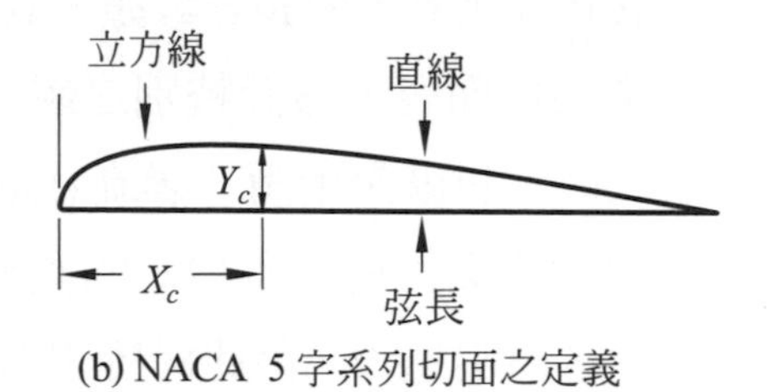

(b) NACA 5 字系列切面之定義

▲ 圖 4-2-1 翼切面 (Airfoil) 之識別方法

一、4 字切面系列 (Four-digit-numbered Airfoil)

第一個字是標明切面的最大胴線 y_c (弦長的百分數)，第二位數則是標明最大胴線的位置，x_c (弦長的十分數)，而最後兩位數字 (即第三及第四位數字) 則標示為切面的最大厚度 (弦長的百分數)。舉例而言 NACA2315 切面則有最大胴線 2% C 而位於距前緣十分之三弦長處，而其最大厚度為弦長之百分之十五。而切面 NACA0012 則顯示胴室為零 (即對稱之曲面) 而有最大厚度為 12% C。請注意 4 字切面之上曲面均為拋物線 (Parabola) 而下曲面可為一平板型 (Flat Plate)，即由前緣至最大胴室處為拋物線曲面，而由最大胴室處至後緣亦為另一拋物線曲面。此二拋物線曲面均可由數學式來表示。

二、5 字切面系列

第一字標明切面之最大胴室高度 (Maximum Chamber) 即胴線與弦長間之最大垂直距離，如圖 4-2-1(a) 或 (b) 標明 y_c 之處，第二及第三字標明最大胴室高度之處，沿弦長之上 (200 分之弦長)，第四及第五字標明切面之最大厚度 (為百分數弦長)，舉例而言，NACA2 30 152 即顯示切面有最大胴室高度為 0.02C 而位於 $\frac{30}{200}$ C 或 0.15C 之處，而最大厚度為 0.15C。請注意這個 5 字系列切面，其上曲面亦有說明，即由前緣至最大胴室高度處為一立方曲面 (Cubic) 而由最大胴室高度向後至後緣處則為一直線如圖 4-2-1(b) 所示。

在 1940 年代，NACA 又開發了新的機翼切面命名為 6- 字系列，用 6 個數字來標明切面的形狀及尺寸，弦長等數據，其報告可以在圖書館中查到，這裡不加介紹了。這個 6 字系列切面有一設計特別之處，就是儘量使氣流流過切面的上曲面時，儘量保持平穩狀態，也就是所謂“層流 (Laminar Flow)。前面我們提到當 a 增加至某一大值時，切面上曲面上產生不穩定的紊流 (Turbulent Flow)。這時升力會下降，這個現象是設計者必須避免的，因此保持切面上曲面氣流為層流 (Laminar Flow) 就成了設計的目的。理論上而言，這些 6- 字系列的切面均應產生平穩的層流而獲得不錯的升力，(風洞吹試結果的確如此)，但事實上，應用到飛機上時，結果卻令人失望，主要的原因是氣流層流條件不容易達到，例如在製造時，機翼上曲面不夠平滑或稍有粗糙之處，則氣流流過時易造成紊流現象，這些切面在 40 年代末期及 50 年代初期曾被大量應用過，但因結果不理想，後來逐漸被淘汰了。不過直至今日保持機翼上曲面層流的形態 (Laminar Flow Control 或 Laminar Boundary Layer Control) 仍是航空設計師的主要追求的目標。

4-3 翼切面的各種形狀

翼切面 (Airfoil) 的主要功能是在氣流流過切面時，藉著特別設計的上下曲面使氣流在上下曲面產生壓力差而產生升力使飛機可以起飛離地。如圖 4-3-1(a) 所示，由伯努利公式可以看出翼切面的上曲面之特定曲面而使局部氣流速度加快因而產生低壓力曲，而在下曲面氣流速度沒有大的變化，因而壓力相對而言比上曲面高，如此產生壓力差，也就是升力產生了，再看圖 4-3-1(b) 是攻角 (Angle of Attack) 的定義，

即是相對氣流方向 (Relative Wind) 與翼切面之弦長間之夾角，通常以 α (Alpha) 來表示。在圖 4-3-1(c) 表示氣流流過翼切面的方向，自前緣開始一分為二，由上下切面的曲面流向後緣再合而為一。在 4-3-1(c) 圖中，可以看出上曲面之流路 A 比下曲面流路 B 為長，因此氣流流速在上曲面必須快於下曲面才能符合在後緣合而為一的條件，由攻角 α 增加，使前緣之分離點 (Stagnation Point) 愈移向下曲面，則使得 A 愈長上曲面流速愈快，則壓力差相差愈大，升力愈大，這也是升力與 α 正比的因素，但 α 不能增加過大，增加至某一程度，會使得氣流在上曲面產生紊亂 (Turbulent Flow)，此時我們稱之為失速 (Stall)，是飛行中極危險的狀況，是應極力避免的現象，這時的攻角 α 我們稱之為臨界攻角 (Critical Angle of Attack)，以 α_c 來表示。

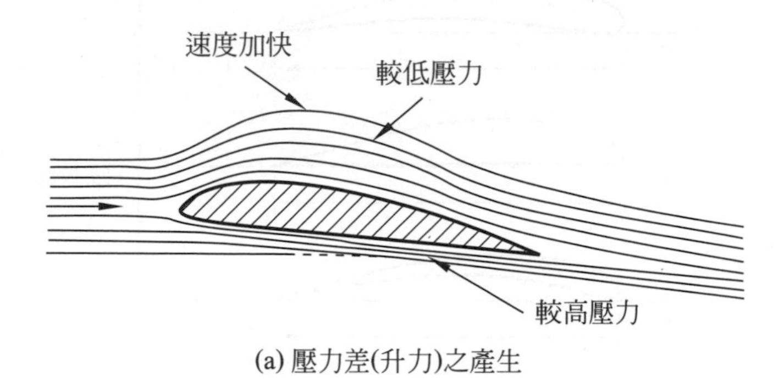

(a) 壓力差(升力)之產生

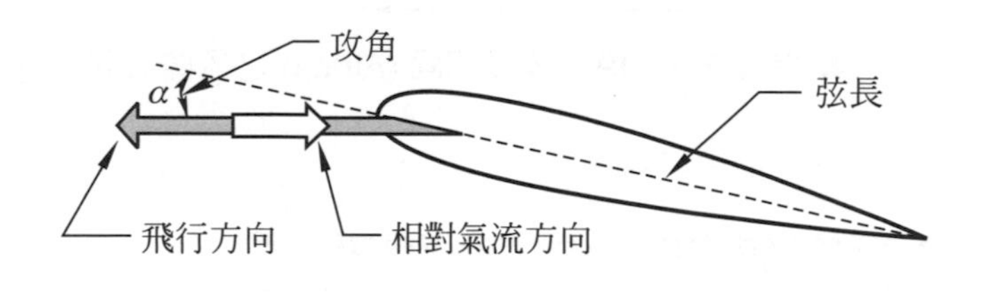

(b) 功角之定義

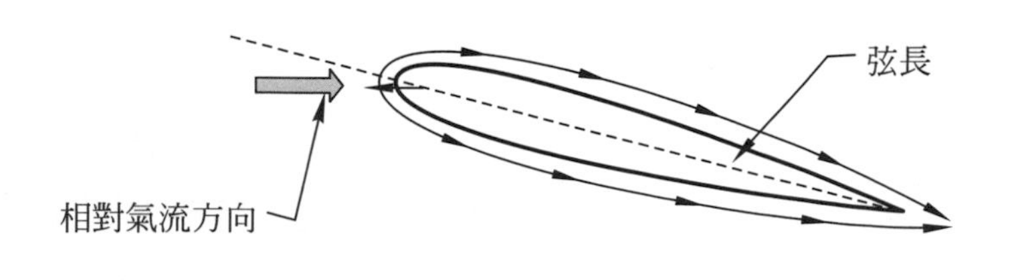

(c) 氣流方向

▲ 圖 4-3-1　流場中的機翼

圖 4-3-2 顯示了 5 種不同形狀的翼切面。切面 *A* 有上下曲面皆爲凸面形狀。切面 *D* 與切面 *B* 非常相似也是設計給產生高升力用的。切面 *E* 是唯一設計給超音速飛行用的，它上下曲面非常接近對稱 (Symmetrical)。

切面 *C* 的下曲面是平板式的，這是一種非常古老且歷史悠久的翼切面設計，它又名爲 Clark Y Airfoil 在 1930 年代就開始使用了。請注意圖 4-3-2 中，切面的弦長是 *C* (虛線標示位置)。

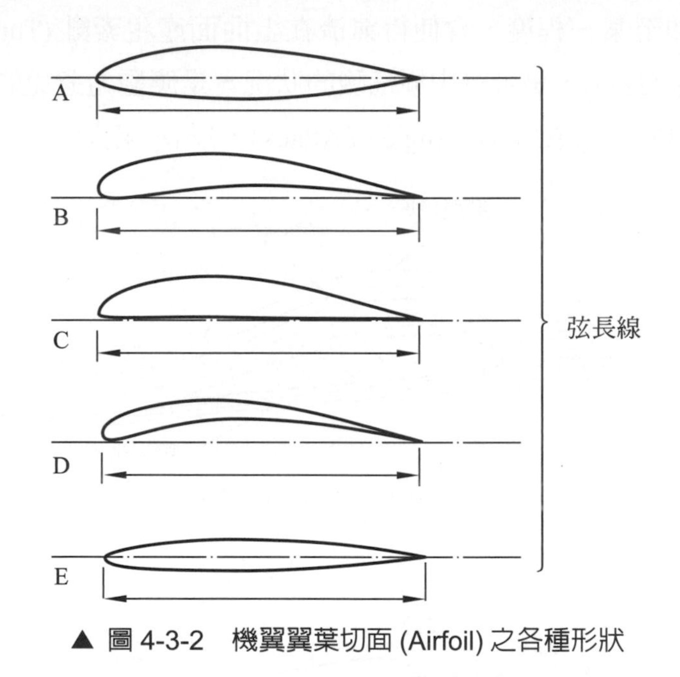

▲ 圖 4-3-2　機翼翼葉切面 (Airfoil) 之各種形狀

4-4 翼切面在氣流中的幾個問題

現在我們實際來看著機翼在實際飛行時的兩個困擾工程師的問題：

一、空中失速問題 (Wing Stall Problem)

這個失速 (stall) 是指機翼的升力突然減小了飛機有下降的現象，這個主要是因爲氣流不能保持在機翼表面平穩流過而造成升力的損失，請參看圖 4-4-1，當飛行員調整機翼攻角 α 時，這時 α 增加，升力也同時增加，圖 4-4-1(b)。但我們以前談過當 α 增至某數值時，切面上氣流產生擾流而造成氣流之邊界層脫離切面表面，如圖 4-4-2(b) 所示，這時升力會突然減少，這時的攻角我們稱之爲臨界攻角 (Critical AoA)

或失速攻角 (Stall AoA)。當然這是非常危險的現象，應該避免在 α_c 附近操作，或是想辦法保持平穩的流場，後者有所謂邊界層控制 (Boundary Layer Control) 的各種方法問世。使氣流不至於在 α 增大時脫離機翼表面 (Separation)。如圖 4-4-3 在機翼上開切口的吸入法。

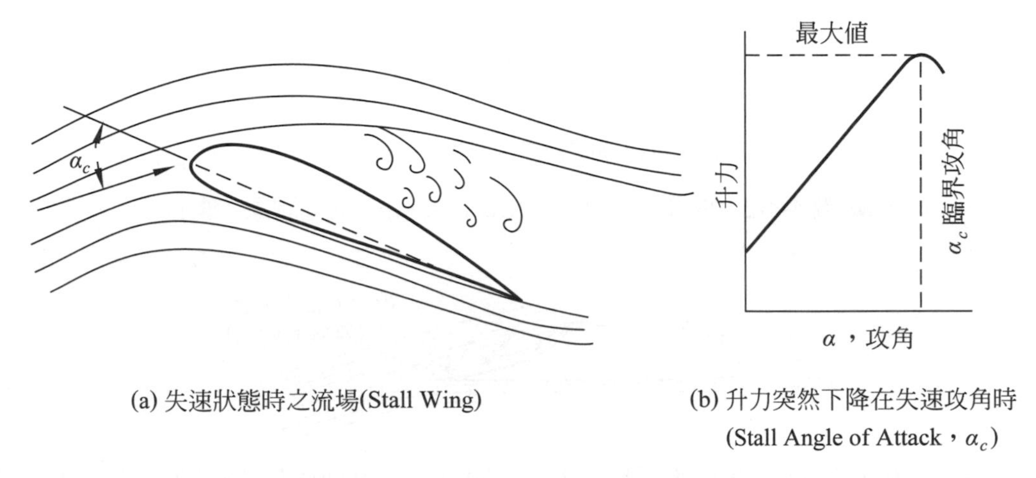

(a) 失速狀態時之流場(Stall Wing)

(b) 升力突然下降在失速攻角時 (Stall Angle of Attack，α_c)

▲ 圖 4-4-1 機翼之失速狀態及臨界攻角 α_c

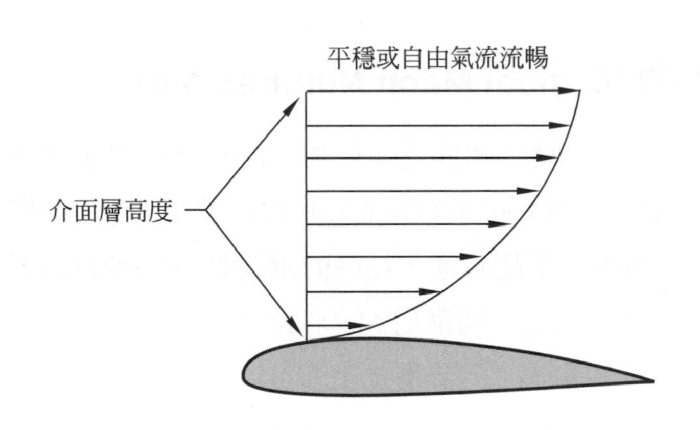

(a) 機翼切面上之邊界層流速定義

▲ 圖 4-4-2 機翼之失速狀態 (Stall Wing) 之流場現象

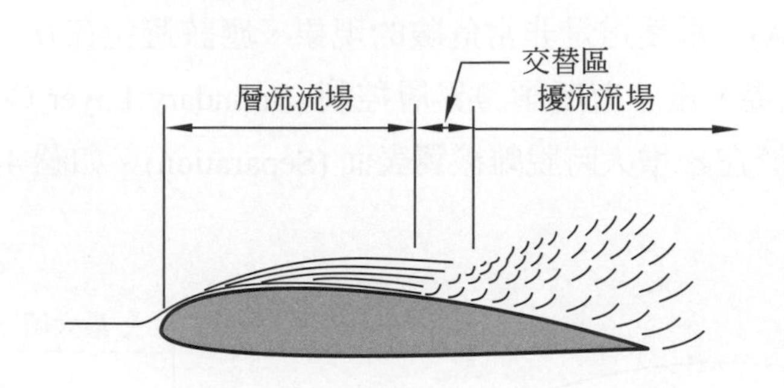

(b) 失速狀態引起之邊界層剝離 (Separation)

▲ 圖 4-4-2 機翼之失速狀態 (Stall Wing) 之流場現象 (續)

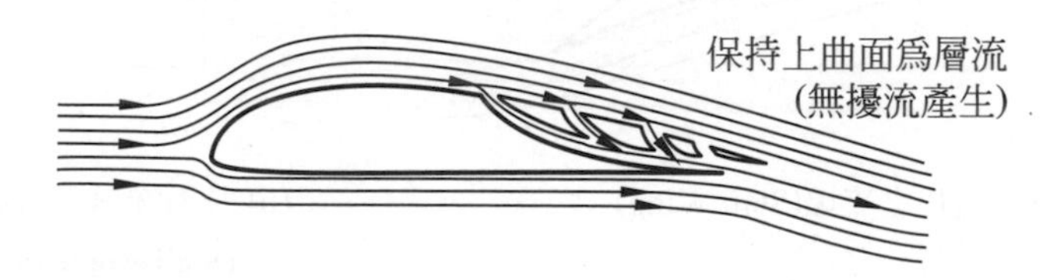

▲ 圖 4-4-3 機翼上曲面之邊界層流控制方法 - 吸入法 (Suction Method for Wing Boundary Layer Flow Control)

二、臨界馬赫數 (Critical Mach Number, Mc)

請參閱圖 4-4-4 當飛機之速度逐漸增加，此時機翼之上曲面氣流速度亦相對增加，但當上曲面上之速度 (局部) 到達馬赫數等於 1.0 時，即構成了局部超音速，如圖 4-4-5(a) 所示出現局部超音速，這時的飛行速度即飛行馬赫數即稱之為臨界馬赫數 (Critical Mach Number)，通常用 Mc 來表示。這個局部超音速區域會產生震力波 (Shock Wave) 而干擾氣流之邊界層加上亦可能產生氣流之脫離機翼表面如圖 4-4-5 之 (b) 所示。因此這種翼切面上之局部超音速氣流 (Local Supsersonic Flow) 也是應該避免的，因此而產生了另一類翼切面的發明，稱之為超臨界翼切面 (Super Critical Airfoil)。

飛行速度低於音速或馬赫數小於 1.0，我們稱之為次音速 (Subsonic) 與音速相等或 $M = 1.0$ 稱為音速 (Sonic)，如大於音速或 $M > 1.0$，稱之為超音速 (Supersonic)。但在機翼的上曲面局部氣流速度增加而產生升力，這種局部氣流速度可以達到大於 1.0 的時候，也有小於 1.0 的時候，因此為了統一起見，就定義如下表示機翼的流場區域 (Flow Regime)。

1. 次音速區域 ($M \leqq 0.75$)(Subsonic Regime)。
2. 穿音速區域 ($0.75 \leqq M \leqq 1.2$)(Transonic Flow Regime)。
3. 超音速區域 ($1.2 \leqq M \leqq 6.0$)(Supersonic Flow Regime)。
4. 極音速區域 ($M \geqq 6.0$)(Hypersonic Flow Regime)。

為了更明瞭起見，我們定義所謂飛行馬赫數 (Flight Mach No) 如下：

1. 次音速飛行：飛行物之最大馬赫數 (包括局部流速) 均小於 1.0。
2. 穿音速飛行：機翼上局部氣流速度可以為大於 1.0，或小於 1.0。
3. 超音速飛行：飛行物之最低馬赫數 (包括局部流速) 均大於 1.0。

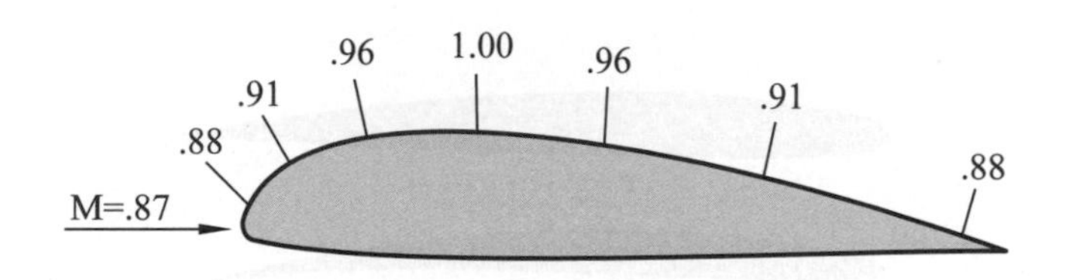

▲ 圖 4-4-4　機翼之臨界馬赫數定義 (Critical Mach Number)

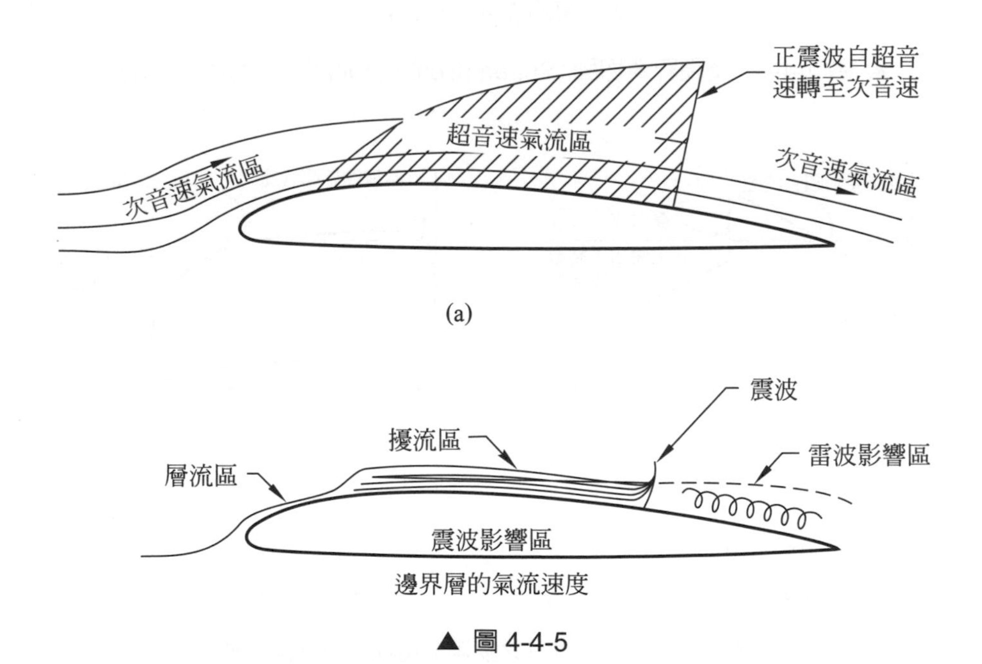

▲ 圖 4-4-5

約在 50 年代初期，在美國太空總署 (NASA) 下面的朗萊研究中心 (Langley Research Center) 進行了一系列對超臨界翼切面的研究，主要目的是提升飛行的馬赫數而消彌機翼上曲面上的局部超音速區域，主要的工作者是懷特孔博士 (Dr.Richard

Whitcomb)。原來的一班機翼之臨界馬赫數約在 0.87 左右，(這時上曲面已出現局部 Mach 數等於 1.0 現象，但經過懷博士的改良可以推進到馬赫數 0.96 左右，上曲面才開始出現 Mach = 1.0 現象，而此現象逐漸被消彌，即無震力波發生，圖 4-4-6 表示這個改良的機翼切面與一般切面的型態比較，可以看出超臨界切面上曲面較平坦，且下曲面靠尾部變得更薄及凹面，超臨界切面設計變得更薄，因此機翼的強度不夠須另外增加補強的設計才能實用，這是美中不足的地方。圖 4-4-7 表示，這兩種切面之上曲面氣流馬赫數分佈情形，可以很清楚看出，臨界切面之上曲面上馬赫數剛剛達到 1.0 數值而逐漸低於 1.03，所以沒有所謂產生震力波 (Shock Wave) 及干擾流場及使氣流剝離現象。

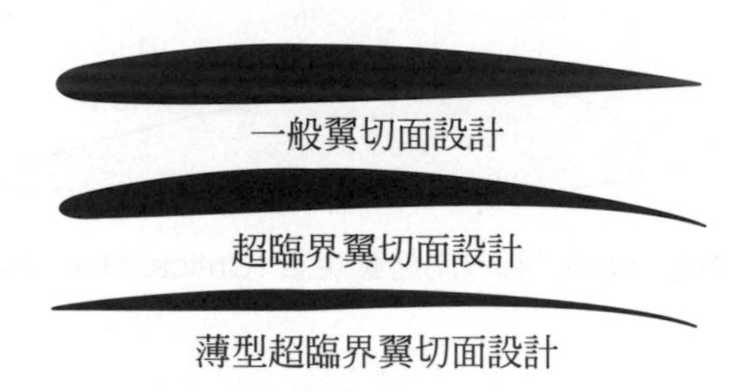

▲ 圖 4-4-6 超臨界翼切面 (Supercritical Airfoil) 與一般翼切面比較

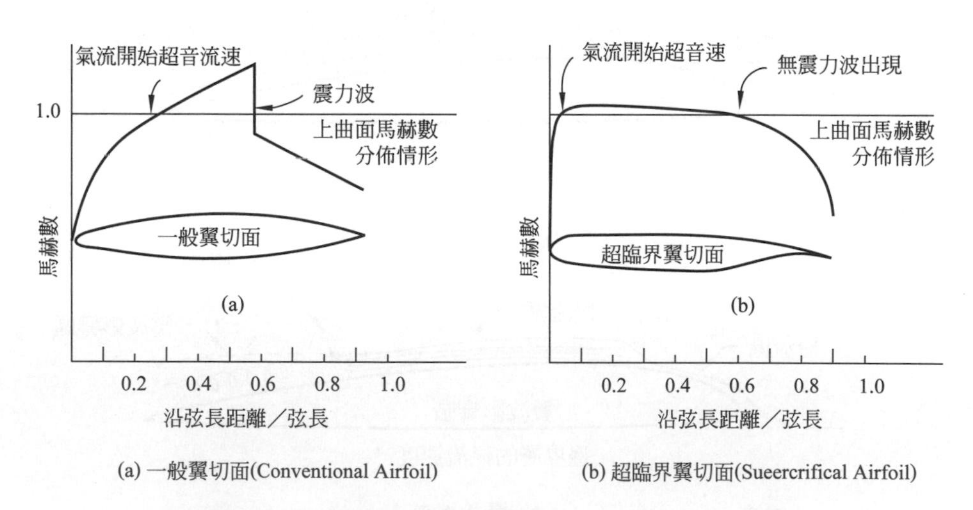

▲ 圖 4-4-7 超臨界機翼之應用 (Beech Skipper 機用)

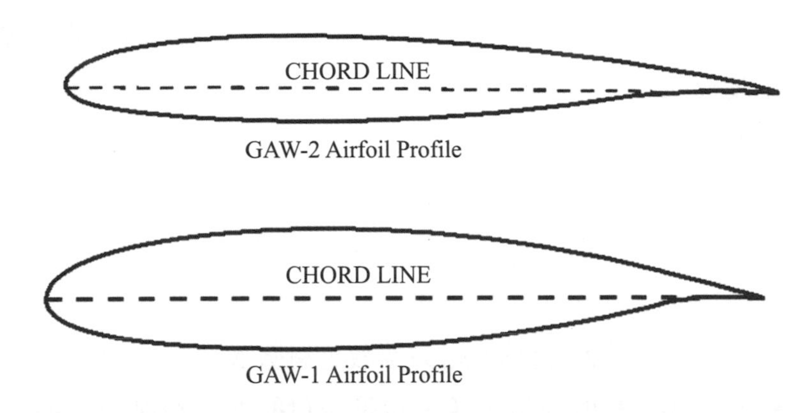

▲ 圖 4-4-8　阻力擴散馬赫數 (Drag Divergence Mach Number) 定義

另外超臨界切面在通用航空 (General Aviation) 方面即輕型航機 (Business Aircraft 或 Comuter Jet) 方面應用較多。圖 4-4-7(c) 中表示另兩種超臨界機翼設計，稱爲 GAW-1 及 GAW-2 兩種型態，皆用在畢琪 Skipper 機上，效果很好。GAW 是 General Aviation Whitecomb 簡寫之意，竟然連發明者的名字都附上了。

4-5 阻力的種類

一、阻力擴散馬赫數 (Drag Divergence Mach Number)

前面已經談過當飛行速度接近臨界馬赫數 Mc 的時候這時機翼上曲面上已產生了局部超音速的氣流，如此現象繼續下去，則在局部超音速的流場內產生震力波 (Shock Wave) 以及氣流脫離機翼表面的情況。這樣會造成阻力 (Drag Force) 突然增大因而使飛行的速度降低且不穩定，這時阻力突然加大是由於震力波逐漸加強造成氣流剝離之故。此時之飛行馬赫數稱之爲阻力擴散馬赫數 (Drag Divergence Mach Number) 或簡稱之爲 M_{Div}，如圖 4-4-8 所示，通常 M_{Div} 大概比 Mc 高約 0.09。

我們再來看看機翼在這飛行速度下的流場情況，請參閱圖 4-5-1 表示機翼在次音速飛行時的流線方向，流場相當平穩，保持層流的現象 (Laminar Flow) 沒有任何的干擾，圖 4-5-2 表示機翼 (此時爲菱形截面) 在超音速飛行時之流場情況，此時因超音速而產生了震力波 (Shock Wave) 在前緣以及後緣的地方，因氣流方向流過一個小於 180° 的角度而產生一系列的壓力波 (Compression Wave)，這些壓力波聚集在一起，形成強度加強的震力波 (Shock Wave)，而在機翼的中點形成一系列的擴散波 (Expansion

Wave)，因為氣流這時流過一個大於 180° 的角度之故。在圖 4-5-2 的機翼流場雖有壓力波出現，但在波與波之間，流場仍是平穩，流線間仍是平穩亦無干擾現象，正在作平坦的超音速航行。但在圖 4-5-3 作穿音速航行時，卻是飛行最不穩定的時候，這時臨界馬赫數為 0.72，即時在飛行 0.72Mach No 時，機翼上曲面已出現了局部流速 (Local Air Speed) 已達到馬赫數 1.0，在圖 4-6-3(a) 當飛行 Mach No = 0.77 時，此時上曲面已形成震力波 (Shock Wave) 及至 (b)$M = 0.82$ 繼續增加時，上曲面已產生氣流脫離現象 (Flow Separation)。此時已超過阻力擴散馬赫數 $Mach_{Div}$，阻力會突然增加，因氣流被剝離之故，這些不利的流場現象，也是今日航空工程師努力研究的目標，如何使飛行能平穩的穿過音速。

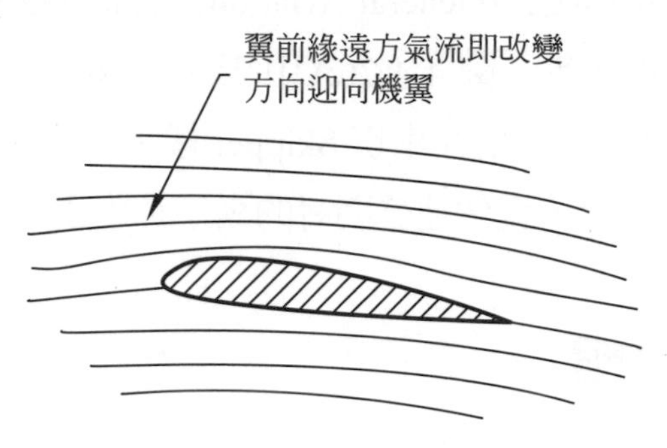

▲ 圖 4-5-1 次音速機翼流場圖

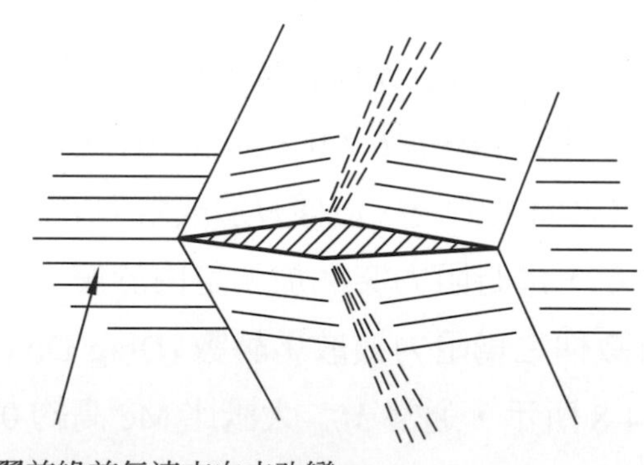

▲ 圖 4-5-2 超音速機翼流場圖

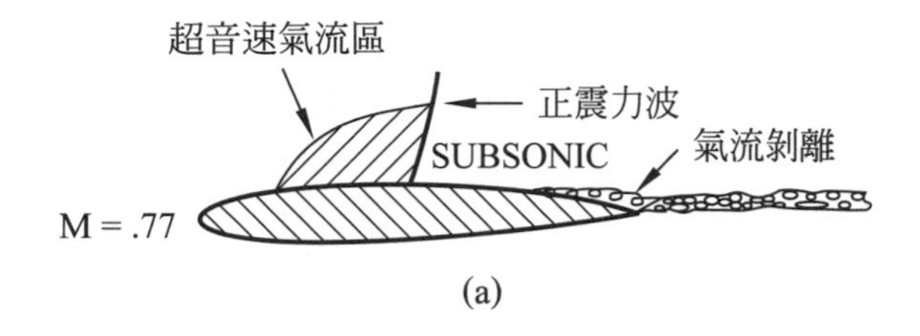

(a)

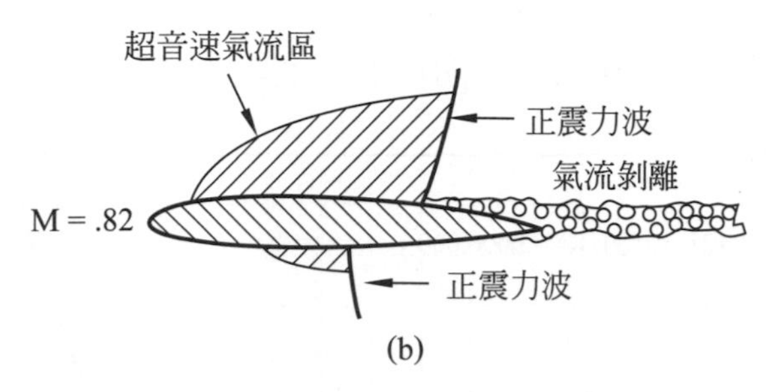

(b)

▲ 圖 4-5-3 穿音速 (Transonic) 機翼流場圖

二、次音速下阻力的種類

飛行物在空氣中移動，因爲空氣是有質量的，等於飛行物在移動有質量的空氣，因爲移動任何有質量的物質必需有力量作用才能產生移動則根據牛頓第三運動定律，有作用力必有一相等且方向相反的反作用力，如此則空氣作用於飛行物上的力就是阻力了，這個阻力是拖住飛行不讓他移動的，而與飛行的方向相反，因此如要保持平穩的飛行，由推進系統提供推力或是拉力一定要大於或是至少等於這個阻力 (Drag Force)。

估算飛行物的阻力的數學公式，可以說是估算升力的相同，如前面已談過，我們可以定義一個阻力係數，C_D (Drag Coefficient) 如下：阻力 (Drag) 的公式可寫爲：

$$D = C_D \left(\frac{\rho V_o^2}{2} \right) A \tag{4-1}$$

所以，我們可以看出，這個數學式與升力一樣，只是 D 阻力換成了升力，L 阻力係數 C_D 換成了升力係數 C_L。公式 (6-1) 可以寫成阻力係數，C_D

$$C_D = \frac{D}{\left(\frac{1}{2} \rho V_o^2 \right) A} \tag{4-2}$$

阻力係數和升力係數一樣，是可以用飛行物縮小之模型在風洞中吹試測量而得的。當然亦是在一定的攻角 α 下測量。

一般而言我們希望升力係數越高越好，而阻力係數則越小越好，表示阻力很小，同時亦表示這個機翼設計及效率很高明。阻力係數與升力係數相同，亦是機翼的外型及飛行時的攻角的函數，圖 4-5-4 代表 NACA2421 切面在雷諾數等於 3,000,000 時的風洞數據，包括了升力與阻力係數在不同攻角時的數值。例如當 $\alpha = 4°$ 時，$C_D = 0.11$，但在 $\alpha = 16°$ 時，$C_D = 0.54$。下面再看一個阻力計算的例子。

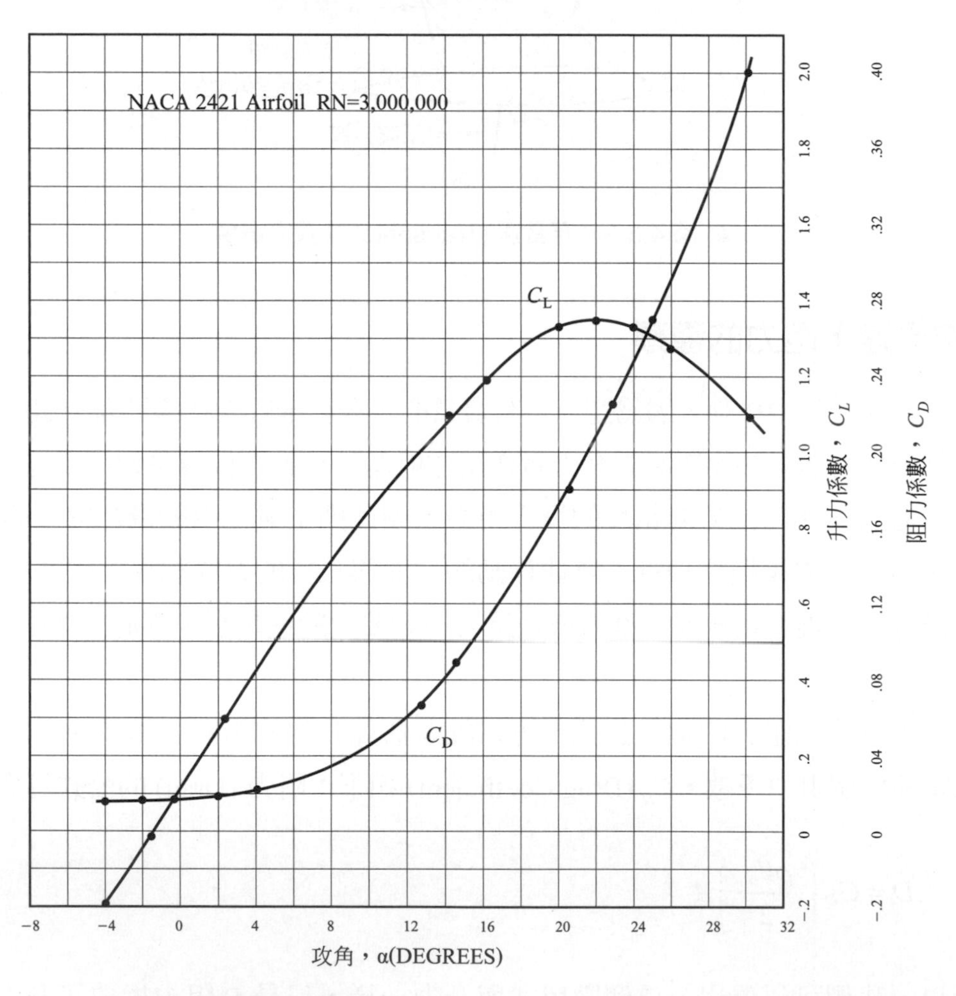

▲ 圖 4-5-4 風洞中測得之機翼升力及阻力係數 (NACA2421 Airfoil，RN = 3,000,000)

飛行速度 $V_o = 120$ mile/Hour = 176 ft/sec

飛行高度 $H = 1000$ ft，$\rho = 0.002309$ slug/ft^3

阻力係數 $C_D = 0.11$

飛行攻角 $\alpha = 4°$

機翼面積 $A = 180$ ft^2

$$\therefore \text{阻力} = D = C_D \frac{\rho}{2} V_o^2 \cdot A = 0.11 \times \frac{0.002309}{2} (176)^2 \times 180$$

$D = 708.08$1bs

其次再看看阻力有那些類，它們的來源是什麼？第一類我們稱之為附生阻力 (Parasite Drag)，即是說飛行物上任何不產生升力的部份所產生的空氣阻力謂之，這又包含了兩大部份，第一部份稱之為壓力阻力 (Pressure Drag) 即是由機身的前切面積 (Frontal Area) 所引起的壓力差而形成，請參閱圖 4-5-5(a) 所表示的形狀阻力 (Form Drag)，即飛行物的前方氣流壓力較大，而後方壓力較小而形成阻力，因此壓力阻力亦可稱為形狀阻力，例如窄體客機 (B-707) 的形狀阻力就比廣體客機 (Wide Body) B-747 小得多了。這個是與飛行物的形狀有關，所以飛行物均應採取流線型 (Stream Line) 即為減少形狀阻力之故。第二部份稱之為表面摩擦阻力 (Skin Friction Drag)，因為空氣的黏滯度 (Viscosity) 使得空氣的質點會黏附在飛行物的表面而形成所謂的邊界層現象，因此氣流流過機翼表面時，會停留在表面上，而氣流必須流過，而產生拉扯的現象而產生阻力，又因機翼表面不可能百分之百的光滑，任何一點粗糙表面，就會引起氣流的層流 (Laminar Flow) 轉變成擾流 (Turbnent Flow) 而會引起較大的阻力。

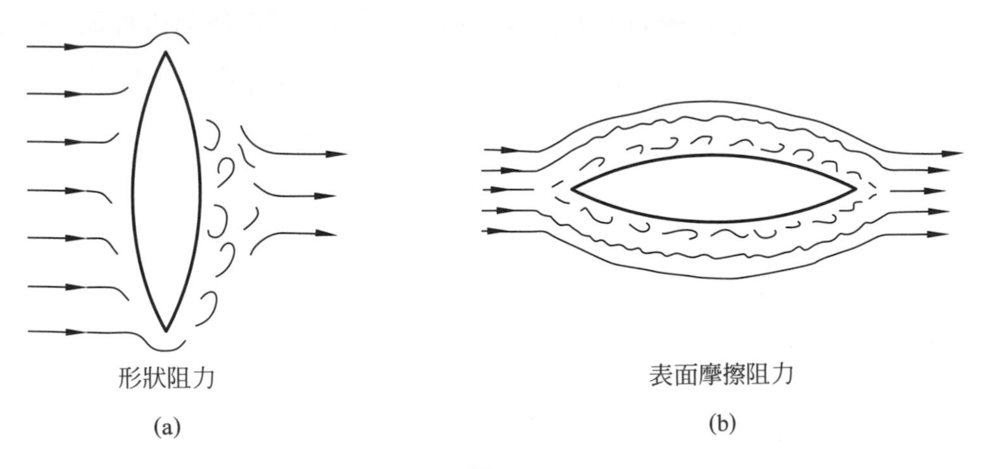

▲ 圖 4-5-5

飛機的阻力除機翼外，其他如機身 (Fuselage)、引擎短艙 (Cowlings)、起落架 (Landing Gear)、派龍 (Pylon) 以及其他附屬結構均能產生形狀阻力 (Form Drag) 及摩擦阻力 (Friction Drag)，因此我們將此兩部份阻力歸類於附生阻力 (Parasite Drag)。即爲：

Parasite Drag = Pressure Drag + Skin Friction Drag

或

附生阻力 = 形狀阻力 + 表面摩擦阻力

在估算總附生阻力時，有時還要加上一項稱之爲干擾阻力 (Interference Drag)，即是考慮空氣流過飛行物各組件之交接點時所產生的阻力，總附生阻力則可實爲：

總附生阻力 = 形狀阻力 + 表面摩擦阻力 + 干擾阻力

一般而言，這個總附生阻力大概有下列幾個特性：

1. 飛行物愈流線型，則總附生阻力愈小。
2. 空氣密度愈大，總附生阻力亦大。
3. 空氣流速愈大，總附生阻力亦大。
4. 飛行物尺寸愈大，總附生阻力亦大

再談第二類的阻力，我們稱之爲誘導阻力 (Induced Drag)。這個阻力是由於產生升力而隨之產生的，所以稱之爲誘導阻力 (Induced Drag)，這個阻力是無可避免的，因爲要產生升力，這個阻力亦隨之而來，由於要產生升力，機翼切面的上下曲面氣流速度不同而產生壓力差 (升力)，請參閱圖 4-5-6(a)，這個壓力差到了翼尖部份，卻產生了翼尖漩渦 (Wingtip Vortex)，再看圖 4-5-6(b) 這個漩渦在機翼後緣部份即產生所謂的下洗氣流 (Downwash Flow)，這個下洗氣流會降低所產生的升力同時也產生了阻力。

這個翼尖漩渦 (Wingtip Vortex) 與下洗氣流在飛行中對飛行物後面的飛行是十分危險的現象，因此在航空法規定尤其是大的客貨機的後面至少 30 ～ 50 英哩不得有飛機飛行，即是不得尾隨大飛機後面太近，就是避免受到前機機翼翼尖漩渦或下洗氣流的影響。

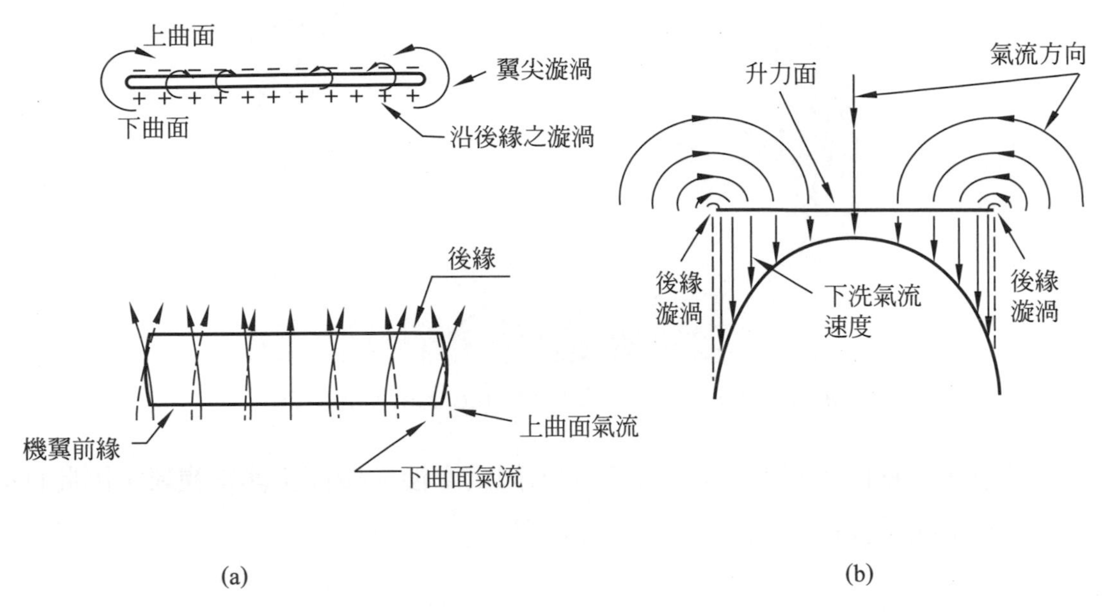

▲ 圖 4-5-6 翼尖漩渦及下洗氣流

爲了消除這個翼尖漩渦，有許多設計改良的方法，例如在圖 4-5-7 即在翼尖部份各裝上一阻板 (End Plate)，如此則將機翼上下曲面的氣流隔開，而形不成漩渦了，如圖 4-5-8 則是李耳公司的輕航機 (Lear Jet Co.) 利用上折式的阻板，又有與上折式阻板相反的稱爲下折式的翼尖阻板 (Drooped ingtip)。在討論完畢阻力分類之後，我們綜合前述，一飛行物體的總阻力 (Total Drag) 可書寫爲：

總阻力 = 總附生阻力 + 誘導阻力

或

Total Drag = Parasite Drag + Induced Drag

▲ 圖 4-5-7 機翼翼尖 (Wingtip) 阻板 (End Plate)

▲ 圖 4-5-8 上折式翼尖阻片 (LearJet Mode155)

請注意，這些阻力是沒有辦法計算的，因爲牽涉太廣而又非常複雜，因此惟有利用風洞模型吹試實際測量阻力大小一途而已。

4-6 機翼的展弦比、梯度比及後掠角

圖 4-6-1 收集了一些常用的機翼形狀，其中三角翼及後掠式的機翼是供給高速飛機用的，其他的大概都是給次音速飛機用的。這裡要介紹幾個關於機翼的專有名詞：例如展弦比、度度比及後掠角或前掠角。

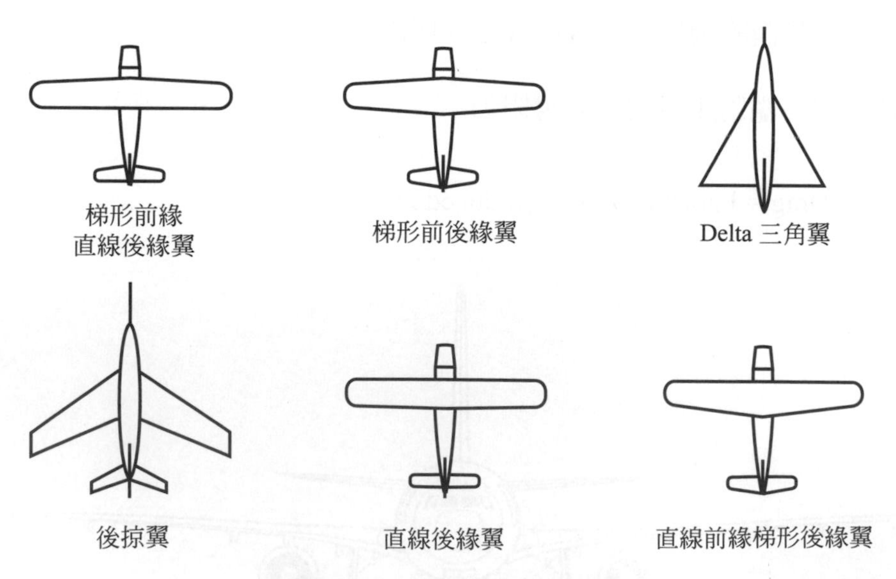

▲ 圖 4-6-1 常用之飛機機翼形狀

一、展弦比 (Aspect Ratio)

機翼的展弦比定義爲翼長與弦長之比，可以書寫爲：

$$展弦比 = \text{Aspect Ratio} = \text{AR} = \frac{翼長}{弦長} = \frac{\text{Span}}{\text{Chord}}$$

請參閱圖 4-6-2，對長方形或正方形的機翼，展弦比不難計算，但對非正方形或是梯形的機翼，一般都用下式來計算展弦比：

$$AR = \frac{(翼長)^2}{翼面積} = \frac{(\text{span})}{\text{Wing Area}} \text{(非正方形機翼用)}$$

一般而言，飛機的展弦比大概在 4 ～ 5 至 34 ～ 36 之間，噴射戰機的機翼展弦比大概在 3.5 左右，而在高空性能優越的偵察機例如 U2 之類，其展弦比大概在 35 左右。

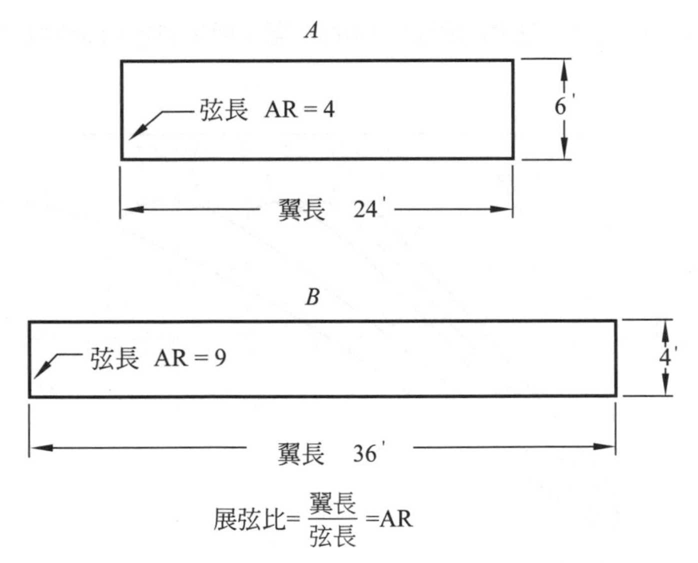

▲ 圖 4-6-2 機翼展弦比 (Aspect Ratio) 定義

展弦比的大小對飛機的性能影響很大，前面提到的翼尖漩渦引起的翼尖損失及誘導阻力等等都會因加大展弦比而減小，如圖 4-6-3 顯示愈大，翼尖損失比例減小，此謂每單位機翼面積的翼尖損失 (Tip Loss)。圖 4-6-4 則顯示大展弦比的機翼其升力係數比小展弦比機翼爲高。當然在某一相同攻角時。

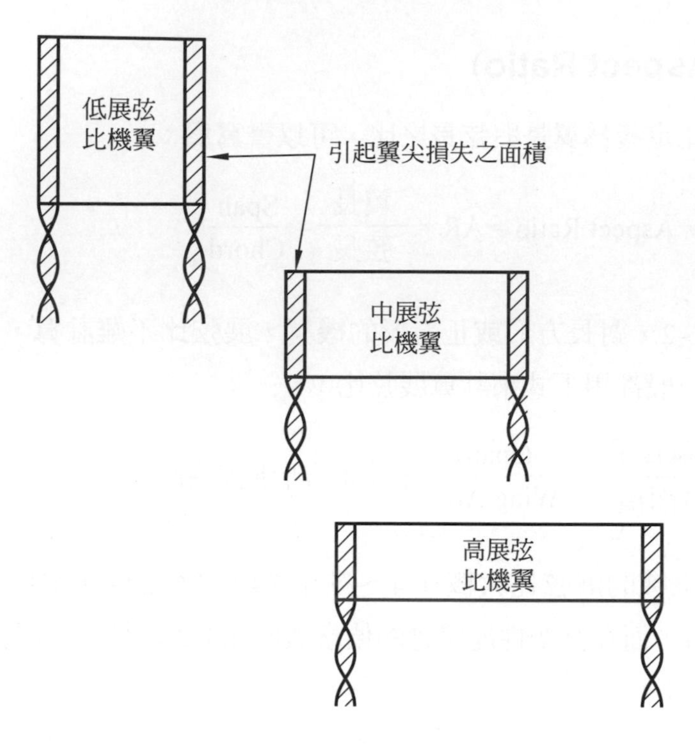

▲ 圖 4-6-3　機翼之展弦比 (*AR*) 與翼尖損失 (Tip Loss) 關係

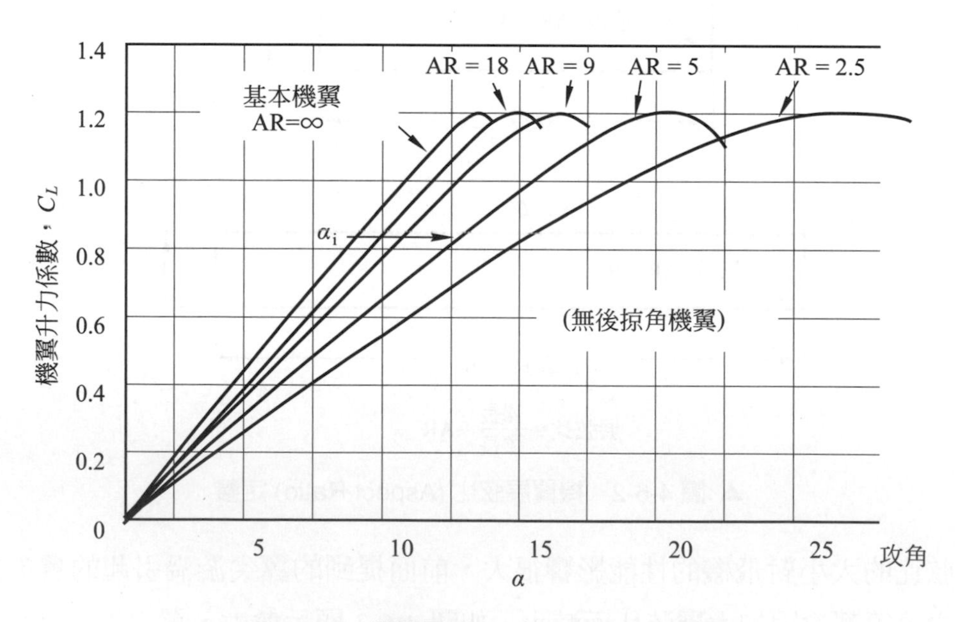

▲ 圖 4-6-4　機翼展弦比 (*AR*) 與升力係數關係

二、梯度比 (Taper ratio)

機翼的形狀亦可以用梯度來表示，即機翼的弦長或厚度皆可以自根部 (Root Section) 逐漸減少至尖部 (Tip Section)。因此梯度比可以定義為：

$$\text{弦長梯度比} = \frac{\text{翼尖弦長}}{\text{翼根弦長}} = \frac{\text{Tip Chard}}{\text{Root Chard}}$$

或者，

$$\text{厚度梯度比} = \frac{\text{翼尖厚度}}{\text{翼根厚度}} = \frac{\text{Tip Thickness}}{\text{Root Thickness}}$$

一般而言，機翼的梯度比對機翼的性能影響不大，梯度比僅能影響升力的公佈以及機翼的重量減少，有時可能會影響到機翼的強度。圖 4-6-5 表示機翼的弦長梯度比以及圖 4-6-6 表示機翼的弦長及厚度梯度比情況。

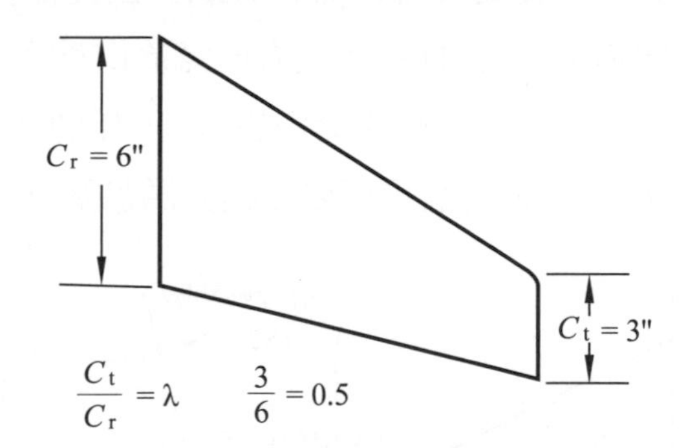

▲ 圖 4-6-5 機翼的弦長梯度比，λ

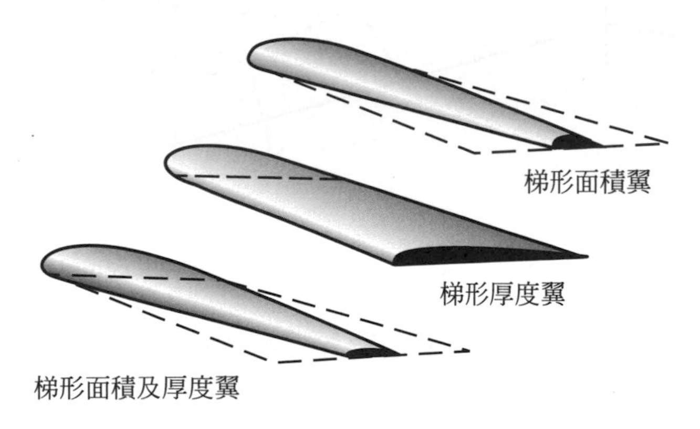

▲ 圖 4-6-6 機翼的厚度梯度比

三、前後掠角 (Sweep Forward and Back Angle)

機翼與機身通常呈垂直狀態，如機翼傾向前則稱之爲 (Sweep Forward) 或前掠翼，如傾向於後，則稱之爲 (Sweep Back) 後掠翼，通常都只討論後掠翼，因前掠翼尚未出現在實用量產商用客機中，所以我們僅討論後掠翼這一種形態了。

請參閱圖 4-6-7 後掠翼之後掠角的定義，後掠角 (Sweepback Angle) 是在 1/4 弦長線 (圖中虛線) 及翼根弦長垂直線之間的角度。後掠的機翼會造成空氣之壓縮效應，(Compressibility)，升力以及空中失速 (Stall) 等等的變化。而後掠翼主要的功能是在提升臨界馬赫數 (Critical Mach Number)。前面已討論過當機翼上表面出現局部馬赫數等於 1.0 時，此時已到達臨界馬赫數，飛行速度不可以再增加，但由於後掠翼的裝置可以飛行超過此臨界馬赫數，這是因爲臨界馬赫數是基於空氣的關係，氣流不再流過弦長方向而有部份氣流流過翼長方向 (Span Wise)，因此而提高了飛行馬赫數，例如臨界馬赫數爲 0.85，後掠角爲，因此在弦長方向氣流僅爲原來的 Cosine，或 0.9063 再乘上飛行的馬赫數，假設此時之飛行馬赫數爲 0.9，如圖 4-6-7 所示，那麼氣流在弦長方向速度爲 0.850.9063 = 0.69 馬赫這個要比臨界馬赫數 0.85 要低得多了。

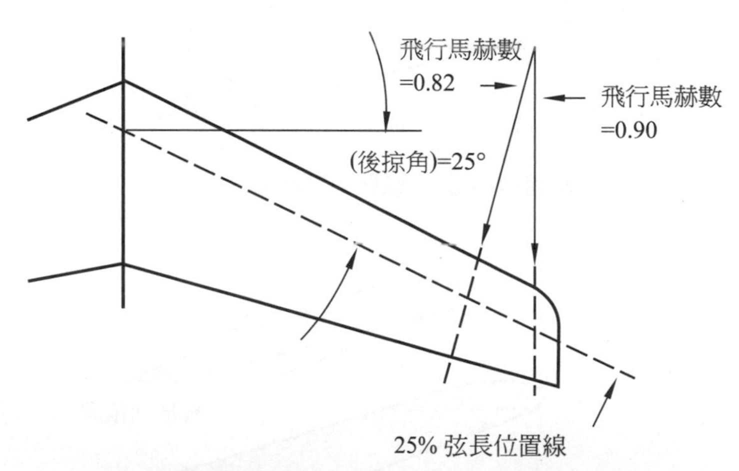

▲ 圖 4-6-7 機翼的後掠角 (Sweepback Angle)

後掠翼雖有提升飛行速度而可避免臨界馬赫數的優點，但因爲有部份氣流因後掠而流向翼尖 (Span Wise)，因此而損失了部份升力而有時亦會造成控制或平衡的問題，這些都是在採用後掠翼時必須考慮的。

前掠翼爲近代新的科技，爲了近戰的靈活，某些戰機希望能採用前掠翼 (Sweep Forward Wing)，圖 4-8-8 表示格魯曼公司 (Grumman Aircraft Co.) 的實驗機 X-29 的前掠機翼設計。前掠翼飛機的好處在於次音速飛行時擁有非常良好的運動性，且失速容忍範圍比後掠翼機型要大，低速飛行的安全性要高於後掠翼機。因此很適合當成教練機 / 特技飛行機使用。

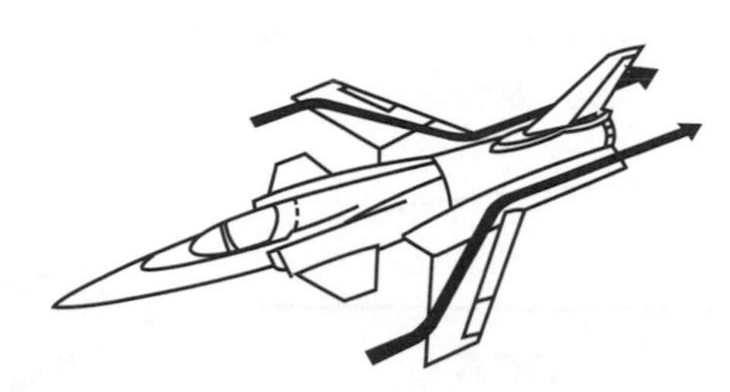

▲ 圖 4-6-8　格魯曼公司 Grumman 之 X-29 前掠翼實驗機

4-7 機翼襟翼、小條板及其他升力提升方法

機翼上有許多附屬的小結構，是作來提升機翼性能或是提升升力用的，現在我們要介紹兩種裝置，一個稱爲襟翼 (Flaps)，另一個則是小條板 (Slats)，將分別在下面討論之：

1. 機翼襟翼 (Wing Flaps)，所謂襟翼即是一種附屬在主機翼的一項控制面 (Control Surface) 它也有如機翼一般的翼形面 (Airfoil) 切面，通常都裝置在主機翼的後緣下部 (Under the Trailing Edge)，通常用鉸鏈或樞軸由致動器 (Actuator) 操縱，圖 4-7-1 表示四種基本的襟翼裝置，當然還有更複雜的設計，襟翼我們在第三章裡已簡單介紹過。襟片主要目的是在飛機在起飛或降落時，需要調節升力或阻力時才由飛行員操縱展開的。圖 4-7-2 表示襟翼開展後對升力的影響。用襟片可以提升升力百分之六十。同時亦有增加阻力的襟片，主要是在降落時減速用的。

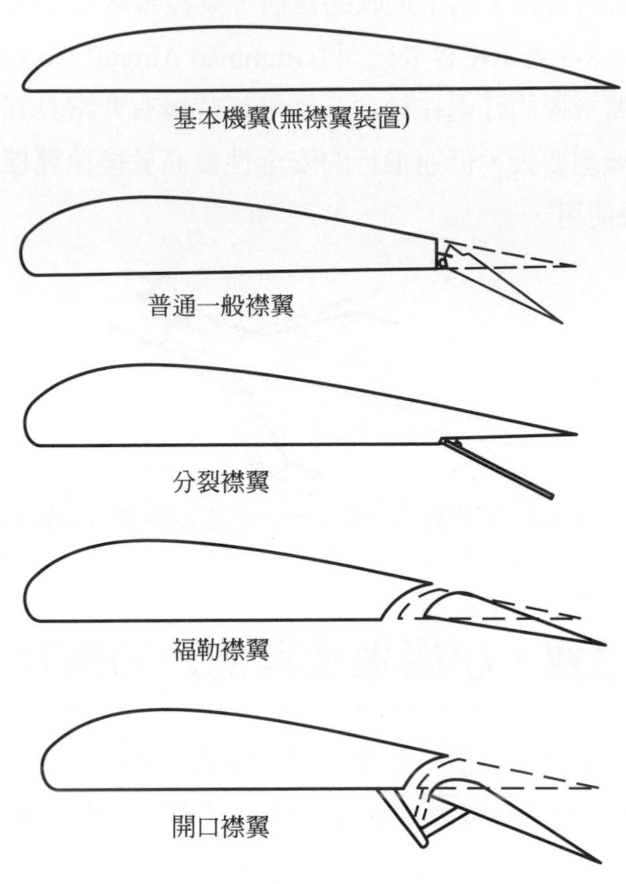

▲ 圖 4-7-1 機翼之襟翼 (Flaps) 裝置

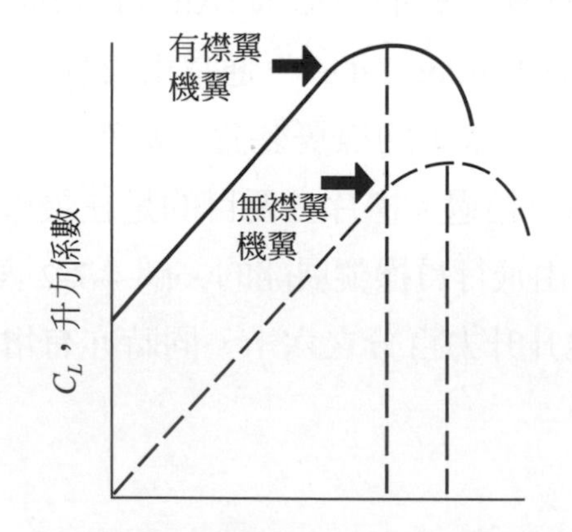

▲ 圖 4-7-2 襟翼 (Flaps) 對升力的影響

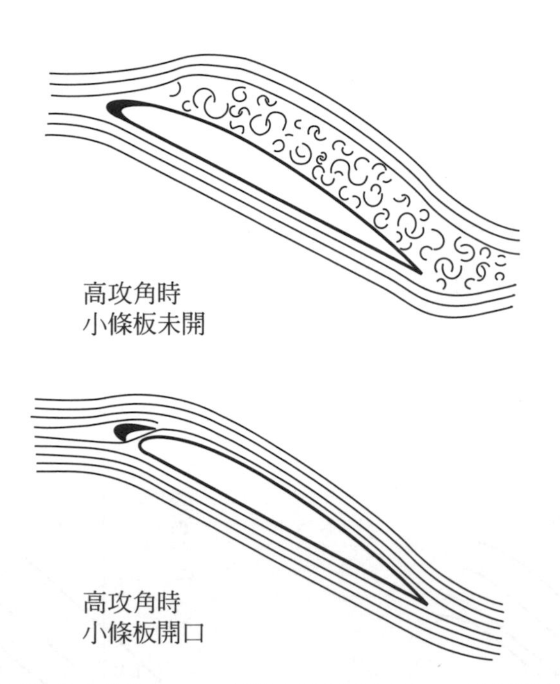

▲ 圖 4-7-3　氣流流過由小條板 (Slats) 形成的溝槽 (Slots) 而獲得平穩 (在大攻角時)

2. 小條板 (Slats)：小條板均用在機翼之前緣，也可以說是翼前緣 (Leading Edge) 的一部份，可由飛行員控制致動器使之分離主機翼，如圖 4-7-3 由分離之小條板而形成與主機翼之前緣之間的溝槽 (Slots)。在高攻角時或接近臨界攻角時，機翼上表面漸漸形成亂流或紊流如圖所示，這時由 Slot 間流過的氣流就形成一股具有穩定性的噴流 (Jet Stream) 而使亂流或紊流逐漸停止如圖示。因此這個小條板主要目的是提高攻角甚至超過臨界攻角，使飛行區域加大。如圖 4-7-4 可以看出，用了小條板 (Slats) 可以將臨界攻角 (Critical AoA) 由提升到 24°，當然此時的升力也爲之提高了。

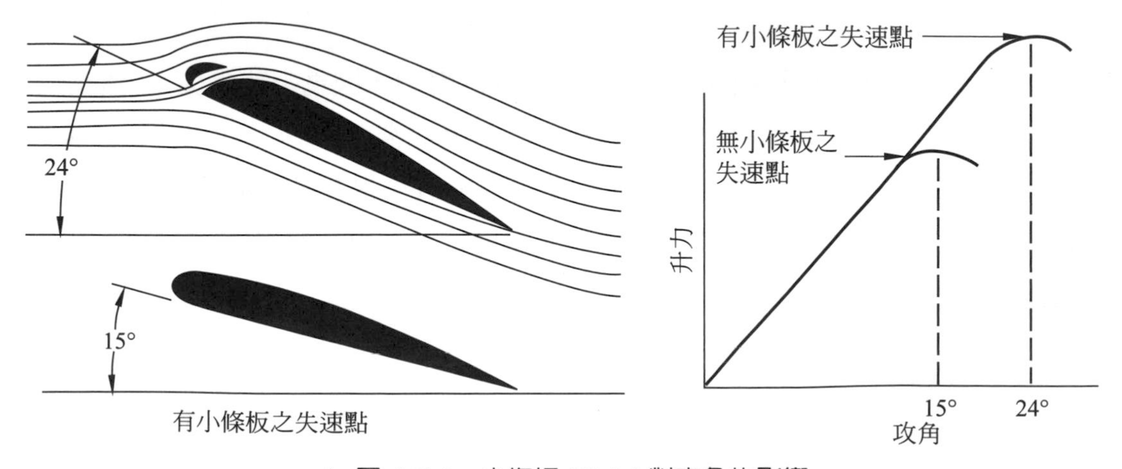

▲ 圖 4-7-4　小條板 (Slats) 對攻角的影響

圖 4-7-5 中，我們可以看出一個沒有任何附屬結構的機翼 (Plain Wing) 和一個加了小條板 (Slots) 以及一個加了小條板與襟翼同時使用的機翼的升力大小比較，所以可以得到結論，襟翼與小條板對於升力及攻角的提升均可達到目的。不過因為運用操作這些襟翼或小條板，必須加上一套控制系統與致動器，如此則增加了飛機的整體重量與可靠度，這些都是在採用襟翼或小條板的必要考慮的問題。

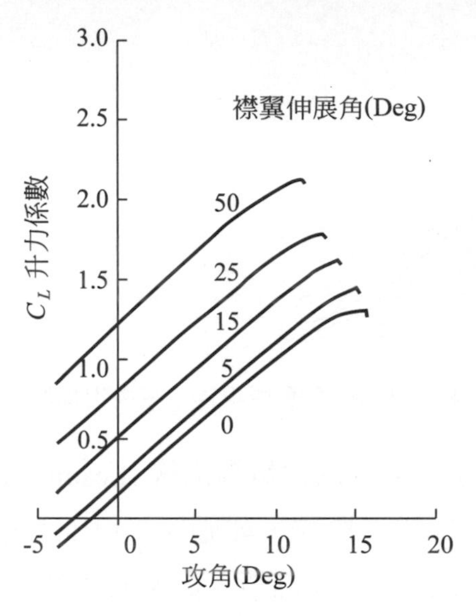

▲ 圖 4-7-5　同時使用襟翼 (Flap) 及小條板 (Slats & Slots) 對機翼升力的影響在圖

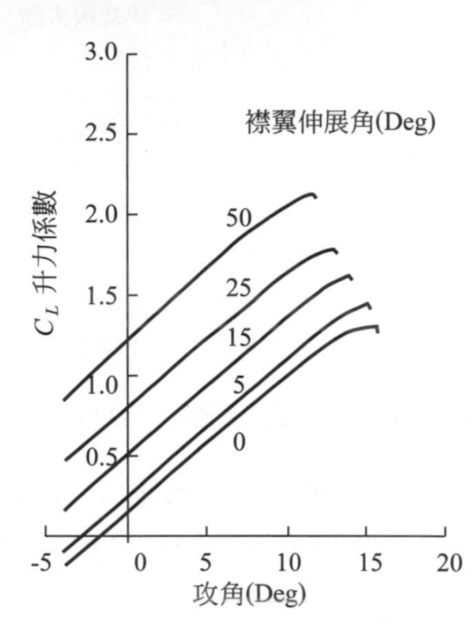

▲ 圖 4-7-6　DC-9-30 機翼升力曲線 (襟翼 (Flap) 對升力影響)

在實用方面，請參閱圖 4-7-6 及 4-7-7 表示一廣體客機 DC-9-30 主機翼之升力曲線。4-7-6 表示襟翼展開時不同角度 (伸展角) 時之升力大小。4-7-7 則表示小條板伸展與沒有伸展時之升力比較。

另外再介紹一些現代科技在提升升力這方面的努力，因為近代飛機多半使用噴射引擎作為推進系統，又因為引擎之廢氣排出時仍是高溫與高速，即仍為有能量之氣流，如不利用則非常可惜，如此則有了利用引擎廢氣來提升升力的構想，在圖 4-7-8 我們簡單的介紹有 4 種目前有希望有可能的研究構想，其主要的共通性則利用具能量的廢氣流過襟翼或機翼表面 (升力面)，這四種安排分別是，如圖 4-7-8。

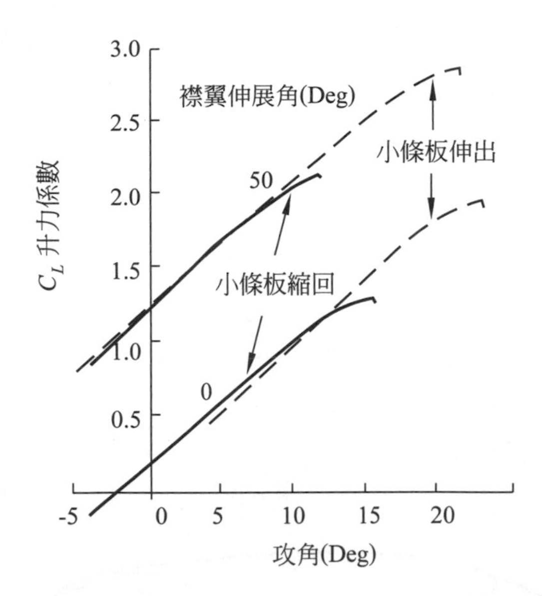

▲ 圖 4-7-7 DC-9-30 機翼升力曲線 (小條板 (Slats) 對升力影響)

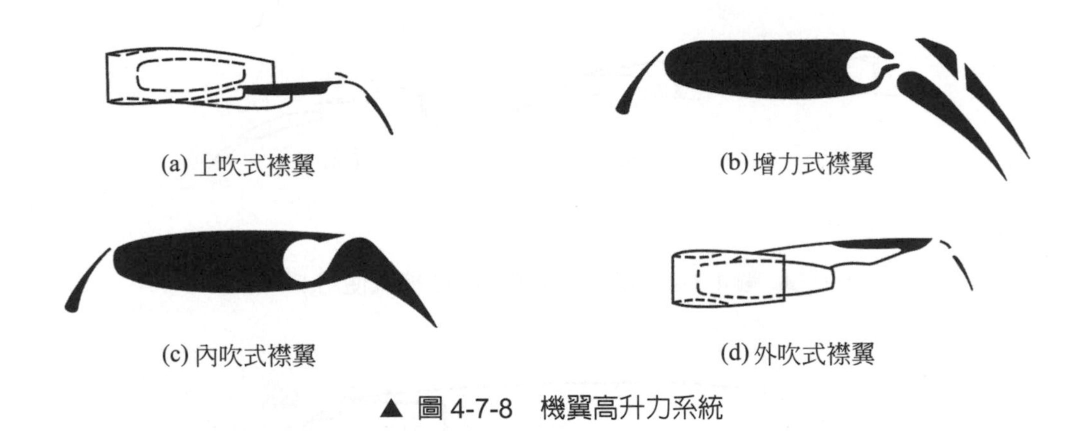

▲ 圖 4-7-8 機翼高升力系統

1. 上吹式襟翼 (Upper Surface Blown Flap)
2. 增力式襟翼 (Augmentor Wing)
3. 內吹式襟翼 (Internally Blown Flap)
4. 外吹式襟翼 (Externally Blown Flap)

大約在 70 年代，利用噴射氣流提升升力系統稱爲 (Propulsive Lift System)，這個噴升系統主要用在一種能短場起飛與降落的飛機，所謂之 STOL(Short Takeoff and Landing) 或者 VTOL 垂直起飛降落 (Vertical Takeoff and Landing) 的飛機，前者有波音之 C-14 及道格拉斯的 C-17 爲代表，後者有英國的 AV-8B sea HarRier 所謂的海鷹式垂直攻擊機，這種利用引擎廢氣流加強升力的系統在原則與構想上可行，但卻依賴引擎的可靠度，萬一引擎熄了火，則無法應付了，因此這種考慮是選擇這種升力系統的最大考慮。當然可以有升力補救系統，但是除了增加重量外太複雜了，目前仍然沒有令人滿意的噴升系統出現。

圖 4-7-9 及 4-7-10 介紹 DC-9 飛機的主機翼加裝雙槽式 (Double-slotted Flaps) 及三槽式襟翼 (Triple-slotted Flaps) 以及在起飛 (Takeoff) 及降落 (Landing) 時升展情形。

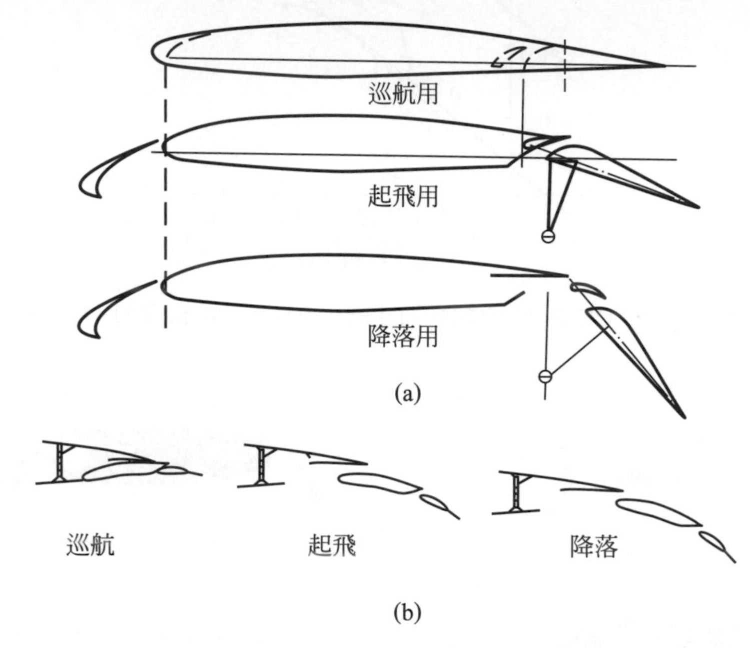

▲ 圖 4-7-9 雙槽式襟翼 (DC-9 機翼使用)

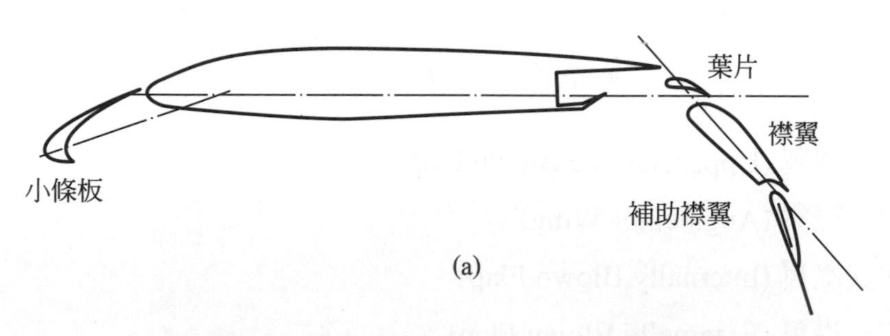

▲ 圖 4-7-10 三槽式襟翼 (DC-9 機翼使用)

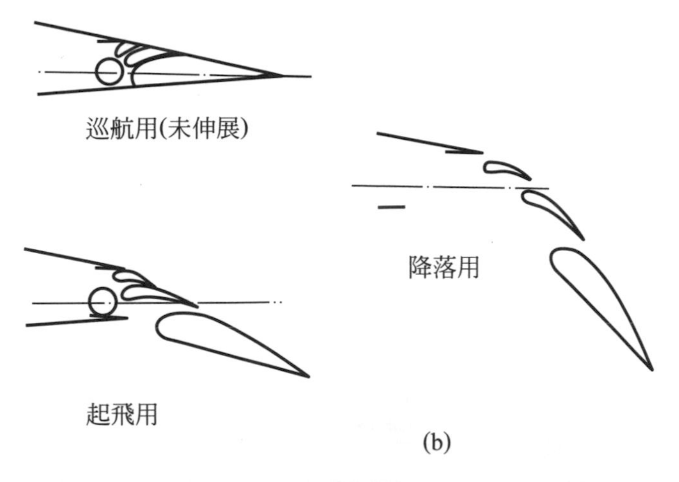

▲ 圖 4-7-10　三槽式襟翼 (DC-9 機翼使用)(續)

4-8 旋轉翼與直升機

前面所談到的都是給固定翼 (Fixed Wing) 飛機用的，本節要談的是與固定翼不同的旋轉翼 (Rotary Wing) 或是直升飛機用的機翼。直升機與一般飛機不同，它有太多好處以及多種用途，直升機與一般飛機主要的不同在於升力的來源不一樣。一般飛機之升力是來自於固定的機翼 (Fixed Airfoil Surface)，而直升機之升力是來自於旋轉的機翼 (Rotating Airfoil Surface) 或簡稱轉盤 (Rotor)。

直升機 (Helicoptor) 這個英文字，是源自於希臘文，是具有螺旋或轉動翅翼的意思 (Helical or Rotating Wing)。直升機的旋翼通常都具有二枚或以上的葉片，這個旋轉的葉片和固定翼的機翼一樣，具有翼形面的切面 (Airfoil Surface)。前面所談到的機翼升力與阻力的產生方式與計算方式，同樣的可以應用到旋轉翼上。直升機的最大好處是不受地形限制，可以上下、左右、前後飛行。或是靜止於空中，只要一塊小小的平台，即可起飛與降落，因此可以不需要龐大的機場設備，因此直升機的用途是多方面的，例如城市交通警察應用以及救災救火、快速運輸等，都是固定翼飛機做不到的。

如前言，直升機的飛行與固定翼機飛行基本原則是一樣的，也就是直升機亦受飛行中 4 個力的平衡而定。這四個力就是：升力、重量、推力以及阻力，其中升力支持直升機的重量而推力抵銷在前進方向所產生的空氣阻力。請參閱圖 4-8-1 由氣流流經旋轉翼面所產生的升力可以分解成垂直方向的升力 (Lift) 與水平方向的推力 (Thrust)，這時升力如等於直升機的重量 (Weight)，推力等於或稍大於阻力 (Drag) 則此直升機可以保持向左、向前或向後的水平飛行，其飛行的方向依旋轉盤 (Rotor) 之傾斜之方向

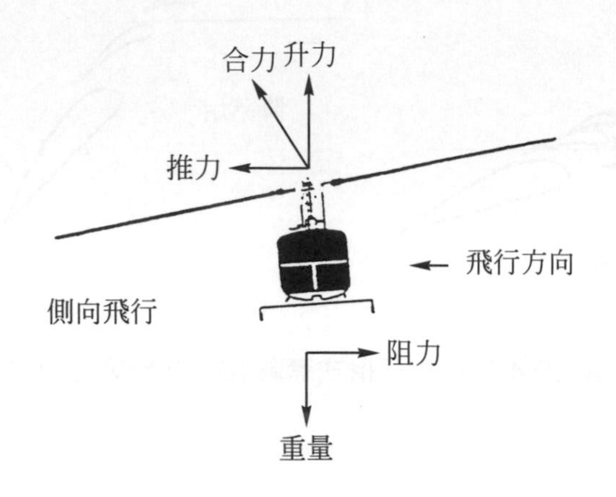

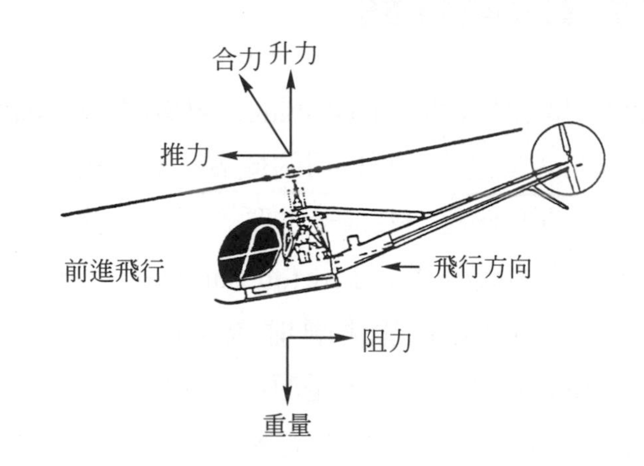

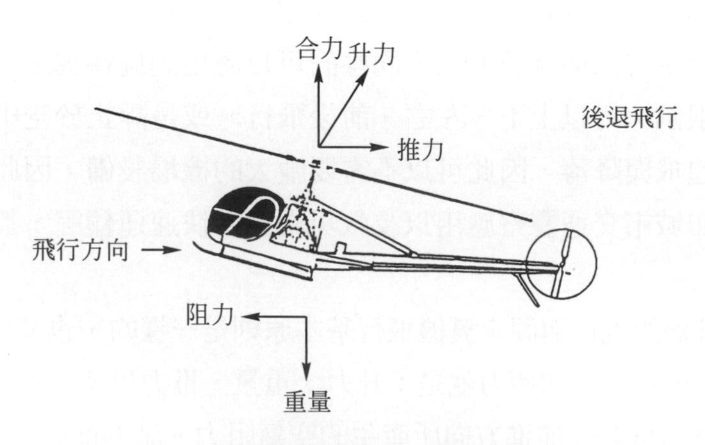

▲ 圖 4-8-1　直升機飛行前進、後退或側飛時之力平衡

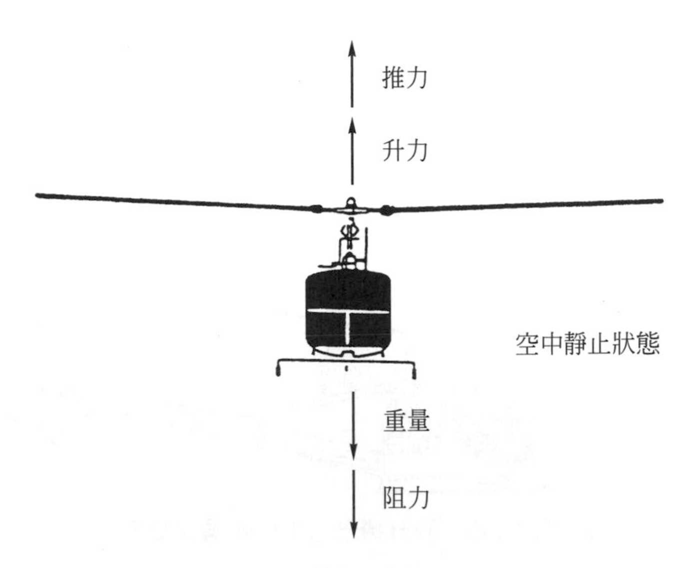

▲ 圖 4-8-2 直升機空中靜止飛行時之力平衡

所定，如圖中由上而下向左，向前及向後的方向。依轉盤之傾斜方向，直升機可以說可以向任何方向飛行，不僅如此，直升機還可以自由上下升降以及停在空中翱翔(Hovering)，如圖 4-8-2 所示直升機靜止在空中的情形。這時旋翼所產生的升力與推力總和等於直升機的重量與阻力旋翼則保持水平與地平線平行的位置。當升力與推力總和大於重量與阻力時，這時直升機就會上升，反之則會下降。其他的方向飛行，則由駕駛員控制旋翼的傾斜度而決定，如圖 4-8-2 所示，向左或向前後，其旋轉傾斜方向亦如是。

旋轉翼 (Rotary Wing) 是直升機的主要結構件，在設計時要考慮的因素很多；例如離心力 (Centrifugal Force)，不對稱升力 (Dissymmetry of Lift) 以及衍生之扭力(Torque) 等等。當直升機在起飛之前，由引擎轉動旋轉翼，這時翼葉片上所受之力純爲因旋轉而產生之離心力，要起飛上升之前，由引擎加大馬力增加旋轉數，約每分鐘 4000 ～ 6000 轉時，再由駕駛員操縱葉片之傾斜度 (Pitch) 或是葉片對空氣氣流方向之前後上下移動，即如前面談過的縱搖 (Pitch) 的動作，這時氣流流過旋翼的翼形面，因壓力差而產生了升力，而使直升機上升，此時由於升力作用於旋翼上而會致使翼尖向上翹起而形成一錐形如圖 4-8-3 所示，此時旋翼仍然在旋轉，假如直升機負載很重，則旋翼之上撓度會加大就必須考慮旋翼葉片材料的強度是否能承受這種錐形化的情況 (Coning of the Rotor Blade)。通常解決的方法是加強葉片的強度或加以鉸鏈結上，稱之爲關節性旋翼 (Articulated Rotor)。如圖 4-8-8 ～ 4-8-10 所示。

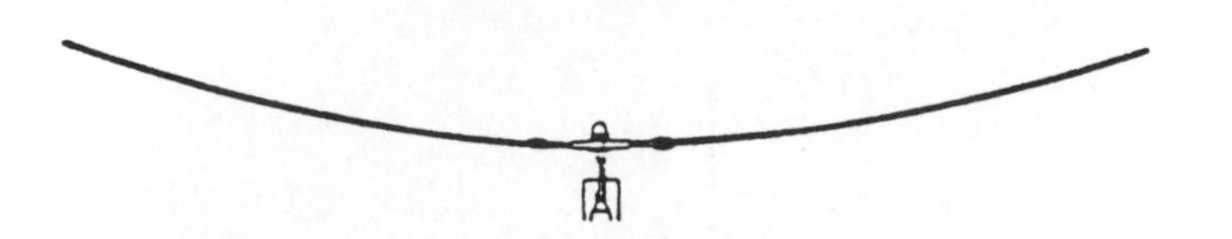

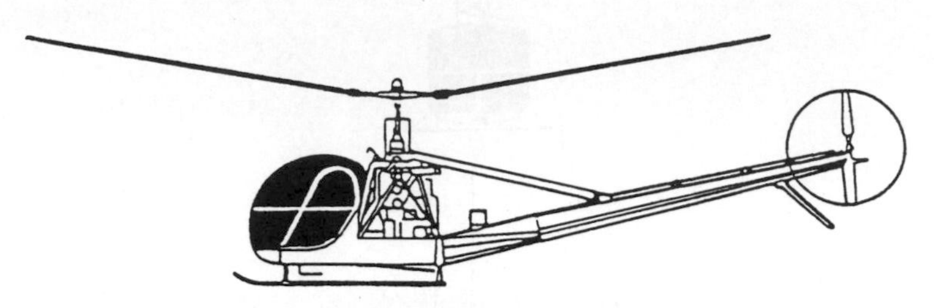

▲ 圖 4-8-3　直升機飛行中旋轉翼之變形

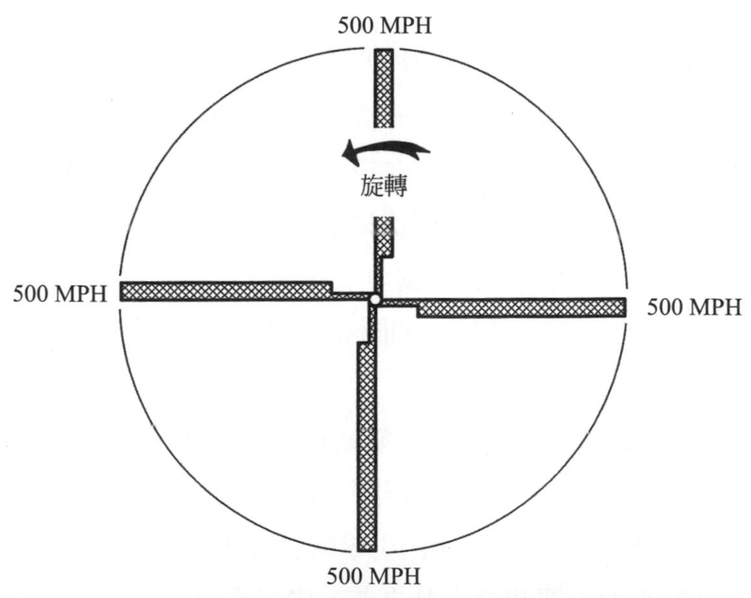

▲ 圖 4-8-4　直升機水平飛行時之翼尖氣流速度

再看看什麼是不對稱升力 (Dissymmetry of Lift)，當一架直升機在水平又無風力飛行時，其旋翼翼尖的氣流流速，由於旋轉的關係都是一定的數值，如圖 4-8-4 所示，假設為 500MPH，即每小時 500 英哩，但是假如此時直升機飛行速度為 100MPH，即相對之氣流速度亦為 100MPH，請再參看圖 4-8-5，因為相對的空氣流速則直升機之右側翼尖處之氣流速度應為 500 + 100 = 600 MPH，這時此葉片稱之為迎風葉片 (Advancing Blade)，而直升機左側之翼尖處則為 500 − 100 = 400 MPH，此葉片稱之爲逆風葉片 (Retreating Blade)。這時在直升機兩側因迎風及逆風而產生的不同翼尖空氣流速即稱之爲升力之不對稱 (Dissymmetry of Lift)。

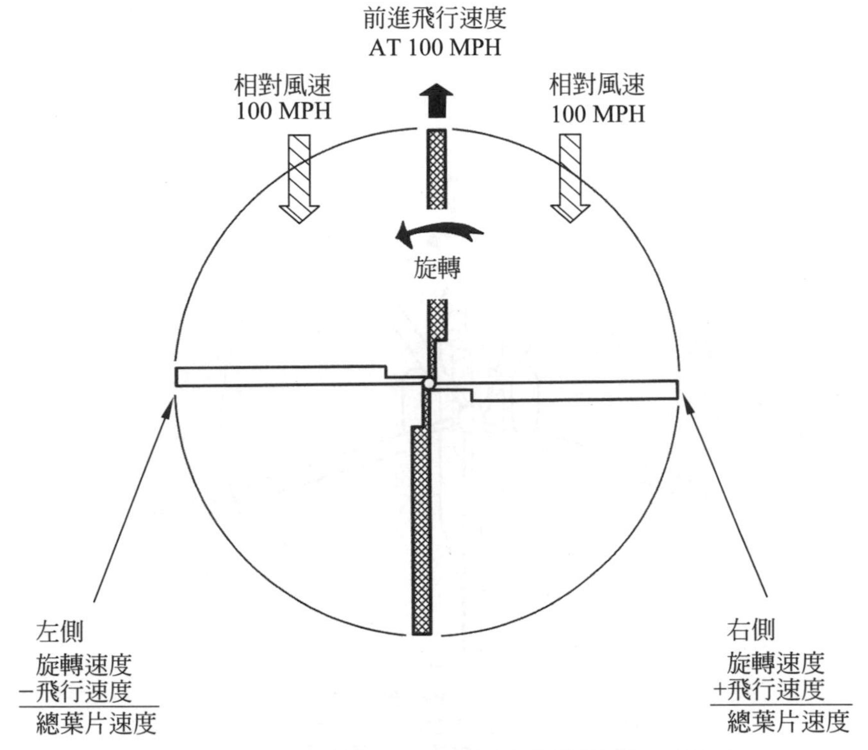

▲ 圖 4-8-5 直升機向前飛行時之旋翼翼尖氣流速度

由於升力之不對稱，會給直升機一個機頭上升或下降或是機身向左翻滾的傾向，是必須設法防止的，通常的方法是改良或設計可移動的葉片稱之爲移動葉片 (Blade Flapping) 或是設計一葉片傾斜度調節控制系統 (Blade Cyclic-Pitch Control System)，前面提到的關節性轉盤 (Articulated Rotor) 是在葉片根部與轉軸間裝一鉸鏈連結，如此可以控制移動葉片的上下動作，可以控制氣流流過葉片的攻角 (Angle of Attack)，則可以調整旋翼上產生之升力之大小，如同固定翼飛機一樣，攻角與升力的關係保持直線的關係，即是攻角大，則升力增加，反之則升力減少。這樣對於這個升力不對稱的問題，可以調節迎風葉片的攻角，使升力降低，及調節逆風葉片攻角，使之升力增加，如此則可以得到直升機之左右邊之升力相等，而避免向左傾覆的危險，可參閱圖 4-8-8、4-8-9 及 4-8-10 的葉片傾斜度控制系統裝置。

根據牛頓的運動第三定律，一作用力必有一反作用力，直升機承受轉動主軸的扭力驅動主旋翼 (Rotor)，如此則直升機本身亦受一相等且反向的扭力 (Torque) 如圖

4-8-6 所示，如此則直升機會被此扭力推動而向反方向轉動，這個衍生的扭力必須除去，直升機才能平衡飛行，不然則會在空中打圈子，非常危險。解決的方法是在尾部裝一反扭力的旋盤 (Antitorque Rotor) 或簡稱尾旋翼 (Tail Rotor)，如圖 4-8-6 所示，主旋翼 (Main Rotor) 向左旋轉，衍生之扭力 (Torque) 則向右扭轉，如此則直升機會向右，尾旋翼必須產生一向右的推力或是拉力使之平衡。

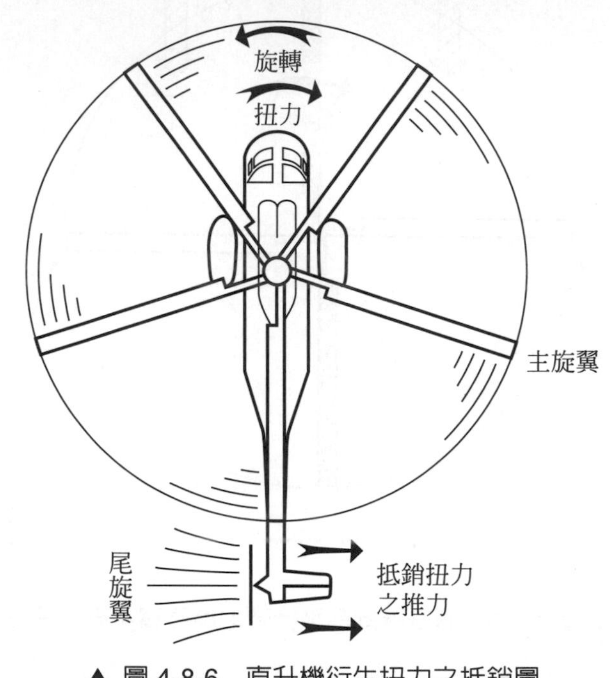

▲ 圖 4-8-6　直升機衍生扭力之抵銷圖

因爲衍生扭力使直升機向右旋轉，而尾翼必須產生一推力向右使之平衡，如此則直升機因受此兩力影響會向右移動，這個現象稱之爲側向漂移 (Lateral Drift Tendency) 或是位移傾向 (Translating Tendency) 如圖 4-8-7 所示，這時必須消除這個向右移動的傾向，可以利用葉片傾斜度控制系統 (Blade Cyclic Pitch Control System) 來調整整個轉盤向左傾斜一點，而產生一點向左的升力而取得平衡。

圖 4-8-8、4-8-9 及 4-8-10 顯示直升機的主要控制系統 - 葉片傾斜度控制系統的操作情形，其主要的目的是移動葉片來調整氣流對葉片的流經方向，即所謂的攻角 (Angle of Attack)。亦即氣流方向與葉片弦長 (Chord) 的夾角，由攻角的大小，可以影響升力的大小，其關係亦如前節所述，可以直接應用到旋轉翼 (Rotating Airfoil)。

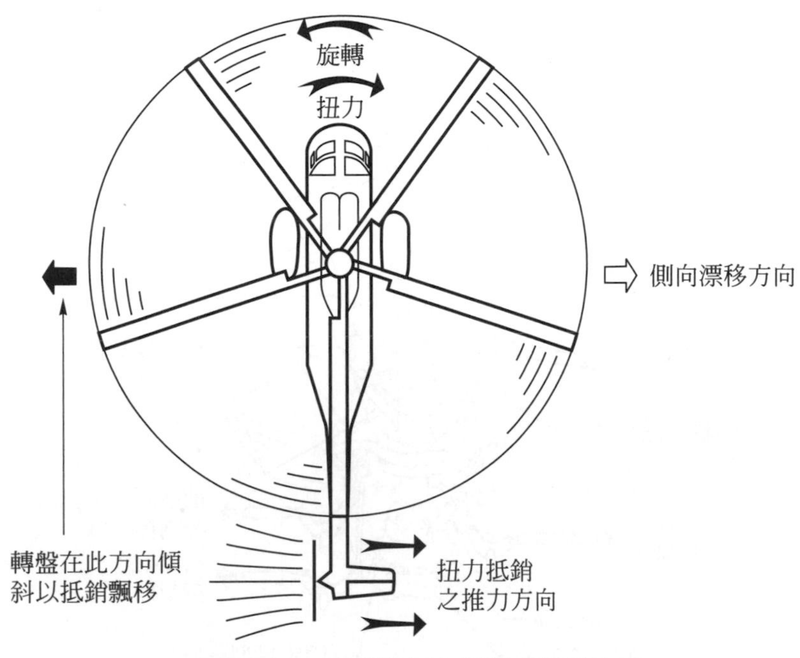

▲ 圖 4-8-7 直升機側向飄移之抵銷方式

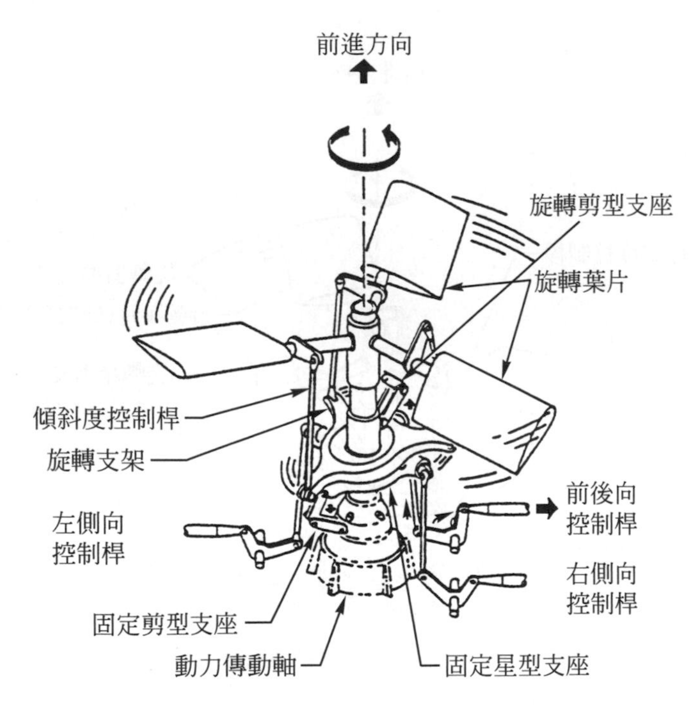

▲ 圖 4-8-8 直升機旋翼之傾斜度控制示意 (Rotor Cyclic Pitch Control)

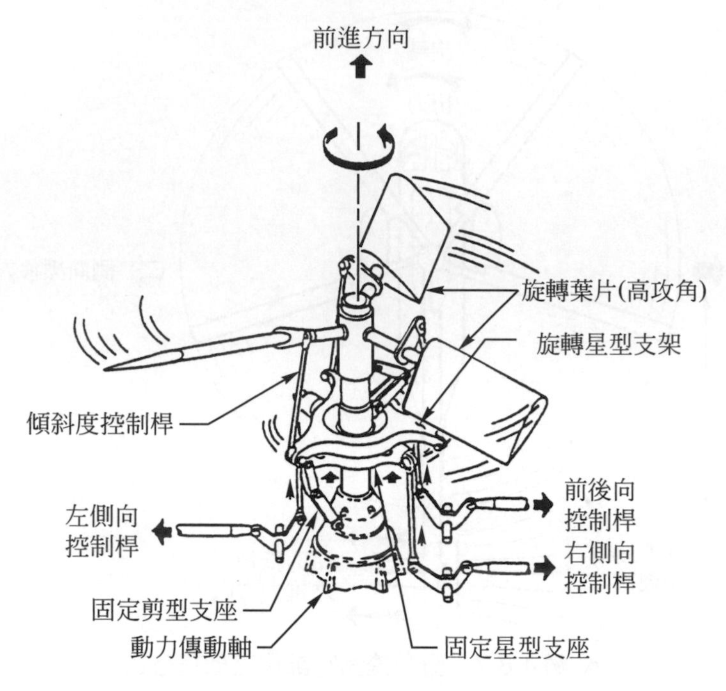

▲ 圖 4-8-9 直升機旋翼傾斜度控制 (高傾斜度控制)(High Pitch Control)

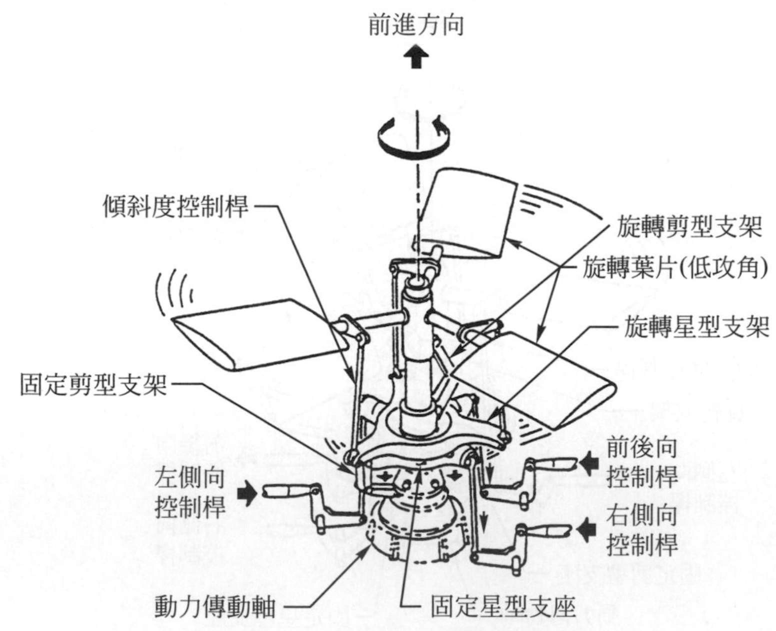

▲ 圖 4-8-10 直升機旋翼傾斜度控制 (低傾斜度控制)(Low Pitch Control)

如同固定翼飛機 (Fixed Wing Aircraft) 直升機亦有許多不同的形狀及安排，最普通的一種直升機即是應用單一旋翼 (Single Rotor) 外加上一尾旋翼，如圖 4-8-12 所示塞考斯基公司出產的 S-76 Mark II直升機，這種直升機結構較簡單且相較於其他機型比較輕型，僅能用於執行輕型負載的用途，這種機型只應用了一個旋轉翼、一組動力傳送系統以及一組操作控制系統，這種輕型直升機除了負重以及速度有限制外，另外因安裝了暴露於外的尾旋翼，故非常的不安全，同時，部份的引擎動力還須用來驅動尾旋翼以平衡直升機自生的扭力。

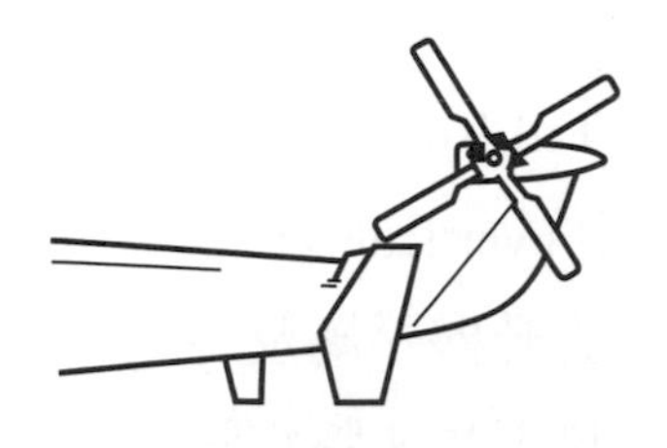

(a) 傳統應用之尾旋轉翼

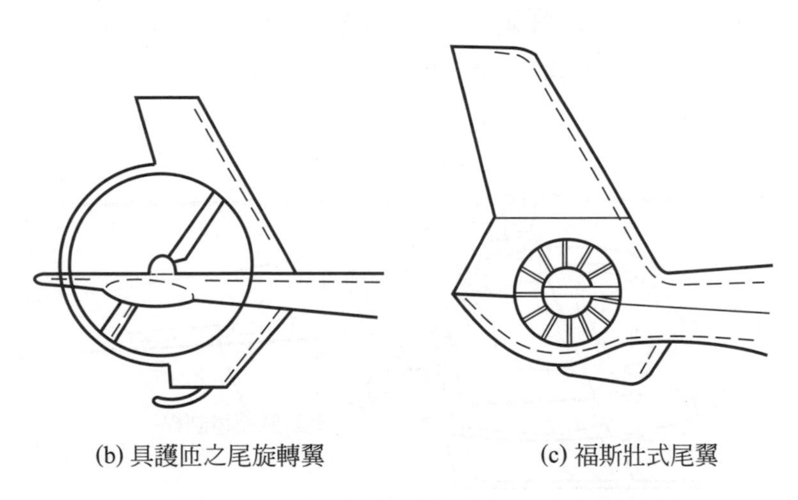

(b) 具護匝之尾旋轉翼　　(c) 福斯壯式尾翼

▲ 圖 4-8-11　直升機尾部平衡用之小旋翼種類

▲ 圖 4-8-12　塞考斯基 76Mark II直升機

一般而言，尾旋翼具有 2 片或以上的葉片，是安裝在尾桿上，如前所述，這個是直升機的必須裝置，用來平衡因主旋轉軸而產生的反扭力，由尾旋轉翼之旋轉而產生一推力 (Thrust) 試著推轉直升機以平衡因主旋轉軸所產生的反作用扭力 (Yawing Movement)。除了平衡的作用外，尾旋轉翼在平行飛行時，也可以用來調整直升機的飛行方向，可以像飛機的舵 (Rudder) 一樣，可以使直升機作左右轉彎的動作。圖 4-8-11 顯示尾旋轉翼的各種裝置，爲了安全，避免人員與之相撞，有的設計在翼外加上一個罩子，稱之爲 (Ring-guard Tail Rotor)，另外還有多片的 Fenestron Tailrotor，據說有類似固定翼的垂直尾翼的作用 (Vertical Stabilizer)。

直升機的尾旋轉翼除了提供直升機平衡及穩定外無一是處，它不安全，又需維護，又太燥雜，因此直升機公司無不想法將它除去另找替代的東西，這種新產品稱之爲無尾翼系統，NOTAR(No Tail Rotor System) 是麥道直升機公司的商標，如圖 4-8-13 所示，它是利用引擎產生的廢氣經過特殊設計的管道 (Duct) 而產生相似於尾旋轉翼所生的推力，達到相似的平衡主軸所生的反作用扭力。

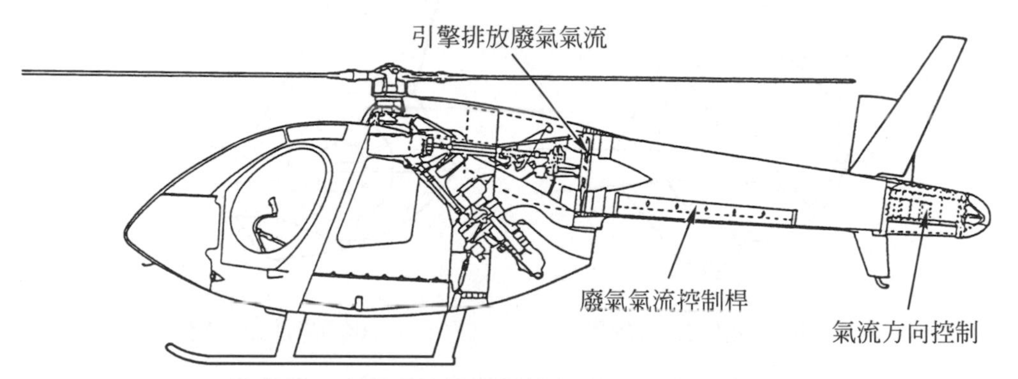

▲ 圖 4-8-13 麥道公司之無尾旋轉翼 (NOTAR) 設計示意圖

▲ 圖 4-8-14 波音 Vertol 直升機公司之前後旋翼直升機

另外一些重型或重負載直升機，使用的前後式的雙旋轉翼，如圖 4-8-14 所示的波音直升機公司的雙翼前後式的直升機，這種前後式的直升機，兩個旋轉翼是同步的 (Synchronized) 而且旋轉方向相反，如此則前旋轉軸衍生的扭力被後旋轉軸所生的扭力，正好互相抵消，因此根本不需要尾翼來平衡。前後旋翼各有三葉片，起飛時由傾斜度控制系統控制六枚葉片相同傾斜度產生大推升力起負重載，降落時，亦由控制系統降低 6 左葉片的傾斜度減少升力。方向的控制仍由傾斜整個旋轉面而決定，圖 4-8-15 示範這種前後式，雙旋翼直升機在轉彎時之前後旋翼的動作。

另外有雙旋翼左右安排的方式，如圖 4-8-16 所示，爲俄製左右式雙翼直升機 Mi-12，兩個主旋翼分別安裝在左右伸出的結構或派龍 (Pyron) 上，兩個主旋翼亦是一正一反的旋轉，互相抵銷對直升機體所產生的扭力。因此並不需要尾旋翼 (Tail Rotor)。左右式的安排較優於前後式安排，主要是空氣動力學方面的考量，尤其是向前方飛行時，左右式安排的雙旋翼互不干擾，其旋轉效率較高，而前後式的安排是後旋翼在前旋翼的尾流區內 (Wake Region) 其氣流較爲紊亂而導致後旋翼的效率 (即產生升力的效率) 大打折扣之故。但左右式的安排亦有不好的地方，即是其寄生阻力 (Parasite Drag) 較高於前後式的安排，而其結構重量亦較大於前後式的安排。

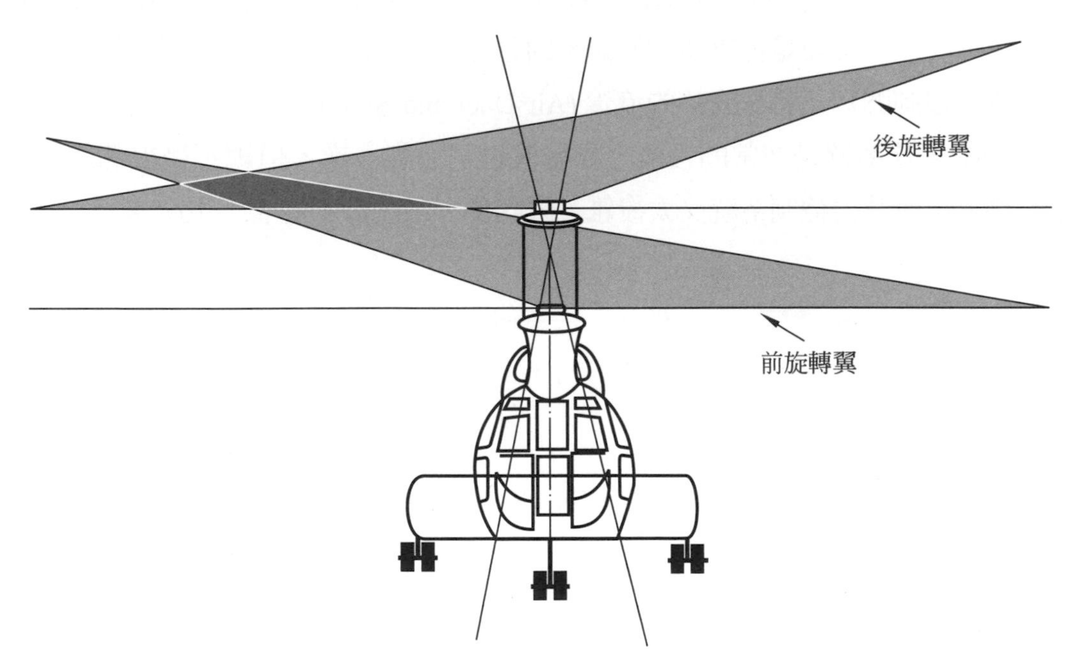

▲ 圖 4-8-15　前後式雙旋翼直升機轉彎時之前後旋翼之動作圖

▲ 圖 4-8-16 俄製左右式雙旋翼直升機 (Mi-12)

在 70 年代，美國曾掀起一陣研究發展垂直起降及短場起降的飛機稱之為 VTOL 或 STOL(Vertical Takeoff and Landing) or(Short Take off and Landing)，圖 4-8-17 是塞考斯基公司 (Sikorsky Aircraft Co.) 對 VTOL ISTOL 的概念設計實驗機 (Conceptual Model Aircraft)。它利用了 4 個葉片如直升機似的旋轉翼，它靜止空中或低速前行時，與直升機一般運作，在大約每秒 103 公尺速度時，此旋翼停止運作而由發動機之推力與機翼 (固定翼) 的升力保持水平飛行可以飛到每秒 232 至 257 公尺的速度。它的垂直與短場起飛的能力主要是依靠所謂的氣墊的原理 (Air Cushion)。它利用特殊設計的空氣壓縮機，控制閥以及特殊安排的流管 (Air Duct and Slots) 而產生所需要的升力以及升力的控制，其系統是非常的複雜，實驗機也試過許多次，但總不是很理想，主要的是此機太重而升力控制系統又太複雜，因此多少年後仍不能著手生產。

▲ 圖 4-8-17 塞考斯基公司之 X- 翼試驗機 (X-Wing Aircraft)

另外由於複合材料及電子控制技術的進步，VTOL/STOL 的研發由 X-Wing 進演到所謂的傾斜式旋翼機的構想，讀者應記得在本書第一章裡已簡單介紹過的 V-22 海鶚式實驗機 (Osprey V-22)，如圖 4-8-18 是 V-22 試驗機的三視圖，這個設計是使飛機具有直升機垂直起降的能力以及固定翼飛機高速航行的能力。兩具渦槳引擎

(Turboprop) 是安裝在機翼左右的翼尖部份 (Wing Tip)，引擎可以控制在水平位置作固定翼的前向飛行，在垂直位置則可作直升機的操作。根據試驗的結果，引擎自水平位置操作轉換到垂直位置操作，在飛行中轉換一次僅須 12 秒的時間。

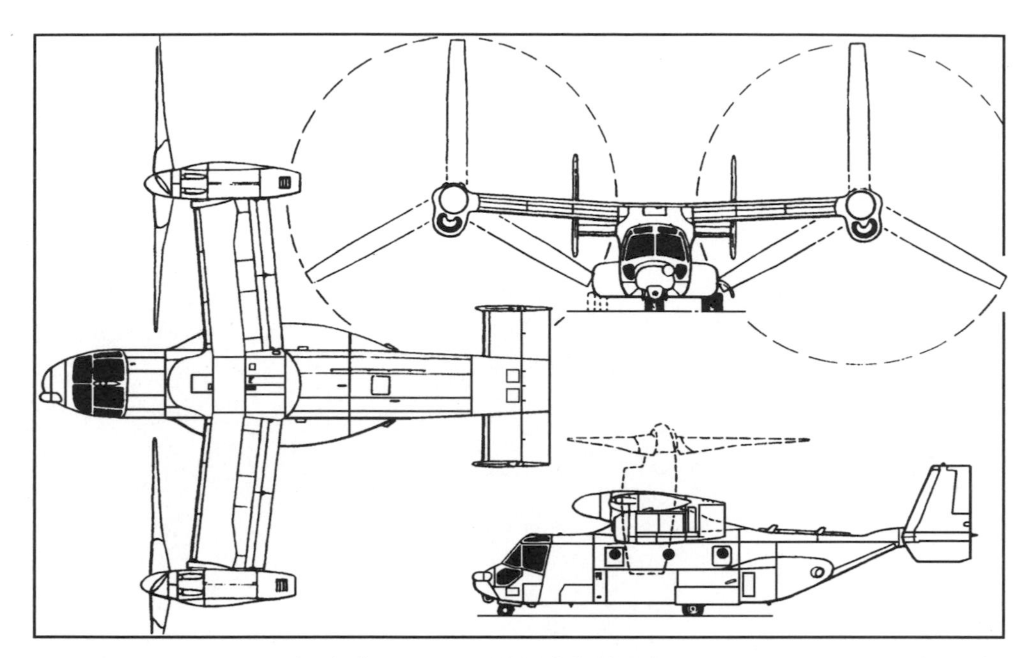

▲ 圖 4-8-18　V-22 海鶚式 (Ospery) 傾斜式旋槳飛機 (Tilt-Rotor Aircraft) 試驗機

參考資料

Ref.1：Abbott, I.H., et al., "Characteristic of Airfoil Sections" NASA TR-824, 1945。

Ref.2：Abbott, I.H. and Van Doenhoff, A.E., "Theory of Wing Sections", Dover Inc., New York, 1959。

Ref.3：Whiteomb, R.T. et al., "Supercritical Wing Technology" NASA FRC reports 1972。

Ref.4：Anon, "Equations, Tables and Charts for Compressible Flows" NASA TR1135, 1953。

MEMO

基本空氣動力學

前言

本章將複習一些基本的空氣動力學計算公式以及一些實用的定理或定律。本章並不準備深入作理論式的探討或導出這些公式。讀者可參考本章提出的課外參考書籍作再深入的研究。

5-1 理想氣體公式(Perfect Gas Law)

在第二章大氣概論時，我們提到了理想氣體公式：

$$P = \rho RT \tag{5-1}$$

理想氣體公式說明了任何氣體的壓力、溫度及密度的變化關係。如能用公式 (5-1) 來表示該氣體壓力、溫度及密度的關係，那麼這個氣體我們稱之爲理想氣體或完全氣體 (Ideal Gas or Perfect Gas)。

公式 (5-1) 是由下列兩個實驗而得的定律合併而來的：

1. 波義耳定律 (Boyle's Law)：當溫度不變時，任何單位質量密閉氣體的體積與其所受之絕對壓力成反比。或是：

$$\frac{V_1}{V_2}=\frac{P_2}{P_1}\,(T=\text{Constant}) \tag{5-2}$$

2. 查理定律 (Charles Law)：當氣體壓力不變時，任何單位質量密閉氣體之體積與其所受之絕對溫度成正比。或是：

$$\frac{V_1}{V_2}=\frac{P_2}{P_1}\,(P=\text{Constant}) \tag{5-3}$$

但是任何密閉氣體因爲密閉所以其體積不變，實驗證明這時氣體壓力的變化與其絕對溫度成正比。可書寫成：

$$\frac{P_2}{P_1}=\frac{T_1}{T_2}\,(V=\text{Constant}) \tag{5-4}$$

這些公式中：

P = 壓力

V = 體積

T = 溫度 (絕對值，°R = °F + 460，°K = °C + 273)

1 代表變化前情況

2 代表變化後情況

將波義耳定律，公式 (5-2) 與查理定律，公式 (5-3) 及 (5-4) 合併，即可得氣體定律如下；如變化前後，其質量相同，則

$$\frac{P_1V_1}{T_1}=\frac{P_2V_2}{T_2}=\text{常數}=R \tag{5-5}$$

此一常數 R，是依該氣體之性質而定，稱爲氣體常數。這個氣體公式非常簡單有用，可以用來計算氣體壓力、體積或密度及溫度的變化，當三者中任何一個產生變化時。請注意此公式中之溫度必須用絕對單位 (°R 或 °K)。

5-2 質量守恆定律或流量公式(Conservation of Mass or Continuity Equation)

這是牛頓力學裡第一條基本定律，說明了在固定的範圍內，流體的質量 (Mass) 不可能增加或減少。如圖 5-2-1 所示，左邊流體流進經過面積 S_1 的流量必需等於右邊流出經過面積 S_2 的流量，左邊流體的體積爲面積乘上其進入速度 V_1，假設流體密度爲 ρ，則左右之流體質量相等，可書爲：

$$\rho_1 V_1 S_1 = \rho_2 V_2 S_2 \tag{5-6}$$

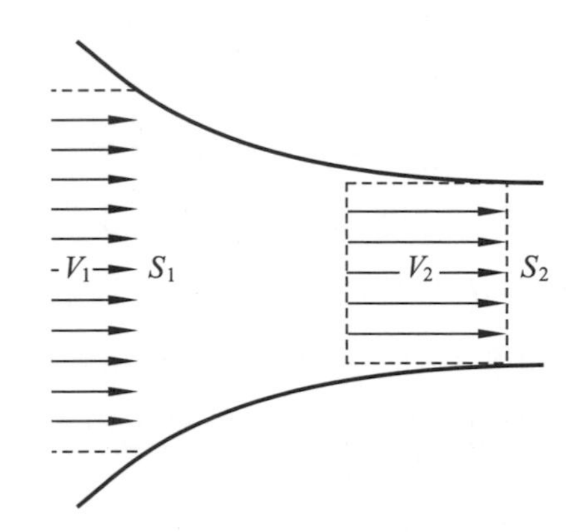

▲ 圖 5-2-1 管中流體流量守恆定律 - 左右流量相等

這個就是質量守恆定律或稱流量不滅公式。再者如果我們假設空氣是不可壓縮的 (Incompressible)，那麼 $\rho_1 = \rho_2$，則公式 (5-6) 可簡化爲：

$$V_1 S_1 = V_2 S_2 \tag{5-7}$$

請注意公式 (5-7) 只適用於不可壓縮之氣體，空氣在低速時不可壓縮之假設尚可適用，但高速時，空氣之可壓縮性影響漸漸增強。因此計算時必須考慮壓縮性效果 (Compressibility Effect)，通常空氣速度在 0.4 馬赫數以上時，這個效應就要考慮了，換句話說空氣速度在 0.4 馬赫數以下時，我們可以假設空氣是不可壓縮的，也就是說 = 常數。馬赫數 M 定義爲流體的速度除以當時聲音在空氣中的速度，或者 $M = \frac{V}{V_S}$，V_S 爲聲音速度。

5-3 動量定律或歐拉公式(Momentum Principler Euler's Equation)、伯努利公式(Bernoulli's Equation)

這個是有名的牛頓第二運動定律，簡單的說就是在一流場內，作用於一流體(Fluid Element)之淨力應該等於在單位時間，該流體的動量變化。其數學式可寫為：

$$淨力 = F = \frac{d}{dt}(mV) = m\frac{dV}{dt} = m \cdot V_a \tag{5-8}$$

這裡 dt 表示微小時間變化，mV = 質量乘以速度 = 動量，V_a 是流體的運動加速度，即單位時間內速度之變化，$\frac{dV}{dt}$。此地，m = 質量，V 是流體的速度，我們再看圖 5-3-1，流體自左邊流至右邊，速度 V、壓力 P 以及面積 S 自左至右，都產生了微小變化 dV、dP 及 dS，這裡的 d 代表微分的意思，自圖 5-3-1，左邊進入的動量為 $(\rho SV) \times V = \rho SV^2$，(質量乘速度)，而右邊流出的動量可書寫為：$\rho SV(V + dV)$，這裡我們用到了質量守恆定律，如此則此流體的動量變化可寫為：

$$\rho SV(V + dV) - \rho SV^2 = \rho SVdV \tag{5-9}$$

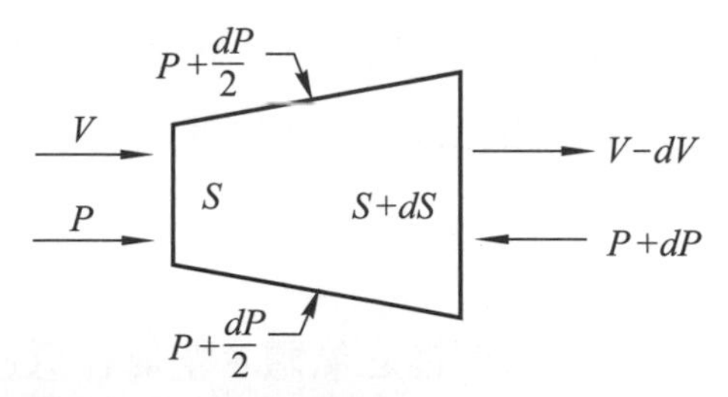

▲ 圖 5-3-1 微小流體取樣 - 顯示作用力平衡

根據牛頓第二定律，這個單位時間內的動量變化必須等於流體所受的淨力(Net Force)，再回到圖 5-3-1，左邊受到的力為壓力乘面積，則為 PS，右邊所受的力則為 $-(P + dP)(S + dS) = -PS - PdS - SdP - dPdS$，前面一負號“−”是表示此力的方向是向左，這裡我們考慮的是一微小的流體以及微小的變化，如此 $dPdS$ 一項為兩個非常微小的數量，其乘積更為微小可以略而不計，如此則左右方向的淨力則為 $-PdS - SdP$，再看圖 5-3-1，此流體之上下側面上的力可寫為

$\left(P+\dfrac{dP}{2}\right)dS = PdS + \dfrac{dPdS}{2}$，同理 $dPdS$ 為一極微小值可略而不計，如此，則此流體所受淨力為

$$-PdS - SdP + PdS = -SdP \tag{5-10}$$

根據牛頓第二定律，則公式 (5-9) 及 (5-10) 必須相等，則可得，

$$-SdP = \rho SVdV$$

或 $$dP = -\rho VdV \text{ (Euler's Equation)} \tag{5-11}$$

公式 (5-11) 即是流體力學中有名的歐拉公式 (Euler's Equation)。此公式說明了流體中壓力與速度的微分式關係 (Differential Relationship)，此公式適用於任何流體，如想得到更簡單的直接關係，我們可以在公式 (5-11) 上兩邊取積分，假如我們再假設此流體為不可壓縮的流體，則 ρ = 常數，則可放到積分外，則可得，

$$\int_1^2 dP = \rho\int_1^2 -VdV = \rho\left.\frac{V^2}{2}\right|_1^2$$

或者， $$P_2 - P_1 = \frac{\rho}{2}(V_1^2 - V_2^2)$$

或者 $$P_1 + \frac{\rho}{2}V_1^2 = P_2 + \frac{\rho}{2}V_2^2 = B = \text{常數} = P_T \tag{5-12}$$

或者 P_s (靜壓力) + P_d (動壓力) = P_T (全壓力)

請注意我們在導這個公式時，曾經假設氣體密度是一常數，才能放在積分外，因此這氣體必須是不可壓縮的 (incompressible)，而在考慮淨力作用於流體上時，曾假設流體是非黏性 (Inviscid) 的而沒有計算因氣體之黏性 (Viscosity) 而引起的剪力 (Shear Force)，因此在應用公式 (5-12) 時氣體流體必須符合這兩個條件。不過在一般空氣動力學應用方面，這兩個假設在一般情況，尚稱符合，因此公式 (5-12) 是一個非常有用的計算工具，因為公式 (5-12) 是首先由十八世紀時瑞士科學家 Daniel Bernoulli 發現而提出的，為了紀念他，公式 (5-12) 也稱為 Bernoulli Equation，伯努利方程式。B 則稱為伯努利常數。

伯努利方程式告訴我們，流體在運動時，在同一流線上，速度增加時，其壓力必減少，而速度減少時，其壓力必增加，可以數學式表示如公式 (5-12)，或，

$$P+\frac{\rho}{2}V^2=\text{Constant}=\text{常數}=P_s+P_d=P_T=B$$

這裡， $P=$ 壓力；$P_T=$ 全壓力，$P_s=$ 靜壓力，$P_d=$ 動壓力，
$\rho=$ 流體密度或單位體積內之重量，
$V=$ 流體速度，$B=$ 伯努利常數

因此，公式 (5-12) 可以應用到流場中流體流動自某一點到另一點，速度如增加了必伴以壓力的減少。事實上，流體的壓力，P 是一種位能的形式，而$\left(\frac{\rho}{2}V^2\right)$是代表單位體積內動能 (Kinetic Energy)，因此我們又習於稱 P 爲靜壓力 (Static Pressure)，P_s，而$\left(\frac{\rho}{2}V^2\right)$爲動壓力，$P_d$ (Dynamic Pressure)。因此伯努利公式又可理解爲在流體運動時，沿每一條流線 (Streamline) 上，其位能及動能之和維持一定常數，當然這時得假設沒有熱能加入這個系統，公式 (5-12) 中的常數 B 也可稱之爲全壓力，P_T(Total Pressure)，這裡"全"字的意義包括了流體內"靜"和"動"之和之故。伯努利公式在了解機翼的升力時非常有用，以後會談到。

5-4 等熵過程及可壓縮流體伯努利公式 (Isentropic Process and Compressible Bernoulli's Equation)

前面談過流體的速度超過 0.4 馬赫數時，流體的不可壓縮性的假設漸漸不適用了。此時流體的密度 ρ 不可以假設爲一常數了，而與流體的壓力、速度一同產生變化。爲了尋求在流體中密度與速度、壓力的關係式，我們必須求助於熱力學的定律與一些基本關係式，這些定律及關係式在一般基本熱力學 (Thermodynamics) 參考書籍中都可以找到。熱力學的第一定律 (First Law of Thermodynamics) 說：能量守恆定律即是說在一流體系統中，熱能 (Heat Energy) 與機械能或功 (Mechanical Energy or Work) 是相當及可以互換的 (Equivalent and Interchangeable)，這一定律也可以說一流體的內能 (Internal Energy) 是等於作用於此流體的熱能及機械能之和。

在介紹一些熱力學關係式以前，我們必須先了解一個抽象的觀念，此即是等熵過程 (Isentropic Process)，在熱力學中，首先介紹一個物性稱之爲熵 (Entropy)，並且認

爲世界上任何動作或過程都是增熵過程，即是任何一過程，其 Entropy 都是增加的，唯一不增加熵的過程稱之爲 (Isentropic Process) 等熵過程，但此過程必須符合下列兩條件：

1. 此過程中必須沒有熱傳入或逸出，即絕熱過程 (Adiabatic Process)。
2. 此過程中必須是可逆過程 (Reversible Process) 即表示此過程中沒有因爲黏滯度 (Viscosity)，而產生摩擦力或因摩擦而產生熱能。

因此等熵過程即是說此過程必須是絕熱和可逆的才成立，(Adiabaticand Reversible Process)。在一般的空氣動力學範圍內，絕大多數問題是等熵過程，當然在高速航行時，尤其是超音速飛行時，在震波 (Shock Wave) 附近的氣體運動時，等熵過程的假設就不太對了，同時在邊界層內 (Inside the BoundaryLayer) 等熵過程也不適用。

在等熵過程假設下熱力學告訴我們在流場內一流線上兩不同點之壓力與密度關係可書寫爲：

$$\frac{P_2}{P_1}=\left(\frac{\rho_2}{\rho_1}\right)^{\gamma} \text{等熵氣體公式} \tag{5-13}$$

這裡 γ 是一熱力學的重要氣體參數，定義爲 $\gamma=\dfrac{C_P}{C_V}$，即等壓比熱，C_P，除以等容比熱，C_V，對空氣而言，$\gamma = 1.35 \sim 1.4$ 是一溫度的函數，但變化不大。通常用 $\gamma = 1.4$ 就可以了。

如再藉助氣體公式 (5-1)，等熵氣體關係可書寫爲：

$$\frac{P_2}{P_1}=\left(\frac{T_2}{T_1}\right)^{\frac{\gamma}{\gamma-1}} \tag{5-14}$$

$$\frac{\rho_2}{\rho_1}=\left(\frac{T_2}{T_1}\right)^{\frac{1}{\gamma-1}} \tag{5-15}$$

再考慮能量守恆定律：

$$C_P T_1+\frac{V_1^2}{2}=\text{常數}=C_P T_T=C_P T_2+\frac{V_2^2}{2} \tag{5-16}$$

如同壓力一樣，T 稱之爲靜溫度 (Static Temperature)，T_T 稱之爲“全”溫度 (Total Temperature)，1 和 2 是沿流線上兩個不同位置點。

再回到公式 (5-11) 歐拉公式，這時將密度用等熵氣體關係放入積分內，積分後可得：

$$\frac{\gamma P_T}{(\gamma-1)\rho_T}\left(\frac{P}{P_T}\right)^{(\gamma+1)/\gamma}+\frac{V^2}{2}=\frac{\gamma}{(\gamma-1)}\frac{P_T}{\rho_T} \tag{5-17}$$

公式 (5-17) 稱之爲可壓縮流之伯努利公式，因爲此時密度並未認爲是一常數，請注意，P_T、ρ_T，是在“全”的狀態下的數值即是 $V = 0$ 的狀態，即是流體在靜止的狀態。

5-5 可壓縮氣體公式 (Compressible Flow Equations)

沿一流線上，能量守恆定律如公式 (5-16)，再加上聲音在空氣中之速度，V_S 可以下式計算：

$$V_S=\sqrt{\gamma RT}$$

以及其他熱力學之關係式；例：$C_P=\left(\frac{\gamma}{\gamma-1}\right)R$，則公式 (5-16) 可簡化爲：

$$\frac{T_T}{T}=1+\frac{\gamma-1}{2}M_1^2 \tag{5-18}$$

此地，　$M_1=\frac{V_1}{V_S}=$ 馬赫數

再代入等熵過程之氣體公式 (5-13)、(5-14) 及 (5-15)，我們可以得到下列兩個極爲有用的可壓縮氣體之流體公式：

$$\frac{P_T}{P}=\left(1+\frac{\gamma-1}{2}M_1^2\right)^{\gamma/(\gamma+1)} \tag{5-19}$$

$$\frac{\rho_T}{\rho} = \left(1 + \frac{\gamma - 1}{2} M_1^2\right)^{1/(\gamma-1)} \tag{5-20}$$

請注意公式 (5-17)、(5-18) 及 (5-19) 在可壓縮之流體中極為有用。但必須符合等熵過程的兩條件：即絕熱與可逆性。這些公式適合在任何一流線上或流管中 (Streamtube) 同時亦適合任何風洞的通管或發動機，火箭的流道中應用。例如在渦輪發動機之壓縮過程中，我們通常先假設此一過程為等熵過程，用公式 (5-17)、(5-18) 及 (5-19) 先粗估氣體在受壓過程中之溫度、壓力及密度的變化，然後再修正等熵過程假設之誤差。如此則將一複雜的受壓過程簡化為可計算的過程了。

5-6 聲音在空氣中之速度、馬赫數、空氣之可壓縮效應

聲音是以一種微小的壓力波方式在空氣中傳動，如假設空氣為一理想氣體，則聲音的速度可書寫為：

$$V_S = \sqrt{\gamma RT}$$

所以在海平面標準大氣狀況時；$T = 288.15$ K，$\gamma = 1.4$，$R = 287.05$ Nm/kgK，則 $V_S = 340.29$ m/s，即每秒 340.29 公尺，如用英制則 $T = 460 + 58.6\ ^\circ F = 518.6^\circ R$，$R = 1718$ ft-lb/slug°R，$V_S = 1116.94$ ft/s，即每秒 1116.94 英呎，約 761 miles/hour，再介紹一簡易而有用的參數，馬赫數 (MachNumber)，M

$$M = \frac{V}{V_S}$$

即是氣體的本身速度 V，除以聲音在當時情況空氣中之速度，V_S，馬赫這個字 Mach，是紀念奧地利的科學家，Ernst Mach 而命名的。

前面已談過空氣的可壓縮性大約在馬赫數 0.4 的時候已經不太對了，也就是說當空氣速度在 0.4 馬赫以上時，空氣不可再假設為不可壓縮了，即 ρ 密度是個變數而不可視為常數了，所以在海平面，$M = 0.4$，$V_S = 76$ mph，空氣速度，V 約為 301 mph，就是說空氣或是飛機速度在每小時 250 到 350 英哩時，計算或設計時空氣之壓縮性

必須要考慮進去的。

由不可壓縮氣體之伯努利公式 (5-12) 可得：

$$P_T = P + \frac{\rho}{2} V^2$$

又因音速 $V_S = \sqrt{\gamma RT}$ ，及理想氣體公式，$P = \rho RT$ 代入公式 (5-12) 中，可得

$$P_T = P + \frac{\gamma}{2} PM^2 = P\left(1 + \frac{\gamma}{2} M^2\right) \tag{5-21}$$

又由可壓縮氣體伯努利公式 (5-18)

$$\frac{P_T}{P} = \left(1 + \frac{\gamma - 1}{2} M^2\right)^{\frac{\gamma}{\gamma - 1}}$$

此式之右邊可依代數中之二項定律展開爲多項式，可得

$$P_T = P + \frac{\gamma\rho}{2} M^2 \left[1 + \frac{M^2}{4} + \frac{M^4}{12}\left(1 - \frac{\gamma}{2}\right) + \frac{M^6}{48}\left(1 - \frac{\gamma}{2}\right)\left(\frac{3}{2} - \gamma\right) + \cdots\cdots\right]$$

對空氣而言，$\gamma = 1.4$，則上式可書爲，

$$P_T = P + \frac{\gamma}{2} PM^2 \left(1 + \frac{M^2}{4} + \frac{M^4}{40} + \frac{M^6}{1600} + \cdots\cdots\right) \tag{5-22}$$

因此式由可壓縮氣體伯努利式導出，我們可書

$$P_T = P_{TComp}$$

則上式爲

$$P_{TComp} = P + \frac{\gamma}{2} PM^2 \left(1 + \frac{M^2}{4} + \frac{M^4}{40} + \frac{M^6}{1600} + \cdots\cdots\right) \tag{5-23}$$

而公式 (5-20) 爲不可壓縮氣體伯努利公式導出，我們可書 $P_T = P_{TinComp}$，則

$$P_{TinComp} = P + \frac{\gamma}{2} PM^2 \quad (5\text{-}24)$$

於此，我們可以看見早先我們假設空氣是不可壓縮的，早先也介紹過這個假設隨空氣的速度或馬赫數的增加而越來越不準確，我們早先說當馬赫數在 0.4 以上時，空氣的密度不能假設爲一常數了，我們可以看出公式 (5-22) 右邊括號內爲一馬赫數的函數，當 M 小於 1.0 時，括號內數字是非常小的，也就是說當 $M \leqq 0.4$ 時，其誤差是可以不計較的。

因爲在風洞試驗中，通常都是量全壓力 (Total Pressure) 通常都是用皮托管量取的 (Pitot Tube)，因此可以看看空氣可壓縮性之效應有多大 (Compressibility Effect)，我們可以將公式 (5-13) 除以公式 (5-23) 則可得 P_{TC} / P_{TINC}，爲 – M 之函數，而以圖 5-6-1 表示。如圖示：當 $M = 0.4$ 時，$P_{TC} / P_{TINC} = 1.004$ 即可壓縮性效應約爲 0.4%，非常微小可略爲不計。又當 $M = 0.8$ 時，$P_{TC} = 1.05P_{TINC}$，此時誤差約爲 5%，則相當多了，當 $M \geq 1.0$ 其誤差則在百分之十以上了，相當嚴重了。

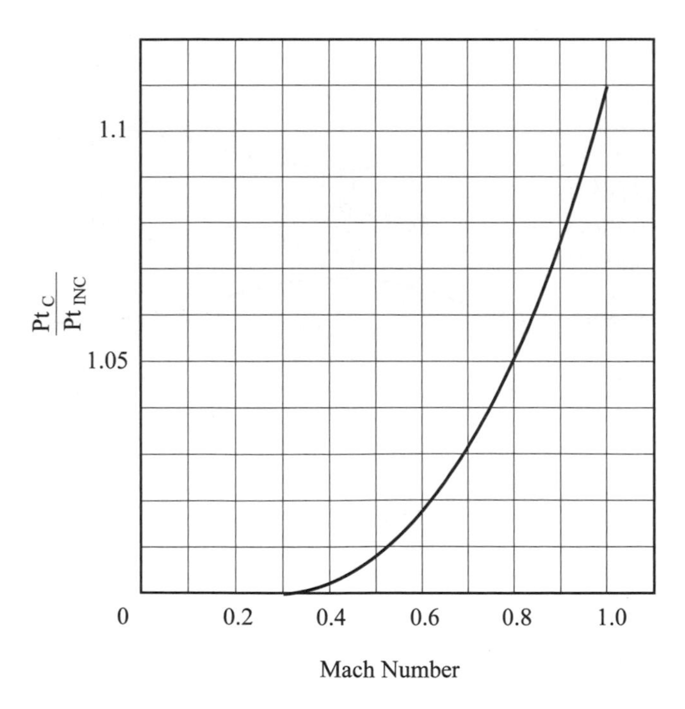

▲ 圖 5-6-1　空氣壓縮效應隨空氣流速而增加

5-7 伯努利公式應用實例

我們已經很清楚伯努利公式了。它有兩種形式出現，一種是假設氣體或流體是可以壓縮的，一種是假設流體是不可以壓縮的，在大都情況下，假如空氣速度不是很高時，例如在每小時 300 浬以下時，我們可以用不可壓縮伯努利公式來計算流場內的壓力與速度的變化，請看下面幾個例子：

例一

請參看圖 5-7-1，流體在一流管中流動，自①點流向③點，①與③點之截面積大致相等，但在②點時，面積減少許多，圖中箭頭表示流體壓力大小及方向，尤其在點②時，因由質量守恆定律即流量公式算出點②之速度增大，即是 P_d，動壓力，$\frac{\rho}{2}V^2$ 加大，由伯努利公式，因 $P_s + P_d = P_T =$ 常數，同理在圖 5-7-1 的下部，顯示出數字，全壓力 = 2150 PSF，而由於不同點，不同流管面積而有不同流體速度，而有不同的靜壓力及動壓力之分配。

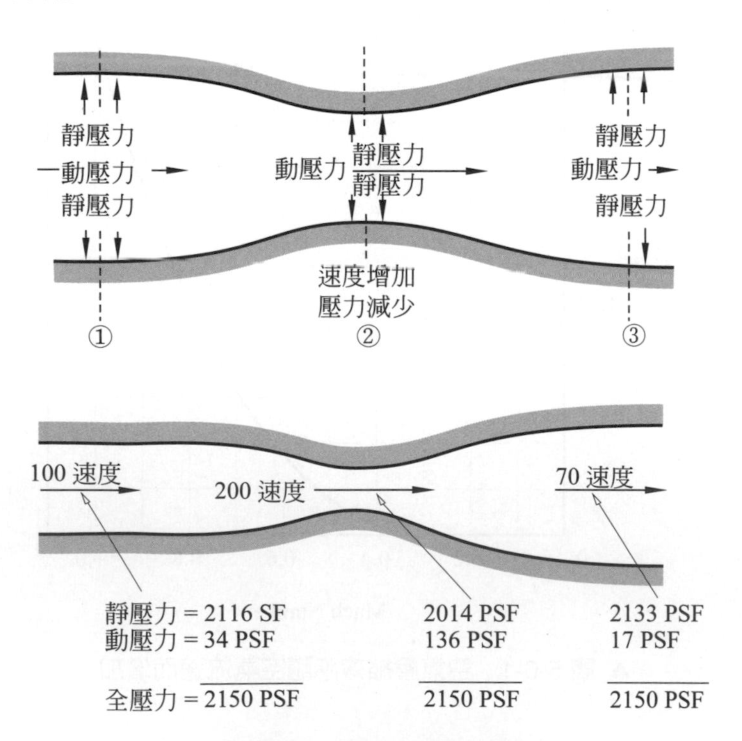

▲ 圖 5-7-1 (上)流體在流管中流動情況，注意流管截面積變化；(下)伯努利公式應用實況，$P_s + P_d = P_T =$ 常數

例二

請參閱圖 5-7-2，顯示一飛機的機翼切面積，此時飛機的速度爲每小時 220 浬，或 220 m/H，大氣壓力爲 2116 lb/ft²，大氣溫度爲 80 °F，此時在機翼的上表面某點測得空氣流速爲 260 m/H，在下表面測得某點爲 200 m/H。

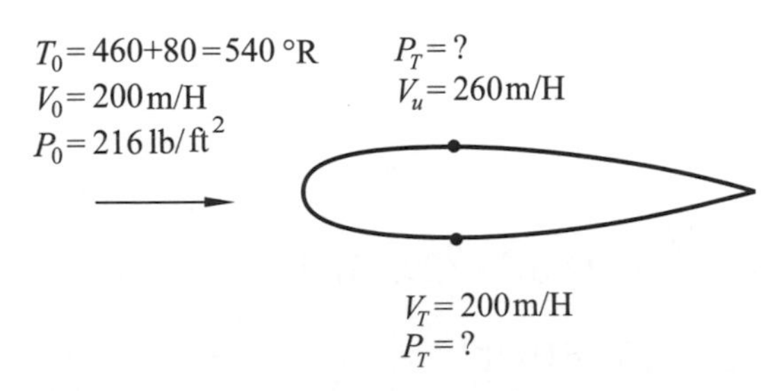

▲ 圖 5-7-2 伯努利公式應用實例 (飛行中之機翼)

(2-1) 計算上及下表面某點之壓力。

此題例資料均爲英制單位，必須在計算之前先行單位轉換，欲計算壓力則可用兩種伯努利公式計算，然後可以比較此時空氣之可壓縮性效應。其單位首先弄清楚：

$$T_0 = 460 + 80 = 540°\text{R}$$

$$V_0 = 220 \text{ m/H} = 220 \times \frac{88}{60} = 322.6 \text{ ft/sec}$$

$$P_0 = 2116 \text{ lb/ft}^2$$

$$\rho_0 = \frac{P_0}{RT_0} = \frac{2116}{(1718)(540)} = 0.00228 \text{ slug/ft}^3$$

$$P_u = ?$$

$$V_u = 260 \text{ m/H} = 381.3 \text{ ft/sec}$$

$$P_T = ?$$

$$V_T = 200 \text{ m/H} = 293.3 \text{ ft/sec}$$

此地， 0 代表大氣之平穩狀態 (Uniform Stream)

u 代表上表面機翼

l 代表機翼下表面

我們先利用不可壓縮伯努利公式，或公式 (5-12)，則可得，上面壓力：

$$P_u = P_0 + \frac{\rho}{2}(V_0^2 - V_u^2)$$
$$= 2116 + 0.00228[(322.6)^2 - (381.3)^2]$$
$$= 2116 - 47.1 = 2068.9 \text{ 1b/ft}^2$$

下表面壓力：

$$P_l = 2116 + \frac{0.00228}{2}[(322.6)^2 - (293.3)^2]$$
$$= 2116 + 20.6 = 2136.61\text{b/ft}^2$$

我們再用可壓縮伯努利公式，或公式 (5-17) 來計算壓力，在這之前，我們必須先計算出 P_T 及 ρ_T，利用公式 (5-19) 及 (5-20) 計算出空氣在"全"狀況下的壓力及密度：

$$P_T = P_0\left(1 + \frac{\gamma - 1}{2}M^2\right)^{\gamma/\gamma-1} = 2166(1 + 0.2M_0^2)^{3.5}$$

此時空氣的音速

$$V_S = \sqrt{\gamma RT} = \sqrt{(1.4)(1718)(540)} = 1140 \text{ ft/sec}$$

則馬赫數

$$M_0 = \frac{V_0}{V_S} = \frac{322.6}{1140} = 0.283$$

則 $$P_T = 2116[1 + 0.2(0.283)^2]^{3.5} = 2116(1.0572) = 2237 \text{ 1b/ft}^2$$

由公式 (5-20)，可得

$$\rho_T = \rho_0[1 + 0.2(0.283)]^{\frac{1}{\gamma-1}} = 0.00228(1.016)^{2.5} = 0.00237 \text{ slug/ft}^3$$

由公式 (5-17) 可壓縮伯努利公式，可計算出

$P_u = 2069.2\ \text{lb/ft}^2$

$P_l = 2135.8\ \text{lb/ft}^2$

此時，我們可以看出由可壓縮伯努利公式或不可壓縮伯努利公式計算出之壓力相差無幾，也就是我們早先說假設空氣是不可壓縮的是正確的，但此假設只適合在低速飛行時，即是馬赫數在 0.4 以下時，此時之飛行速為 0.283 馬赫，證明了我們先前的說法。

(2-2) 假設此機翼之上、下表面上之某點壓力 (如上題計算) 能代表此機翼上下表面之平均壓力 (Average Pressure) 請計算此機翼之上下表面之升力如何 (Lift Force Per Unit Airfoil Area)，每單位面積機翼之升力)。

我們已計算出機翼上及下表面之平均壓力，因此對大氣壓力而言，此機翼之升力可計算如下：

上表面：升力 = (壓力差) × (面積) = $(P_u\ P_0) \times (1) = 47.1\ \text{lb/ft}^2$

下表面：升力 = $(12136.6 - 2116)(1) = 20.6\ \text{lb/ft}^2$

則此機翼提供之總升力為上下表面之和。

則每單位機翼面積之總升力為

$47.1 + 20.6 = 67.7\ \text{lb/ft}^2$

如此機翼之總面積為 100 平方英呎則總升力為

$67.7 \times 100 = 6770$ 磅

參考資料

Ref.1：Shevell, Richard S. “Fundamentals of Flight” second Edition,prentice-Hall, Inc. New Jersey, 1979。

Ref.2：Liepmann, H.W. “Aerodynamics of a Compressible Fluid”, Wiley, New York, 1947。

Ref.3：McCormick, B.W. “Aerodynamics and Flight Mechanics”, Wiley, New York, 1979。

風洞與實驗空氣動力學

前言

本章將介紹風洞的種類及目的以及做實驗時的必要條件，至於各類風洞的設計、建造以及操作方法則因限於篇幅不能詳述。

6-1 風洞的種類與特殊點

風洞 (Wind Tunnel) 用 WT 代表，是空氣動力學的研究工具。風洞是一種產生人造氣流的管道，用於研究空氣流經物體所產生的氣動效應。風洞除了主要應用於汽車、飛行器、導彈 (尤其是巡弋飛彈、空對空飛彈等) 設計領域，也適用於建築物、高速列車、船艦的空氣阻力、耐熱與抗壓試驗等。

風洞的分類是以在試區內的空氣速度而定。其氣速可以低於聲音速度或相等於音速或超過音速而分，因此有下列分類。

1. 次音速或低速風洞 ($M \leqq 0.5$)(Subsonic WT)。
2. 穿音速風洞 ($0.8 \leqq M \leqq 1.2$)(Transonic WT)。
3. 超音速或高速風洞 ($M \geqq 1.5$)(Supersonic WT)。
4. 倍音速或極音速風洞 ($M \geqq 6.0$)(Hypersonic WT)。

圖 6-1-1 顯示出美國加州理工學院 (CIT) 的低音速風洞。這個風洞建造於 1930 年代，試驗區有 10 英呎直徑，最高試驗氣速為每小時 200 英浬，約可至馬赫數 0.33 是相當低的低速風洞了。這種風洞設計稱之為封閉式 (Closed End Type) 也就是說氣流經過試驗區後仍然回流再至試驗區，主要是節省動力因為推動這些氣體是需要馬力，如圖下方就是鼓動氣體的巨型風扇是用電力馬達驅動的，再者風洞的流動管道均在 20 英呎直徑以上，如此之龐然大物主要也是在節省動力，管徑大則氣流速度小，所需動力亦小之故。但每試驗一次，仍需一萬匹馬力以上。我國在台中航發中心也擁有一座低速風洞與圖 6-1-1 所示非常接近，不過試驗區面積較小一點但試驗速度則可達馬赫數 0.6 左右。

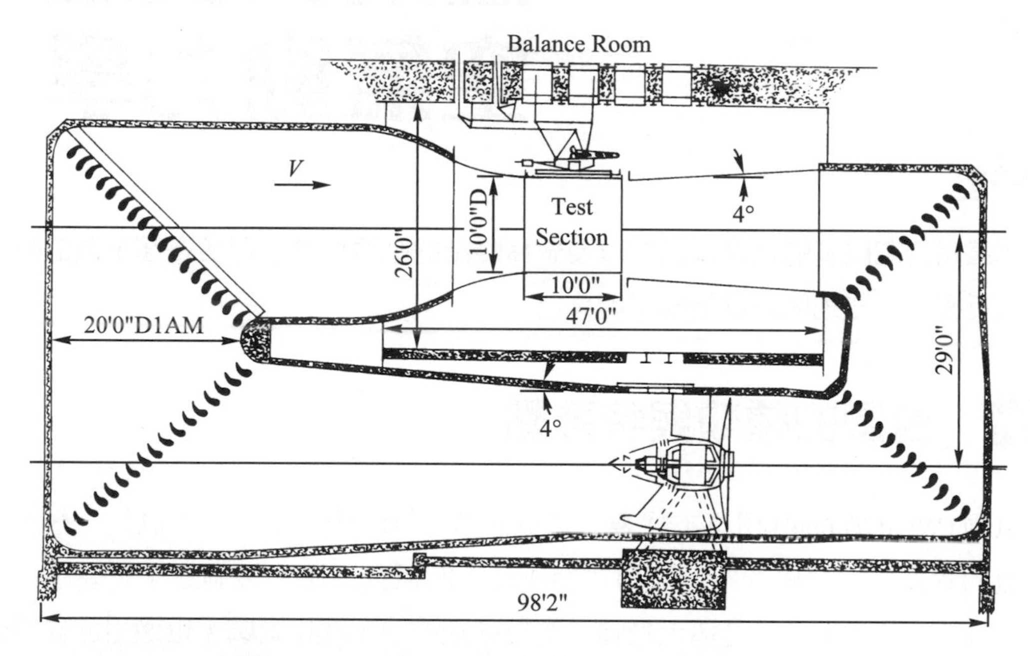

▲ 圖 6-1-1　美國加州理工學院的低速 (次音速) 風洞

大家還記得在本書第一章介紹過 1903 年萊特兄弟試驗他們世界上第一架動力飛行的飛行器時即試驗過許多不同形狀的機翼，他們的風洞建造於 1901 年是用木板四邊釘起的粗簡風洞，只有 6 英呎長，試驗區只有 16 英吋 × 16 英吋，氣流是由 2 片葉片的風扇鼓動，而是由一柴油機驅動，氣流流過試驗區後就不要了，就吹至外面去了，這種形式我們稱之為開放式 (Open-End Type)。這個古老風洞曾替萊特兄弟建立了不少的飛行數據，它如今仍置放在美京華盛頓特區的博物館內任人憑弔。

目前，世界上最大試驗區面積的風洞大概是在 1944 年在加州太空總署的愛默士研究中心的低速風洞 (NASA-Ames Reaearch Center) 開始建造其試驗區橫切面積爲 40 英呎 × 80 英呎後又擴建成爲 132 英呎 × 176 英呎，但其最高吹速爲每小時 265 英浬，約合 0.44 馬赫數。像如此大的試驗區，一般小型的飛機或 1/2 全尺寸的大型運輸機都可以吹試了，在 1981 年這個風洞修改成爲 80 英呎 × 120 英呎的試驗區，主要是來試全尺寸的垂直或短場起降飛機用的 (V/SLOT)(Vertical/short Take off and Landing)。

通常我們稱高速風洞，大概是試驗區的氣流速度在馬赫數 0.6 以上皆歸類於高速風洞。成功大學航空太空研究中心有一供研究用穿音速風洞，屬開放間歇型式，試驗區截面爲 60 cm × 60 cm，馬赫數範圍爲 $0.2 < M < 1.4$，一般而言，高速風洞皆需要高的動力，吹試一小時費用很高，因此一般研究機構或是大學就不多見了。

圖 6-1-2 介紹一座穿音速風洞 (Transonic WT)，其試驗馬赫數在 1.0 的左右，這個風洞也建在愛默士研究中心，其試驗區面積爲 11 英呎 × 11 英呎，這個風洞有預先加壓了的空氣貯藏在 4 個氣槽內，試驗時才放出這些已高壓的乾空氣，這種預壓式的作法主要目的是在提高在試驗區內的雷諾數 ($\rho Vl/\mu$)，因爲加壓，所以 ρ 值加大。

(a)

▲ 圖 6-1-2 (a)(b) 加州太空總署的愛默士研究中心的低速風洞

(b)

▲ 圖 6-1-2 (a)(b) 加州太空總署的愛默士研究中心的低速風洞 (續)

如此則 *RN* 提高與飛行時之 *RN* 相等或相近。如此則可以試較小尺寸的模型，因 ρ 增加則 l 可以相對減小之故。因爲通常飛行時之 *RN* 都非常高，因此要配合如此高的 *RN* 則必需提高空氣的 ρ，則必須在風洞中加壓，但不可加壓得過份，因爲整個風洞的結構必須能承受如此高的壓力。我國航發中心有一座高速風洞是屬於超音速風洞 (Supersonic WT)，具有兩個大的儲氣槽，可加壓至 600 psia 以上，吹試時將此儲存的乾空氣逸放出，經過一噴嘴 (Nozzle)，然後在噴嘴喉部的下方，可以得到馬赫數約 1.8 的高速氣流，但因儲氣槽不夠大，一次儲氣放完，大概可以試驗一分多鐘，要再試，則必須等待充氣後再來。但充壓氣源一次需要大概 2 小時，因此此類高速風洞稱之爲間歇式的 (Intermitted Type) 以示與連續式的有別 (Continuous Type)，超音速風洞另外尚有利用震波的下流有馬赫數大於 1.0 的區域，可以利用此區域作高速的試驗。這類風洞稱之爲 (Shock-tube Type) 震波管式。

上面說過爲了配合高空時飛行物的雷諾數 *RN*，另一個方法則是利用非常低溫的氣體，這是近年來逐漸採用的一個新的方法。因爲低溫則此時之聲音速度 $V_S = \sqrt{\gamma RT}$，也因而降低，如此則氣流速度 (試驗區內)，也相對降低因要配合相等之馬赫數 $M = V/V_S$ 之故，所以整個風洞的動力需求減少，因而節省許多。再者更重要的是密度 ρ 也因低溫而增加了，因而可以得到較高雷諾數。通常此類風洞利用低溫液態氮氣

氣 (Nitrogen) 做工作媒介，試驗區的溫度可以低到 115°K 或 207°R，在美國太空總署路易士研究中心有一座低溫高速風洞 (Cryrogenic WT)，即是以 N_2 爲工作氣體有 8.2 英呎 × 8.2 英呎的試驗區，馬赫數可以達到 0.2 到 1.2 區域，雷諾數可以達到 80×10^6 高値，(假設機翼弦長 1 呎)，但因有加壓的關係，每次試一次約須 120,000 匹馬力來驅動。

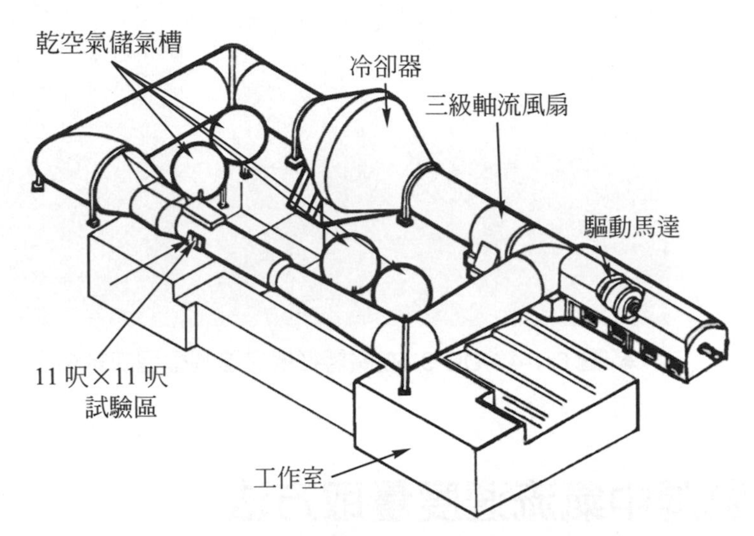

▲ 圖 6-1-3　美國太空總署愛默士研究中心的穿音速風洞

對高速風洞而言，建造費用以及操作費用應爲首要考慮條件，因此儘量傾向於間歇式，開放式以及不須加壓式的，如此開始建造費用低，同時以後吹試操作費用亦小。至於更高速度的風洞，所謂極音速或倍音速的風洞 (Hypersonic WT) 有公開資料公佈的就更少了，美國太空總署內的郎內研究中心 (NASA-Langley Research Center) 有兩個可試馬赫數 5.0-8.0 的極高速風洞，主要是用來發展太空梭用的。此外在俄羅斯、德國、法國、日本及中國也有馬赫數 5.0 以上的風洞報導。

圖 6-1-4 顯示一個廣體客貨機 DC-9-50 的模型在低速風洞中吹試的情形。可清楚看到伸到地板下的支架，在地板下有量秤可以量取模型上所受的升力及阻力。

▲ 圖 6-1-4 DC-9-50 廣體客機之風洞模型吹試情形

6-2 風洞中氣流速度量取方法

回憶第四章的伯努利公式，即在一流線上，其全壓力等於一常數而為流體中靜壓力與動壓力之和。或可書寫為

$$P_T = P_s + \frac{\rho}{2}V^2 = P_s + P_d$$

此地，P_T 是全壓力，也就是當速度等於零時的靜壓力。由此式可以看出動壓力，P_d 可以計算出，假如靜壓力 P_s 與全壓力 P_T 可以量測的話。由動壓力又可以計算出速度 V，當然此時的氣流密度 ρ 要先知道。

圖 6-2-1 的上圖表示了如何量取全壓力，P_T 以及量取全靜壓力差 $(P_T P_s)$ 的裝置，這個量取壓力差的裝置稱之為皮托管 (Pitot-static Probe)。

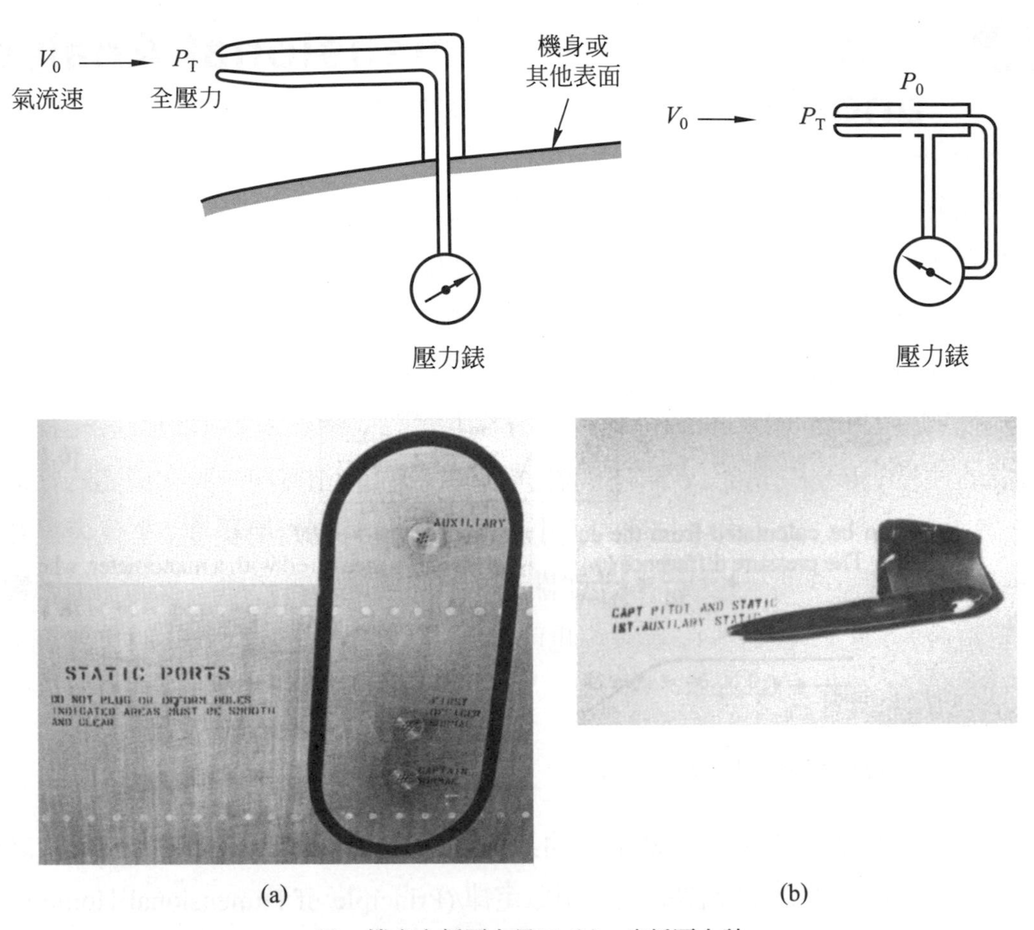

(a) (b)

(a)：機身上靜壓力量口 (b)：皮托壓力計

▲ 圖 6-2-1 風洞中量取空氣流速之皮托管 (Pitot-tube) 及機身上之應用

這些壓力計在風洞試驗中用得很多，尤其是皮托管用來量氣流速度非常方便，例如

$$V=\sqrt{\frac{2(P_T-P_s)}{\rho}}$$

在實用中，如能量取氣流中的靜壓力，則可由大氣氣流的壓力公佈數據可換算成離海平面的飛行高度，如圖 6-2-1 的下圖，左邊是 B727 機身上的靜壓力量取口，也就是飛行時的高度計的入口 (Altimeter)，右邊是量取飛行速度的皮托管 (Pitot-static Probe)。

6-3 次元分析及雷諾數(Dimensional Analysis and Reynolds Number)

次元分析是力學裡一個非常有用的分析方法，簡單的說就是某一物性可以一代數式來表示，此一代數式包含了一些變數 (Variable)，而這些變數在此代數關係式內必須有相同的次元。下面我們舉個例子看看：當一物體在空氣流體中運動時，最重要的是了解此流體流過物體時力的產生及力的作用，這是一個動態的問題 (Dynamic)，力是一個物性 (Physical Quantity) 是可以用若干變數或參數來表示的。首先我們考慮到流體的速度，V，和密度，ρ，一定會影響到力的大小和方向，其次流體的粘滯度，μ，一定也有某種影響，再者物體的大小尺寸及形狀，我們用長度 l 來代表尺寸，最後空氣的聲音速度，V_S，也與力脫不了關係。如此經過這番考慮，我們知道影響力的因素有這些，V、ρ、μ、l、V_S 等等，也可以完成一數學函數 (Function) 來代表，例如用 F 代表力 (Force)

$$F = \text{FUNC}\,(\rho、V、\mu、l、V_S) \tag{6-1}$$

到現在爲止，我們只知道力是受這些因素或變數影響，但並不知道這些因素之間的關係，這時我們就要借助所謂的次元相似定律 (Principle of Dimensional Homogeneity) 或是派 - 理論 (Pi-Theorem)，也就是說在一代數式中諸項因素組成一關係式時，其各項皆應有相同的次元。我們可以將公式 (6-1) 寫得更詳細一點，或更接近一般的代數式。

$$F = C_1\rho^a\mu^bV^cl^dV_S^e + C_2\rho^a\mu^bV^cl^dV_S^e + C_3\rho^a\mu^bV^cl^dV_S^e + \cdots \tag{6-2}$$

這裡，指數 a、b、c、d、e 是一些未定的數字，C_1、C_2 及 C_3……是一些未定的係數或是無次元的數字，但包含了物體的形狀影響在內。

由次元相似定律，告訴我們公式 (6-2) 中每項之次元必須相等，則

$$\text{DIMF} = \text{DIM}(\rho^a\mu^bV^cl^dV_S^e) \tag{6-3}$$

在力學領域內，只有三種次元，一是質量，M (Mass)，一是長度，L (Length)，一是時間，T (Time)。我們現在必須找出公式 (6-3) 內各因素或變數的次元，例如由力的定義，(牛頓力學)，

$$F = mV_a = (\text{質量}) \times (\text{加速度}) = (\text{質量}) \times (\text{速度}) / (\text{時間})$$

而

$$\text{速度} = (\text{距離}) / (\text{時間}) = (\text{長度}) / (\text{時間})$$

則

$$F = (\text{質量}) \times (\text{長度}) / (\text{時間})^2$$

則

$$\text{DIM } F = ML/T^2$$

再者，

$$\rho = \text{密度} = (\text{質量}) / (\text{體積})$$

所以

$$\text{DIM } \rho = M/L^3$$

對於粘滯度，μ 則較爲麻煩，必須先由其定義說起：

牛頓首先介紹了剪應力 (Shear Stress) 是說流體在接近物體表面時，其流速必定爲零，其速度再慢慢增加到與外界平穩的流速，那麼這個界內的薄層稱之爲邊界層 (Boundary Layer)，在邊界層內各流線之間均有一剪應力作用，也就是說流線之間有一種力牽拉著不讓流體流過去，這也是飛機機翼上產生阻力 (Drag Force) 的原因，再回到牛頓的定義，

$$\text{剪應力} = \tau = \mu\left(\frac{dV}{dy}\right) \tag{6-4}$$

此地，$\frac{dV}{dy}$ 是在邊界層內流體速度的梯度 (Velocity Gradient)，μ 嚴格的說是流體的一個特性，其大小顯示出流體的摩擦現象。粘性大的油 μ 數值就大，粘性小的水和空氣 μ 就小。

再來看看 μ 的次元如何：

$$\mu = \tau / \left(\frac{dV}{dy}\right) = \frac{(\text{力} / \text{面積})}{(\text{速度} / \text{長度})} = \frac{(ML/T^2)/L^2}{(L/T)L} = \frac{M}{LT}$$

我們希望把問題弄簡單一點，我們可以像以前一樣假設空氣是不可壓縮的，也就是說暫時忽略密度的變化，或是說聲音速度的影響可以不計，則在公式 (6-3) 中可

以把 V_S 因素去掉，如此公式 (6-3) 可書爲：

$$\text{DIM } F = \text{DIM } (\rho^a \mu^b V^c l^d) \tag{6-5}$$

將公式 (6-5) 中每個變數之次元代入，則可得，

$$\frac{ML}{T^2} = \left(\frac{M^a}{L^{3a}}\right)\left(\frac{M^b}{L^b T^b}\right)\left(\frac{L^c}{T^c}\right)(L^d) = \frac{M^{a+b} L^{c+d-3a-b}}{T^{b+c}}$$

上項公式兩邊同項之次元必須相等，則可得，

$$a + b = 1$$
$$c + d - 3a - b = 1$$
$$b + c = 2$$

由上三式可解得，$a = 1 - b$，$c = 2 - b$，$d = 2 - b$，如此則公式 (6-2) 中各項可書爲：

$$\rho^a \mu^b V^c l^d = \rho V^2 l^2 \left(\frac{\mu}{\rho V l}\right)^b$$

則公式 (6-2)，力的一般代數式可書寫爲：

$$F = \rho V^2 l^2 \left| \sum_i C_i \left(\frac{\mu}{\rho V l}\right)^{bi}\right. \tag{6-6}$$

此地，符號 $\sum\limits_i$ 爲總和之意，i 代表第 i 項，$i = 1$，2，3……。因此，由次元分析，我們得到了公式 (6-6)，即是說當一物體在流體中運動的時候，流體加諸於物體上的力可以由公式 (6-6) 來表示。也就是說這個力的大小與流體的密度及流體流過該物體的速度平方，V^2 以及該物體的某種面積 (飛機機身的截面積或機翼翼展面積)，l^2 成正比，同時此力之大小亦與 $(\mu / \rho V l)$ 關係式有關，這個關係式是一個非常重要的參數，因爲它是被 18 世紀時英國的流體力學科學家 Osborne Reynolds 所發現的，因此這個關係式倒過來寫成 $(\rho V l / \mu)$ 稱之爲雷諾數，RN (Reynolds Number)，或者，

$$RN = \rho V l / \mu = \text{雷諾數}$$

雷諾數的物理意義，我們可以把分子 (ρVl) 看成慣性力 (Inertia Forceor Kinetic Force)，而分母 μ 可代表粘滯力的大小或影響。例如很大數字的 RN 表示粘滯力的影響很小，或粘滯力很小。例如一般的空氣動力學裡問題 RN 數字都很大，常高到百萬以上，因此我們時常可以假設此時空氣氣流是沒有粘滯性的 (Non Viscons Flow)，使問題簡單許多。

又因為 μ 對空氣而言僅是溫度的函數，在大氣層中變化不大，所以對一般空氣動力學應付的問題，RN 可以當成一常數看待，如此在公式 (6-6) 中，

$$\sum_i C_i\left(\frac{\mu}{\rho Vl}\right)^{bi} = \sum_i C_i\left(\frac{1}{RN}\right)^{bi} \approx \text{常數}$$

為了方便起見，我們可以定義一個“力係數” C_F (Force Coefficient) 如下式：

$$\sum_i C_i\left(\frac{1}{RN}\right)^{bi} \frac{1}{2}C_F \tag{6-7}$$

這個“$\frac{1}{2}$”是為了方便而加進去的，下面可以看出，回到公式 (6-6)

$$F = \rho V^2 l^2\left(\frac{1}{2}C_F\right) = \frac{1}{2}C_{F\rho}V^2 A$$

這裡 $A = l^2$ 代表這個飛行物體的任何參數面積，例如飛機的機翼受力面積或是機身的前切面積 (Frontal Area) 均可。同時在上式中$\left(\frac{1}{2}\rho V^2\right)$這一項，我們一定仍記得在上一章談到的伯努利公式中的動壓力 (Dynamic Pressure)，這個動壓力的物理意義是相當於空氣流體單位體積內的動能 (Kinetic Energy)。這也是為什麼在公式 (6-7) 中我們加進了“$\frac{1}{2}$”就是為了要湊這個動壓力之故。

在風洞實驗中，我們通常都量取升力或是阻力 (Lift or Drag Force)，依理我們可以定義所謂升力係數及阻力係數如下：

$$C_L = \frac{\text{升力}}{\frac{1}{2}\rho V^2 A} = \text{Lift Coefficient} = \text{升力係數} \tag{6-8}$$

$$C_D = \frac{\text{阻力}}{\frac{1}{2}\rho V^2 A} = \text{Drag Coefficient} = \text{阻力係數} \tag{6-9}$$

請參閱圖 6-3-1，所謂升力，L，是飛機藉以上升飛離地面的力，它是與飛行的速度成 90° 的角度，升力主要是由於氣流流過機翼時，一部份在機翼的上表面流過，另一部份氣流流過下表面，如此上下兩部份氣流因機翼的形狀而流速不同，上表面流速較快，下表面之流速較慢，如此經過伯努利公式而產生上下表面之靜壓力不等，即上表面之壓力較小，而下表面之壓力較大，因此而產生了壓力差，再乘上機翼之面積則產生升力了。通常這個升力 L，是可以用飛機模型在風洞中量取出來的，測量時須先訂下此機翼模型與風速之相對角度，如圖 6-3-1 這個角度稱之為攻角 (Angle of Attack)，升力之大小隨攻角的位置而定，風洞測得的結果 L，再換算乘升力係數 C_L，大概如圖 6-3-2 所示的 C_L 曲線隨攻角，α 而變。同樣的理由，機翼所受到的阻力，D，與升力亦成 90° 角，阻力是與風速氣流方向相同的，亦是可以在風洞中量取的，其結果亦顯示在圖 6-3-2。即阻力係數 C_D，亦為攻角之函數。另外在圖 6-3-2 中，我們顯示了所謂升力與阻力比 L/D，這個參數十分有用，它顯示了這個機翼設計的好壞，同時亦提供了在飛行時操作的選擇，如飛行員可以選擇設定最佳化的攻角，來獲得最佳的 L/D。

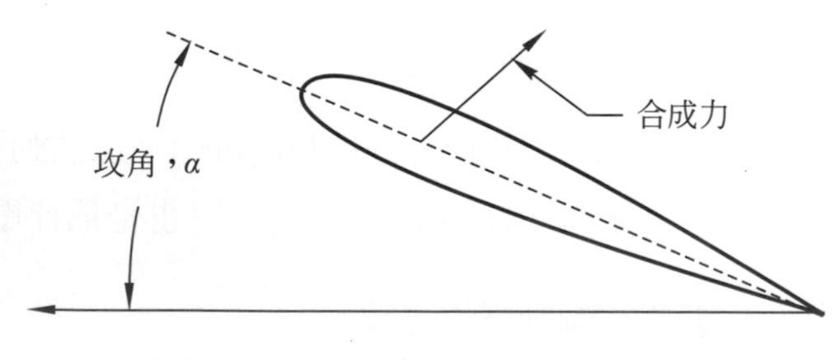

▲ 圖 6-3-1　飛機機翼之升力、阻力與攻角定義

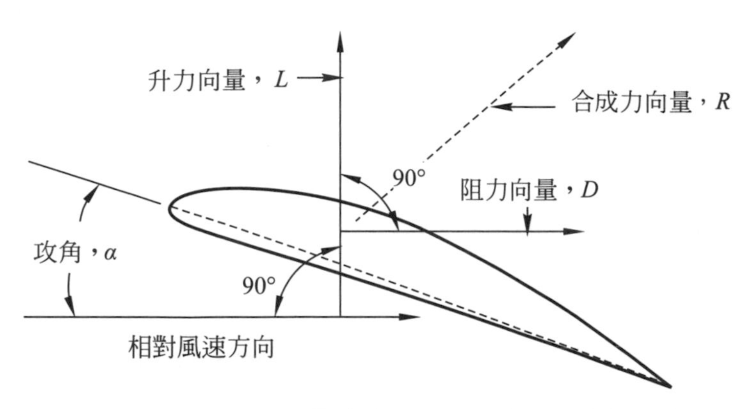

▲ 圖 6-3-1　飛機機翼之升力、阻力與攻角定義 (續)

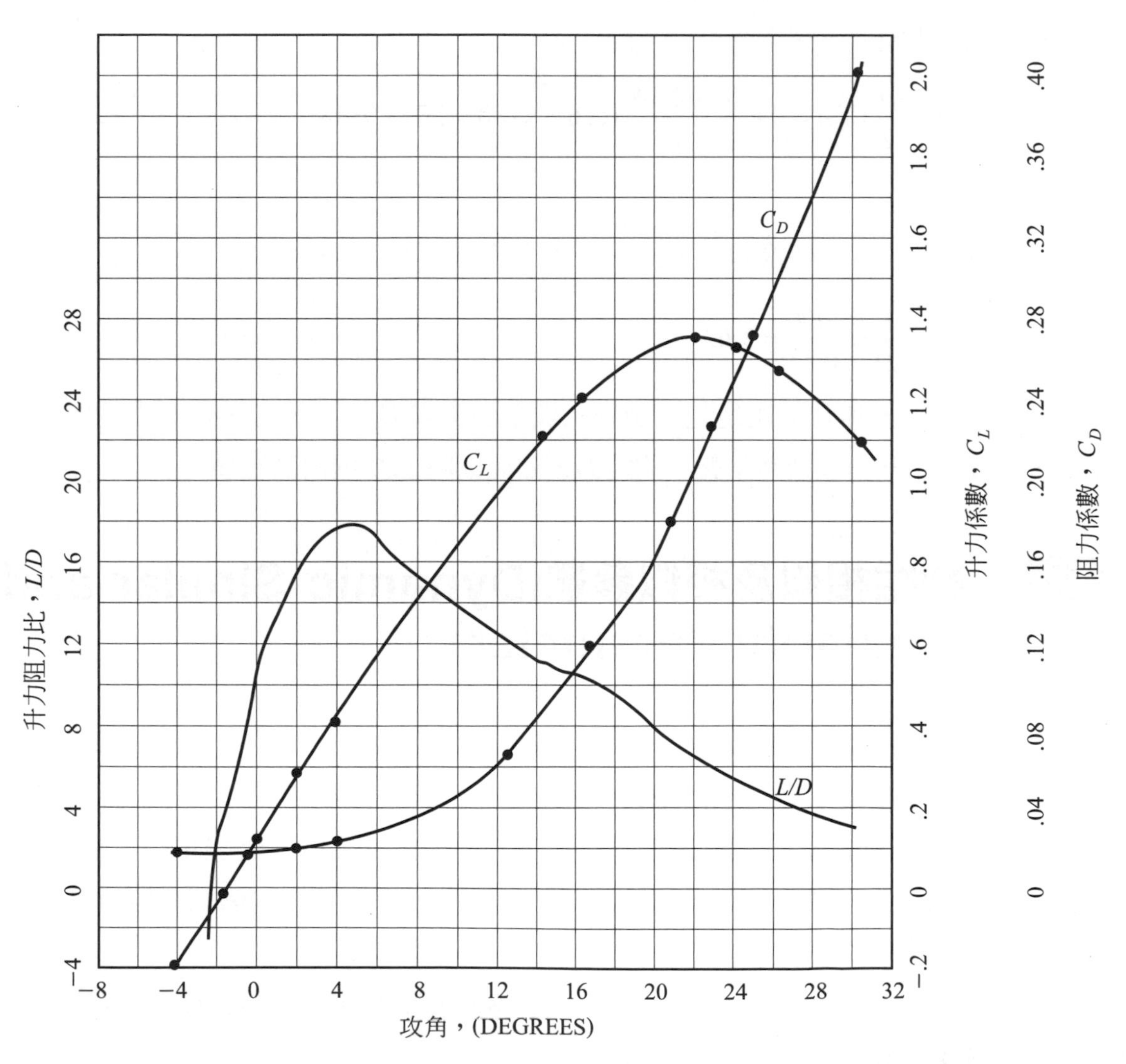

▲ 圖 6-3-2　機翼之升力係數、阻力係數及升阻比為攻角之函數 (風洞數據)

下面我們舉個計算升力和阻力的例子：

由風洞實驗中，設計好的機翼形狀可以設定攻角後，量取升力及阻力而得到例如圖 6-3-2 中 C_L 及 C_D 曲線。

例一　某一機翼面積為 180 ft^2 (16.7 m^2)

飛行速度 120 miles/Hour(176 ft/sec，53.6 meter/sec)

飛行高度 1000 ft(304.8 meters)，$\rho = 0.002309$ slugs/ft

$C_L = 0.4\ (\alpha = 4°)$(風洞測得數據)

$C_D = 0.11\ (\alpha = 4°)$(風洞測得數據)

則升力可計算出爲

$$L = C_L \frac{\rho}{2} V^2 A = 0.4 \frac{0.002309}{2} (176)^2 \times 180 = 2574.91\,\text{bs}$$

而阻力

$$D = C_D \frac{\rho}{2} V^2 A = 0.11 \frac{0.002309}{2} (176)^2 \times 180 = 707.61\,\text{bs}$$

此時升阻比則爲 $\frac{L}{D} = \frac{0.4}{0.11} = 3.63$

對機翼而言，其升阻比是越高越好，顯示出機翼設計之優劣，一個卓越機翼設計是產生較高的升力以及產生較小的阻力，如此則將 L/D 推向高數值。

6-4 動態相似及相似參數(Dynamic Similar and Similarity Parameter)

爲了取得飛行器在高空飛行時的受力情況必須借助於在風洞中作模型試驗。我們希望能儘量模擬出在高空飛行時的眞實情況，這種在風洞中模擬的情況稱之爲動態相似 (Dynamic Similar)，我們借助一些條件，希望能在風洞中產生如同在高空中物體受力的情況，這些條件在做風洞吹試時必須符合，不然做的實驗或是測得數據全然沒有意義。這些條件依序，

1. 模型與眞實物必須幾何相似 (Geometry Similar) 也就是說形狀及尺寸 (縮小的尺寸) 必須相似。

2. 模型與眞實物體的雷諾數必須相等，也就是說，

$$(RN)_{\text{模型}} = (RN)_{\text{飛行物}}$$

$$(RN)_{\text{模型}} = \left(\frac{\rho Vl}{\mu}\right)_{\text{模型}} = (RN)_{\text{高空}} = \left(\frac{\rho Vl}{\mu}\right)_{\text{飛行物}}$$

這裡模型是以風洞試驗區情況爲主，試驗區氣流之 ρ、μ 皆以此而定。l 可以是模型的機翼的平均弦長 (Wing Chord) 或是飛行物之全長皆可。高空則以飛行物在高空某點飛行時之大氣情況而定而 l 則爲飛行物之弦長或全長之眞實尺寸。

3. 模型與眞實物體的馬赫數必須相等

也就是說 $(M)_{\text{模型}} = (M)_{\text{飛行物}}$

因爲在導雷諾數時，也就是說省略了空氣的可壓縮性。因爲空氣的可壓縮性可由其馬赫數來代表或修正。因此用相等的馬赫數就可以彌補空氣可壓縮性的影響了。

當然如前章所述，在低速時或馬赫數在 0.4 以下時，這個條件可以不必考慮。但如在 0.6 以上時，就必須配合。

這裡，氣流的雷諾數及馬赫數，在做風洞試驗必須相等，通常稱之爲相似參數 (Similarity Parameter)。

6-5 翼切面壓力分佈升力之計算

氣流流過機翼切面的上下曲面時，因曲面的影響形成上下曲面的氣流流速不同進而形成不同的靜壓力 (由伯努利公式可估算出)，圖 6-5-1 表示一翼切面 NACA0010 的風洞數據這個是在切面上鑽許多與氣流成垂直的小孔，安裝上許多壓力計量取切面上局部的靜壓力 (Static Pressure) 圖中的小圓圈即是壓力計的安裝點實線是上曲面，虛線是下曲面，圖中之數據是在不同的攻角 (Angle of Attack) 下取得的，但圖中標示爲升力係數 C_l，但因 C_l 與攻角 α 成正比關係，所以當 $C_l = 0$ 即 $\alpha = 0$，$C_l = | 1.0$，$\alpha = 8°$，由圖 6-5-1 可以看出，當 C_l 或 α 增加時其壓力差 (即下曲面壓力減上曲面壓力) 亦增加，即顯示升力隨 α 增加而增大了。

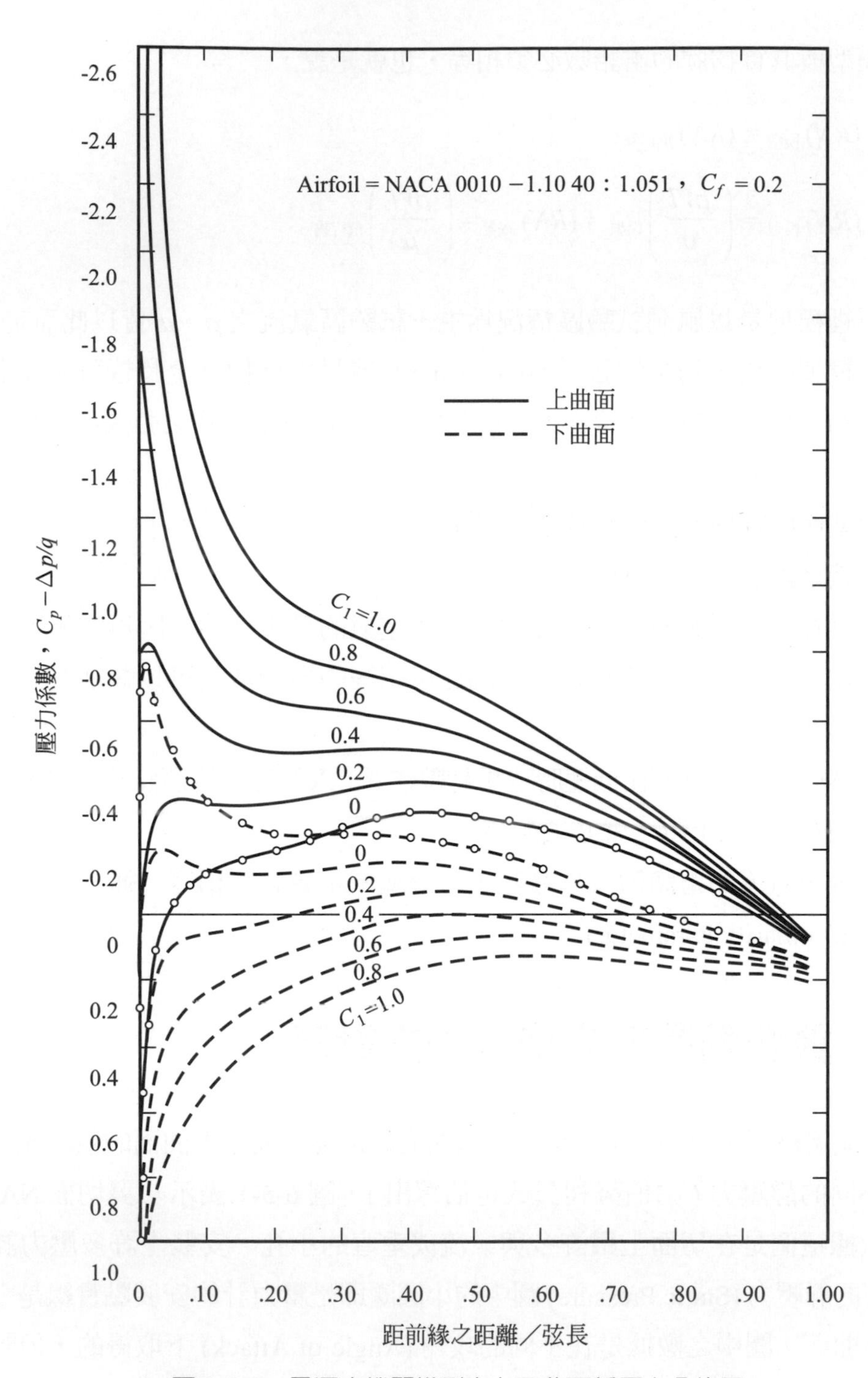

▲ 圖 6-5-1　風洞中機翼模型之上下曲面靜壓力分佈圖

請參閱圖 6-5-2 表示切面上之升力可由下式計算：由升力 = 壓力 × 面積，可得：

$$L' = \int_{LE}^{TE} P_l dx - \int_{LE}^{TE} P_u dx$$

或者

$$L' = 升力 = \int_{LE}^{TE} (P_l - P_u) dx \tag{6-10}$$

這裡　P_l = 下曲面之靜壓力

P_u = 上曲面之靜壓力

LE = 切面之前緣點

TE = 切面之後緣點

公式 (6-10) 可寫成升力係數，因

升力 = (升力係數) × 動壓力 × 機翼面積

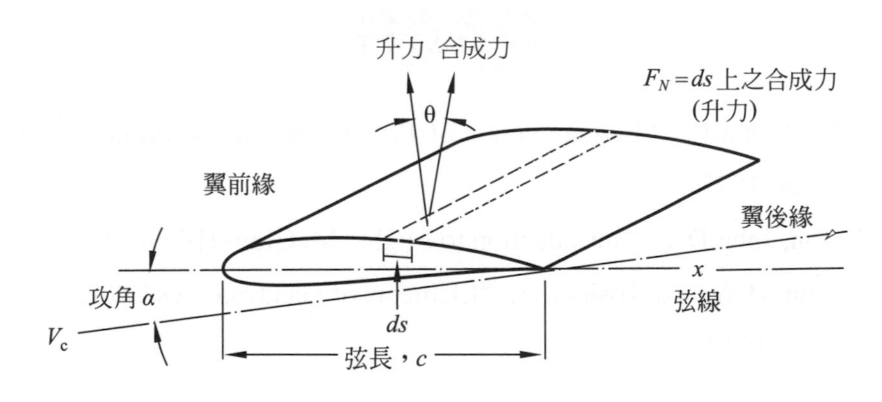

▲ 圖 6-5-2　機翼切面之升力定義

所以，$$C_l = \frac{1}{qC}\left[\int_{LE}^{TE} (P_l - P_u) dx\right] = \frac{1}{qC}\left[\int_{LE}^{TE} (P_l - P_0) dx - \int_{LE}^{TE} (P_u - P_0) dx\right]$$

或 $$C_l = \frac{1}{qC}\left[\int_{LE}^{TE} (C_{pl} - P_{pu}) dx\right] \tag{6-11}$$

這裡，q = 氣流之動壓力 = $\frac{\rho V_0^2}{2}$

C = 翼切面之弦長

$$C_{pl} = \text{下曲面上之壓力係數} = \frac{1}{2}\int_{CE}^{TE}(P_l - P_0)dx$$

$$C_{pu} = \text{上曲面上之壓力係數} = \frac{1}{2}\int_{VE}^{TE}(P_u - P_0)dx$$

P_0 = 平穩氣流之靜壓力 (Freestream Pressure)

V_0 = 平穩氣流之速度 (Freestream Velocity)

這裡所謂之平穩氣流情況是說氣流尚未受到飛行物體干擾時之狀況，例如在飛行物距離若干哩的地方氣流之流速保持平穩，即流線間沒有干擾，當然這是對飛行物相對而言，即 Relative Wind 或 RelativeVelocity 而言。

圖 6-5-1 之壓力分佈圖通常皆由風洞吹試時依不同的攻角試驗而得，當然亦可利用伯努利公式及切面之曲面條件計算而出，由這個壓力分佈圖就可以估算出這個切面之升力了，當然升力亦可由風洞吹試時之儀具量出 (量力計或是彈簧秤均可)。

參考資料

Ref.1：Shevell, Richard S. “Fundamentals of Flight” second Edition,prentice-Hall, Inc. New Jersey, 1979。

Ref.2 ：Anderson, John D. Jr. “Introduction to Flight” McGraw-Hill, New York, 1978。

Ref.3 ：Liepmann, H.W. and Roshko, A., “Elements of Gasdynamics”, John Wiley & Sons, New York, 1957。

飛行器材料

前言

飛行器或是飛機的材料包含非常廣泛，從早期的木料以及布帛等以迄於今日的金屬材料及複合材料，近年來航空材料漸漸由鋁合金演變為由碳纖維與樹脂類複合材料所結合而成的複合材料，相對於鋁合金而言，複合材料的重量更輕，強度更強，使複合材料漸漸成為航空器的主要材料，詳細的討論已超過了本書的範圍。本章將重點放置於較詳細的介紹今日通行的金屬材料，這包括了鋁合金及錳、鈦等合金，同時也介紹一些近日通用的複合材料以及將來可能的材料趨勢。

7-1 材料的基本性質

材料展現許多不同的性質通常可以歸類於三大類，即是機械性質、物理性質及化學性質。茲在下面介紹之：

一、機械性質

機械性質主要是材料的加工特性以及受力作用的反應等等。

金屬材料通常可以分爲兩大類，即塑性材料及彈性材料，所謂塑性 (Plasticity) 即材料可以在破裂或損壞之前可以變形者。塑性又可分爲兩種特性，則是延性 (Ductility)

與展性 (Malleability)，前者是材料在一種張力或拉力時可以變形，例如鋁或銅在受拉力時可以抽成細線或細絲的性質，而展性則是塑性材料在承受壓力或打擊時之變形特性，例如鋁或銅可在壓擠下展成細薄的薄材料，這個性質稱為展性。與塑性材料相反的稱為脆性材料 (Brittleness)，脆性材料在受力下不易變形而容易破裂為碎粒。

而彈性材料之彈性 (Elasticity) 是說一材料在受力下變形而當此外力移去時，該材料又可回復到原來未變形之形狀。而所謂之彈性限制 (ElasticLimit) 即是該材料之最大變形而仍能回到原來形狀者，當材料超過此限時，則材料之永久變形固定而即使外力去除，仍無法回到原來形狀了。這個彈性限 (Elastic Limit) 亦稱為比例限制 (Proportional Limit)，經過證明 (試驗方面) 物體之變形大小是與所受之力成正比，即是說受力大則變形亦大，當然這個比例是在彈性限內。這個應力與應變成正比的關係亦稱之為虎克定律 (Hooke's Law)。

所謂應力 (Stress)，可以說是材料本身的力量抵抗受外力時的反應，在圖 7-1-1 中，我們可以看到五種通常見到的應力，依受力的不同情形，可以分為張應力 (Tension Stress)、壓應力 (Compression Stress)、剪應力 (Shear Stress)、扭應力 (Torsion Stress) 及彎應力 (Bending Stress) 等。圖 7-1-2 及 7-1-3 表示張或拉應力及壓應力的試驗裝置，典型的剪應力則可由兩金屬平板由鉚釘或螺桿連接時，該兩平板左右受力拉伸，請見圖 7-1-1 剪應力部份，則該螺桿受剪應力，如此應力超過該材料之剪力強度 (Shear Strength)，則該螺桿會破損如同被剪刀剪斷一樣。

扭應力是作用在旋轉軸上，如一端固定而另一端掛上重物則軸上受到扭曲的應力，被扭的軸切面積上，則是受到一種張應力，壓應力及剪應力同時作用。

彎應力亦與扭應力相同，是張、壓、及剪三種應力共同作用。如材料為一圓桿，則在彎的外緣是受張應力，彎的內緣則為壓應力，而在圓桿中心處，則為張壓兩應力同時作用而形成剪壓力區。

應力通常以下列簡式計算之；即

$$f = P/S$$

這裡，f = Stress，Psi，Pounds Per Square inch

P = Force，Pounds

S = Area，$(\text{in})^2$

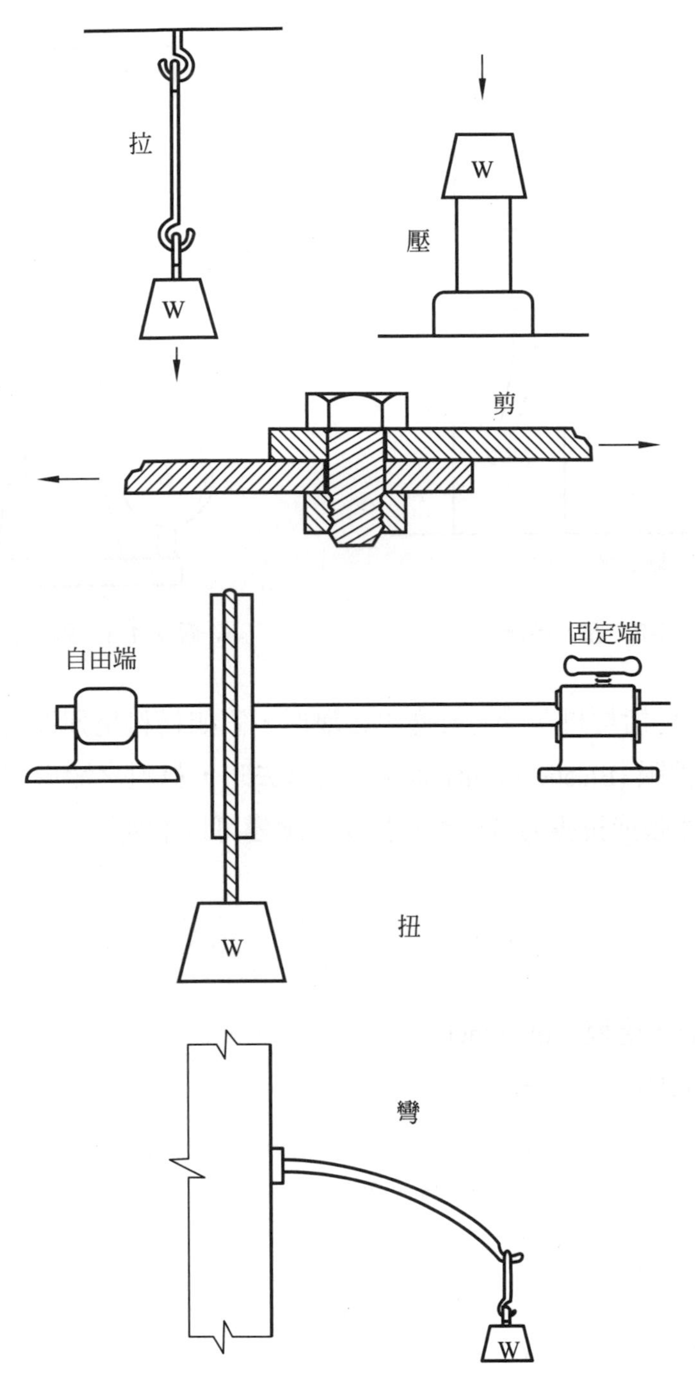

▲ 圖 7-1-1 五種不同的應力：張應力、壓應力、剪應力、扭應力、彎應力

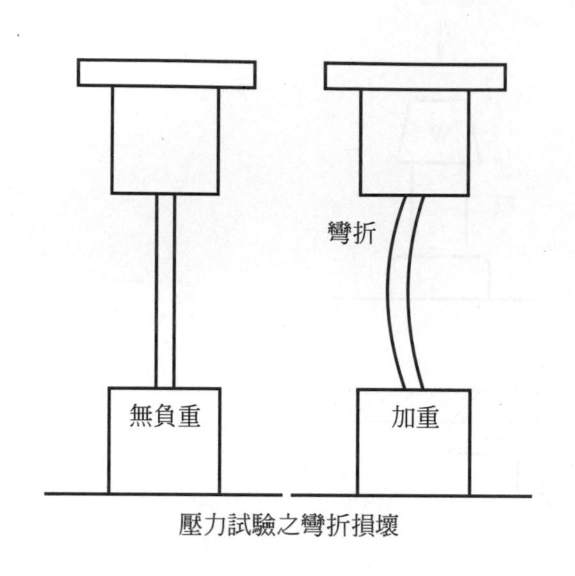

▲ 圖 7-1-2 壓力試驗

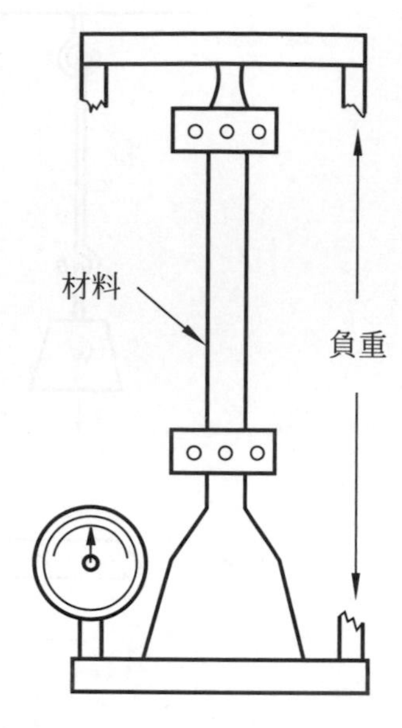

▲ 圖 7-1-3 張力或拉力試驗

應變 (Strain) 是指材料在受力後產生之變形，假如材料是彈性材料，那麼外加的應力未超過其彈性限 (Elastic Limit) 而在外力移去時，材料之變形消失而可以恢復至原來的形狀。例如張或拉應力會使材料拉長，應變可以下列簡式計算之：

$$e = \frac{\Delta l}{l}$$

這裡， e = Strain，應變，inch/inch

Δl = 伸長的部份，inch

l = 原來之長度，inch

例如：一圓桿在受拉力或張力時，伸長了一吋，而圓桿原長爲 100 吋，則在此張力或拉力下，其材料之應變爲

例如：一圓桿在受拉力或張力時，伸長了一吋，而圓桿原長爲 100 吋，則在此張力或拉力下，其材料之應變爲

e = 1/100 = 0.01 inch/inch

應力與應變是可以用試驗測量出來的，圖 7-1-2 及 7-1-3 表示了兩種應力的試驗設備示意圖，特定的材料試片或試桿，可以預知所加之力及承力的面積，以及測量

受力後的變形，試驗的結果通常可以應力 - 應變圖來表示材料之特性，如圖 7-1-4。垂直座標爲應力 (psi)，水平座標爲應變 (in/in)，得到的試驗結果可由一曲線表示，此一曲線稱之爲應力 - 應變圖 (Stress-strain Diagram)，由此曲線可以知道此材料之許多特性。此曲線開始時爲一直線，表示應力與應變成正比增加，正是虎克定律的區域，但當應力再增加時，增至彈性限度時 (Elastic Limit)，這一點表示直線關係終止，已經到了比例限度 (Proportional Limit) 了，自這一點開始，材料之永久變形開始，因爲已超過了材料之彈性限度，這一點在圖上用表示，此點又稱爲降伏點 (Yield Point)，這時候之應力值稱之爲降伏應力 (Yield Stress)，如圖中處，如再持續增加應力，超過其降伏應力，則應變會加速增加一直到材料破裂爲止，圖中 ⊗ 點，在材料破裂之前之應力稱爲最大應力 (Ultimate Stress)，如圖中Ⓒ處。在此特性圖中，自原點 O 到Ⓐ點，即直線比例部份稱爲彈性區域 (Elastic Range)，而自Ⓑ點到Ⓒ點部份稱之爲塑性區域 (Plastic Range)。

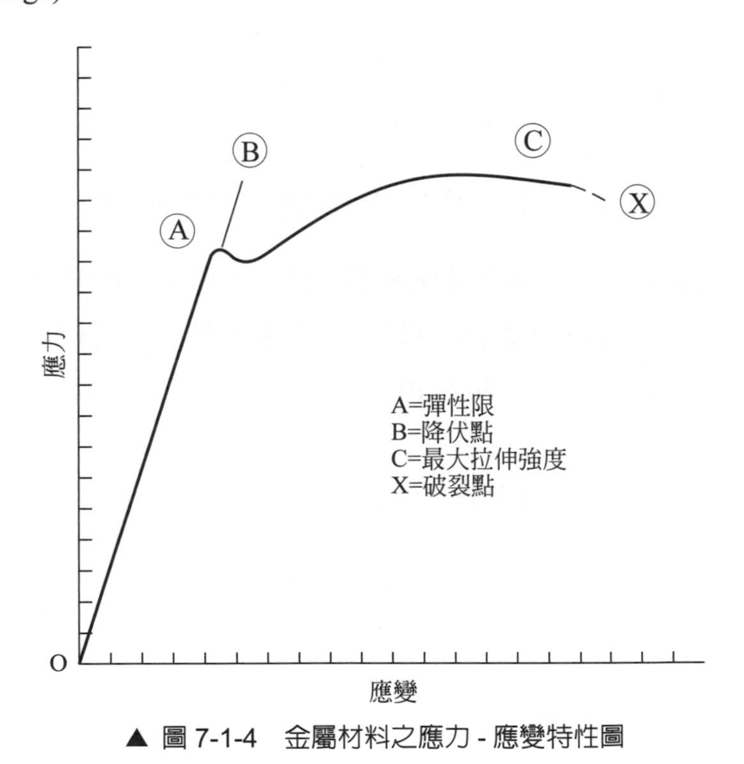

▲ 圖 7-1-4 金屬材料之應力 - 應變特性圖

了解應力 - 應變圖後，任何金屬材料皆可由此特性圖知道其機械性質。例如在圖 7-1-5 中有 4 種不同性質的材料特性曲線，材料 *A* 爲彈性材料沒有任何塑性性質，材料 *B* 與 *C* 可以說有相同的彈性區域或限度，但材料 *C* 剛超過降伏應力就不行了，或

者說材料 C 沒有塑性性質，即延性或展性皆缺乏。而材料 D 比材料 B 的彈性限度低但有相同的塑性區域。

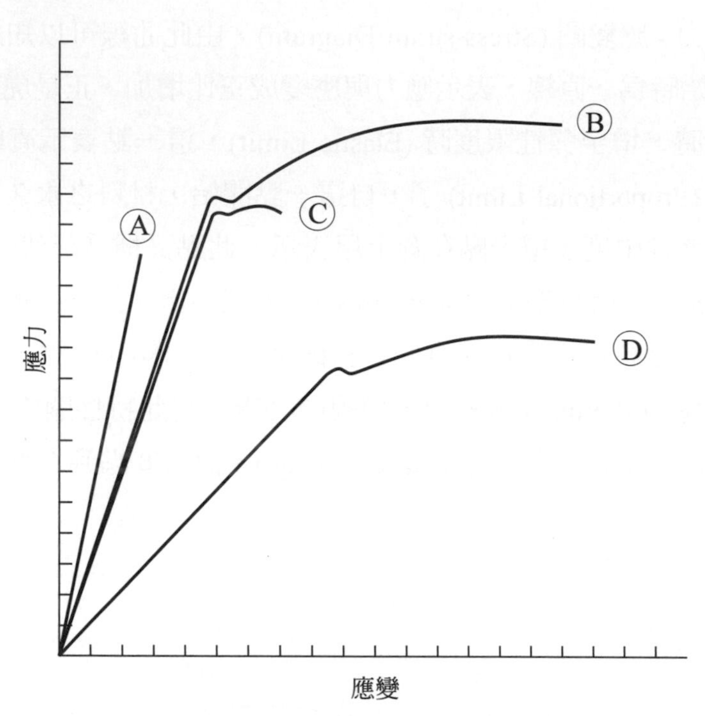

▲ 圖 7-1-5　四種不同材料之應力 - 應變圖比較

在特性圖中的直線部份，該直線與水平座標之夾角稱之為彈性模數 (Modulus of Elasticity)，或是由應力除以應變 (直線區內。這個模數之數值相當大，例如，鋁之彈性模數為 10×10^6，而鋼則為 30×10^6，而彈性模數之大小顯示這材料之強硬度 (Stiffness) 的大小。

圖 7-1-6 及 7-1-7 表示另兩種材料之特性曲線，一是具有延展性質之材料其降伏點不易試驗出，通常則以 0.002 永久變形之虛線與特性曲線交集點而定之。另外圖 7-1-7 則是一典型之彈性材料之特性圖。圖 7-1-6 中的虛線是自 0.002 應變點處劃一虛線，大致與特性曲線平行，這是因降伏點不明顯測出時用的。

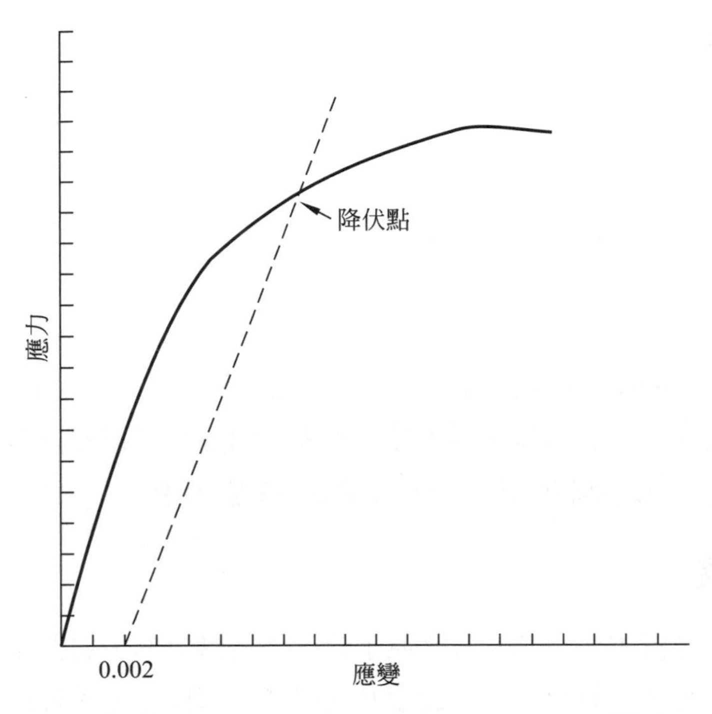

▲ 圖 7-1-6　具有延展性質的金屬材料之應力 - 應變特性圖

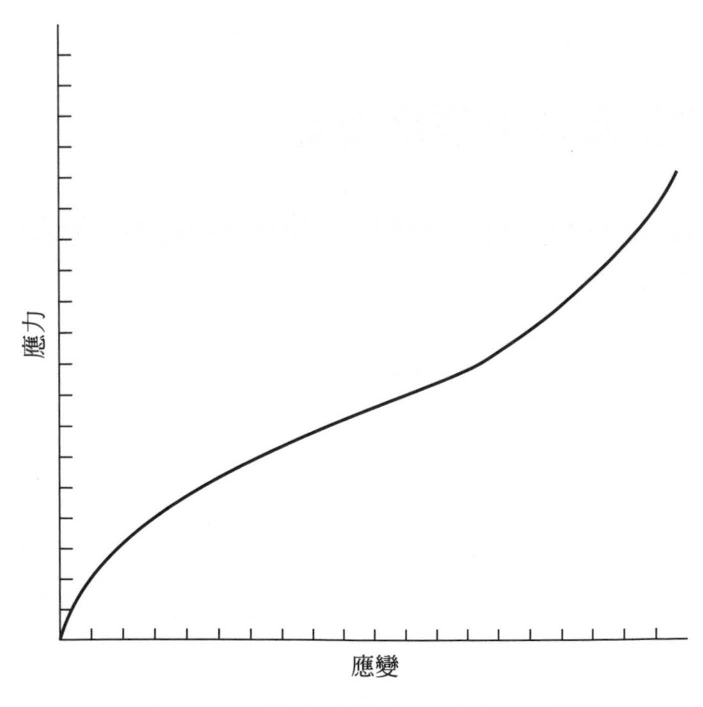

▲ 圖 7-1-7　彈性金屬材料之應力 - 應變圖

二、物理性質

對飛行器應用而言，材料之物理性質僅包括了密度、傳電及傳熱係數、熱膨脹等等。

材料密度影響材料之重量，密度是單位體積內之重量，單位為每一立方吋多少磅，或每一立方公分多少公斤，熱傳性 (Conductivity) 包括金屬的導電及導熱的性能，所謂的絕緣或絕熱材料即表示非常低或是零的導電係數或是導熱係數 (Coefficient of Thermal Conductivity)。而熱膨脹是指材料在受熱時，溫度升高而導致本身的變形，通常是溫度愈高，長度會伸長，或體積愈加大，因為飛機操作區域廣，其環境溫度差別很大，因此材料之熱膨脹係數是十分重要的考慮因素。

三、化學性質

材料之化學性質主要是其本身之原子分子之結構情形，這個化學的結構直接影響了材料之機械性質、材料之強度硬度及延展性，彈性或是塑性均取決於材料之原子基本之結構以及晶體之排列情形，其他的化學性質包括了材料的腐蝕性 (Corrosion) 以及疲勞 (Fatigue) 等等。

7-2 飛機緊固件之損壞情況

所謂緊固件 (Fastener) 即飛機結構時兩金屬件之連接點，通常是鉚釘或是螺帽、螺桿等連接之，我們討論幾個例子：

一、拉力或張力損壞 (Tensile Failure)

這個與材料的拉力強度 (Tensile Strength) 有關，為了安放鉚釘或螺桿必須在板料上鑽一個孔，如此則降低了材料受力面積，我們用下列公式來計算鉚釘或螺桿的受損情形，請參考圖 7-2-1(a)。

$$F_{tF} = f_t \times [S - N(t \times D)]$$

這裡， F_{tF} = 使緊固件損壞之力，磅，lb

f_t = 材料之拉力強度，psi，(板料材料)(提供)

S = 板料或材料之受力面積，inch^2

N = 緊固件數目

t = 板料之厚度，inch

D = 緊固件之直徑，inch(鉚釘或螺桿直徑)

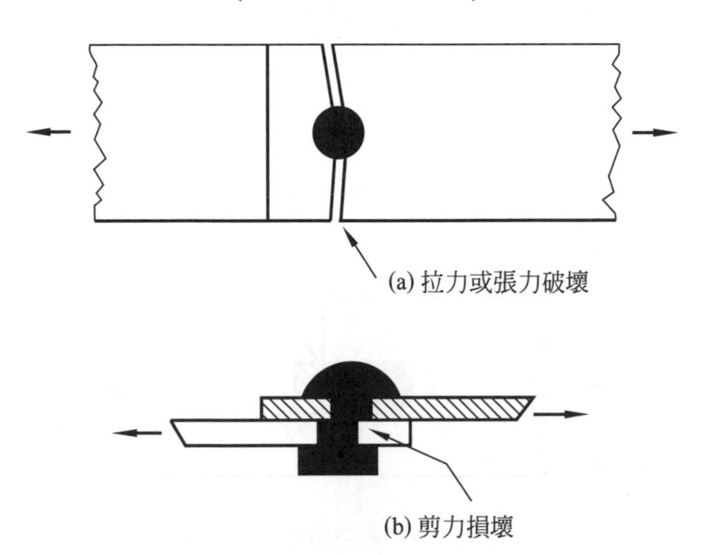

▲ 圖 7-2-1　板料金屬連結處之損壞情形

二、剪力損壞 (Shear Failure)

如兩金屬板料受力情形如圖 7-2-1(b) 所示，則

$$F_{SF} = f_s \times S \times N$$

這裡，F_{SF} = 由剪應力損壞之力，lb

f_s = 材料之剪力強度，psi (緊固件材料)(提供)

S = 緊固件之切面積 in^2

N = 緊固件數

三、擠壓損壞 (Bearing Failure)

擠壓損壞主要是由於緊固件對板料之擠壓過度所致，如圖 7-2-2，由緊固件向板料擠壓 (Bearing) 引起，可見原來之鑽孔因受擠壓而變成橢圓形了。這種損壞主要是板料受到過度的壓應力所致。可依下式計算之，

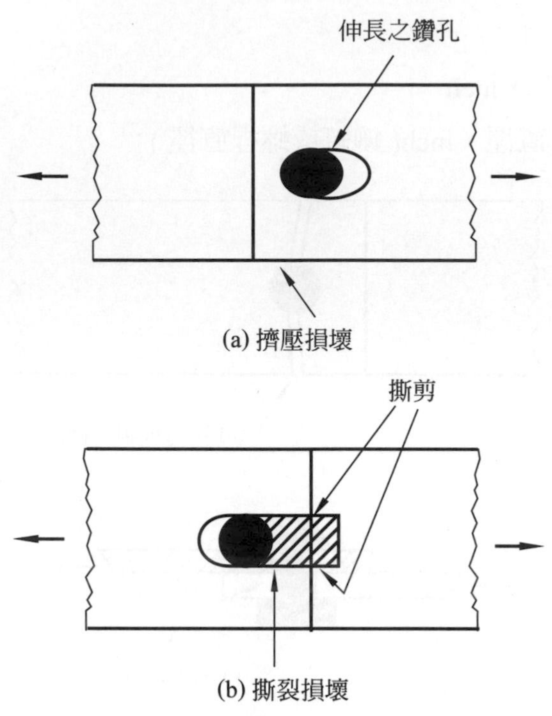

▲ 圖 7-2-2 金屬材料連結處之損壞情形

$$F_{BF} = f_b \times t \times D$$

這裡， F_{BF} = 擠壓力，lb

f_b = 材料之擠壓強度，psi(材料商供給)

t = 板料之厚度，inch

D = 緊固件之直徑，inch

四、撕裂損壞 (Tear-out Failure)

緊固件安放在板料的旁沿或太接近板的邊，則容易發生撕裂損壞的情形，如圖 7-2-2(b) 所示，此板料之損壞可以下式計算之：

$$F_{TO} = 2 \times (f_s \times t \times ED)$$

這裡， F_{TO} = 產生撕裂損壞之力，lb

f_s = 材料之剪力強度 (shear strength)(緊固件)

t = 板料之厚度，inch

ED = 板料之邊寬，inch，即由鑽孔中心至板料邊緣。

在了解計算這 4 種飛機板料連接之緊固件損壞之後，下面舉個實質的例子看看，假設有兩塊板料連接在一起，用的是簡單的邊重疊相接法 (Simple Lap Point)，只用了一枚螺桿，材料商提供的資料如下：

螺桿直徑 $D = 0.25$ inch

孔中心至皮邊距離 = 0.75 inch

板料厚度 $t = 0.050$ inch

板料寬度為 1.0 inch

螺桿材料之剪力強度 $f_s = 32000$ psi

板料材料之張力強度 $f_t = 55000$ psi

板料材料之擠壓強度 $f_b = 85000$ psi

下面計算這個連接點能承受之各種力：

張力損壞：$55000 \times [(0.050 \times 1.0) - (1 \times 0.25 \times 0.050)] = 2063$ 磅

剪力損壞：$32000 \times (\frac{\pi}{4} \times 0.25 \times 0.25) \times 1 = 1518$ 磅

擠壓損壞：$85000 \times 0.050 \times 0.25 = 1063$ 磅

撕裂損壞：$2(32000 \times 0.050 \times 0.75) = 2400$ 磅

在這個例子中其中擠壓損壞所能承受之力最低為 1063 磅，所以此結構承受之力超過 1063 磅時，那麼這個連接緊固件就要先以擠壓損壞形成斷裂了。

7-3 金屬材料之腐蝕及疲勞(Corrosion and Fatigue)

腐蝕 (Corrosion) 是金屬材料不可避免的一種損壞方式，任何金屬材料都有不同程度的腐蝕性，所謂腐蝕即是金屬材料本身與空氣接觸後與空氣中之氧、硫、氫氣以及氯氣等結合成氧化物、硫化物或氯化物，是經由一種化學的變化而形成另一種化合物，但失去了原有的機械、物理化學性質，其中化學腐蝕包括了金屬與酸 (Acid)、鹽 (Salt) 以及鹼 (Alkalis) 類接觸的化學變化，經此變化，原來之金屬材料逐漸分離而粉末化而最後消弭於無形。因此如何防止腐蝕是飛機工業維修維護之主要工作，所謂腐蝕控制 (Corrosion Control) 包括了下列重要工作：

1. 表面腐蝕 (Surface Corrosion)。
2. 電解腐蝕 (Electrolytic Corrosion)。
3. 摩擦腐蝕 (Fretting Corrosion)。
4. 應力腐蝕 (Stress Corrosion)。
5. 邊界腐蝕 (Intergranular Corrosion)。

防止腐蝕主要是靠用不同的漆料或塗料 (Coating) 來隔絕材料與引起腐蝕的因素接觸，或是經過不同的表面或材料處理 (Surface or Heat Treatments)，也有用陽極化處理來保護鉻、錳或鋅的合金，這些處理種類很多，各有不同的程序及施工方法，詳細討論已是超過本書範圍了。有興趣者可以參考本章的參考書籍。

金屬疲勞 (Fafigue) 主要是針對年久又未見維護的結構而言，所謂金屬疲勞是金屬結構由使用年月增加而逐漸失去原有的金屬強度或失去抵抗外力的能力，此時金屬承受著一連串成週期的外力循環 (Load Cycle)，前面我們談到各種應力是指純單一種力量而已，而這時之外力循環是一正一反，或者一會有一會沒有，好像一枚迴紋針，將之左右扭曲，一正一反，不出 10 個循環，則迴紋針一定會被扭斷了，這是因爲針體正承受張力壓力循環，每種材料都有一個疲勞曲線 (Fatigue Curve) 標明能承受之應力及週期 (Stress vs. Cycles)。機械疲勞通常有兩種：

1. 低週疲勞 (Low Cycle Fatigue)(LCF)

   金屬結構承受熱一冷一熱的熱應力循環 (Thermal Stress Cycle) 或是時間較長的機械力循環，(張力－壓力－張力－壓力) 等稱之。這種疲勞的週期時間較長，例如發動機開動 (熱) －巡航 (中熱) －關車 (冷) 循環可能費時幾十小時。這類疲勞稱之爲低週疲勞 (LCF)。

2. 高週疲勞 (High Cycle Fatigue)(HCF)

   金屬結構承受振動力的循環 (Vibration Cycle)，例如機翼在空速中之顫動，或者發動機另件之振動，這是一種時間很短的受力循環，例如一薄片在風中振動屬於張力 - 壓力的雙面擺動，一循環可能只有幾秒鐘稱之爲高週疲勞 (HCF)。

無論高低週疲勞，任何金屬都可以經過疲勞試驗得到疲勞曲線，而經此曲線可以預估結構的壽命還有多少，可以在結構疲勞損壞之前換另件或是提前維修是可以避免因金屬疲勞而引致空難的。

7-4 飛機材料：鋁及鋁合金

鋁或鋁合金 (Aluminum or Aluminum Alloys) 是今日廣泛應用的飛行器或飛機的製造材料。鋁之被廣泛應用主要是因爲重量輕，例如每立方英吋鋁僅重 0.1 磅，而鐵金屬則爲 0.28 磅，銅則爲 0.32 磅，純鋁的強度約爲 13000 psi，而經過冷作 (Cold Working) 後純鋁的強度約可增加一倍，可以應付一般受力的情況了。純鋁在與其他金屬合成後成爲鋁合金，強度可增加許多，最高可至 100,000 psi (7000 系列的鋁合金)，但鋁合金有一個缺點就是當環境溫度或操作溫度升高時，其強度會隨溫度升高而降低，但一般而言，這些鋁合金在溫度 400 ℉ (204℃) 時，其強度仍然可觀。而當溫度降低時，例如在零度以下時，鋁或鋁合金的強度反而會增加但會喪失一些延展性 (Ductility)。一般而言，鋁金屬比其他金屬具有更好的抗腐蝕性 (Anti-corrosion)，至於容易冶煉以及容易機械加工成形，又是比其他金屬更受採用者的選擇了。

鋁或鋁合金通常以兩種方式呈現：鍛鋁或是鑄鋁 (Wrought Aluminumand Cast Aluminum)。鍛鋁是以機械方式成型的，例如輥製、抽製、壓製或是擠製等成型方法。鑄鋁則是以溶化了的鑄鋁壓入模型內製成，例如所謂的翻砂或脫臘鑄造方式 (Sand or Investment Casting)。

一、鍛鋁 (Wrought Aluminum)

鍛鋁通常以 4 爲數字標明：第一位數學標明其合金成份，其規定如下：

1. 1000 系列：第一位數字如果是 1，則此材料含百分之九十九或以上的純鋁，可以說是純鋁金屬。
2. 2000 系列：銅 (Copper) 是此鋁合金的主要成份，加了銅以後，可使此合金更易接受熱處理 (Heat Treatment) 來提高其強度 (Strength)。但缺點是也提高了易腐蝕性。
3. 3000 系列：錳 (Manganese) 是此鋁合金主要成份，加了錳的鋁合金除了增加硬度 (Hardness) 以外，強度也提高了，這一系列的鋁合金是不能用熱處理的。
4. 4000 系列：主要加入的成份是矽 (Silicon) 加入後可使此合金溶點降低而又不失其脆性 (Brittleness)，因此此類鋁合金爲焊條 (Welding Wire) 之理想材料。
5. 5000 系列：鎂 (Magnesium) 是主要的合金成份，此合金用途極廣，在鋁合金金屬裡，它是屬於中度至高強度，又有極佳的防腐蝕性。

6. 6000 系列：主要合金成份是鎂和矽兩種元素，而以矽化鎂存在 (Magnesium-silicon) 於合金中，因此它可以接受熱處理來提高強度，它的強度雖然稍低於 2000 及 7000 系列合金，但易機械成型及抗腐蝕性卻優於 2000 及 7000 系列合金。
7. 7000 系列：鋅 (Zinc) 是主要的合金成份，但同時又加了少許的鎂，如此的配合使得此系列的合金在經過熱處理，強度可提升許多，成爲所有鋁合金中強度最高的。有時也加少量的銅 (Copper) 或鉻 (Chromium) 來提高強度。

在 4 位數字標示的鋁合金中，第一位數字是表明合金的成份，已如上述。第 2 位數字通常表示在原產品 (第一次生產) 以後修正其成份的次數，第 3 及第 4 位數字是表示此產品的研究開發次序而已，只有在 1000 系列純鋁中，第 3 及第 4 位數字表示純鋁在 99% 以上的百分之幾純度而已，而是由美國鋁業公司 ALCOA(Aluminum Company of America) 爲方便而訂定的，例如：

1130 鋁合金表示：

第 1 位數是 1 表示 99% 以上純鋁
第 2 位數是 1 表示是第一次研發生產的
第 3 及第 4 位數是 30 表示此純鋁之純度爲 99 + 0.3 = 99.3%

又如：2117 鋁合金表示：

第 1 位數是 2 則銅爲主要成份
第 2 位數是 1 則此合金爲第一次研發成功生產的
第 3 及第 4 位數爲 17 則表示此合金發展了 17 次，序號爲 17 次。

二、鑄鋁 (Cast Aluminum)

鑄鋁與鍛鋁的標示方法相同：也是由 4 位數字來標示，第 1 位數字也是表示合金的主要成份，鑄鋁與鍛鋁的表示方法有些不同，茲簡列於下：4 位數之第 1 位數表示如下：

1：純鋁 99% 以上
2：銅
3：矽，另加少量之銅或鎂
4：矽

5：鎂

6：保留未用

7：鋅

8：錫 (Tin)

9：其他元素

在鍛鋁或鑄鋁 4 數字標示之後，又有標示此合金硬度及經過各種處理的標明方式，這是由英文字母及一位數字來標明。按美國鋁業公司的規定，鋁金屬商品之硬度表明方式如下：在 4 位數字之後如加上字母則是：

F：表示未經過任何處理

O：退火 (Annealed) 處理者

H：冷作或應變硬化處理者 (Cold Worked or Strain Hardened)

W：熱處理及老化處理者 (Heat Treatment with Aging)

T：經過溶液熱處理者 (Solution Heat Treated)

H 系列合金仍是不能受熱處理者，通常這一類合金仍是 1000、3000 或是 5000 系列的合金，這類合金通常僅能藉冷作 (Cold Working) 方式達到硬化的目的，T 系列合金則是可由熱處理方式達到硬化的目的。例如 2000、6000 或是 7000 系列合金均用 T 表示。W 表示鋁合金只能用熱處理方式達到硬化目的，而 F 及 O 兩種表示可用於任何一種鋁合金。

上述 H 系列標示又細分爲下列數種形式：

H1：應變硬化處理

H2：應變硬化處理及加上部份退火 (Annealed)

H3：應變硬化處理及加上老化處理 (Aged and Stabilized)

上述 T 系列標示硬化處理程序，通常標示形爲：

T3：熱處理再加上冷作 (Heat Treatment and Cold Worked)

T4：熱處理而已

T6：熱處理再加上老化處理 (Artificially Aged)

上述之冷作處理 (Cold Worked) 或是應變處理 (Strain Hardening) 是硬化鋁合金之處理技術，通常均是在室溫下操作的機械方式，包括對合金材料之擠壓或是抽、彎曲等機械作用。目的是在硬化鋁合金使之提高其強度 (Strength)。所謂之熱處理亦是硬化增加強度的方法之一，則是將合金加熱至某一溫度，使合金內部之晶粒結構產生變化，然後再速冷或淬火 (Quenched)，然後在室溫冷卻一段時間稱之爲假性老化處理 (Aging)，老化處理均是在室溫中操作，加速的老化過程稱之爲假性老化處理 (Artificially Aging)，有許多不同的方式使鋁合金硬化而提高其工作強度，讀者可以參考章後的資料。

一般而言，鋁合金具有良好的防腐蝕性，在空氣中鋁金屬的表面會與空氣中的氧形成一層薄膜氧化鋁 (Al_2O_3) 而具有保護的作用，除非這層薄膜去除掉才會有機會被其他因素而產生腐蝕，鋁金屬對空氣或酸均有良好抵抗性，但鹼性物對此薄膜具有攻擊性，因而會產生鹼性腐蝕。

在 2000 系列的鋁銅合金中，因熱處理而具有高強度性質，這類合金因含銅關係是較易在一般環境中腐蝕，ALCOA 公司因而發展出另類合金，即在此合金外加上一層薄的純鋁，而與外界隔絕防腐，這類特別處理防腐的合金被命名爲覆蓋鋁 (Clad Aluminum) 或 Alclad。

鋁是非常理想的金屬，幾乎任何機械成型的方法或工具都可以使用鋁，不但可以做出複雜的形式而且又非常容易連接在一起，包括硬焊、軟焊、點焊、鉚接或膠合等等。

下面我們再看看有那些鋁材用在飛機製造上；常有的鋁材可分爲兩大類：

1. 非熱處理鋁合金 (Non-Heat-Treatable Alloys)
   (1) 1100：純鋁，低強度易加工，高延展性，用於飛機之次要結構件或受力小的物體上，又低強度之鉚釘多用此材製作。
   (2) 3003：此材與 1100 性質極爲相似，但強度可高了百分之二十。多用於飛機上之流線管路 (Fittings and Pipings) 也可用於飛機上之順流板或引擎外罩 (Fairings or Cowlings)。
   (3) 5052：爲此類鋁材中強度最高的，同時又具有高抗腐性及高抗疲勞強度，同時又具有易機械加工性，能廣泛的用於飛機上之順流板及引擎外罩 (Fairings and Coulings) 以及需加工成型的次要結構件。因具高抗腐性，所以飛機上之流路另件 (Tubings and Fittings) 亦大量採用此合金。

(4) 5056：此類合金是採用專門製作鉚接鎂合金板料的鉚釘材料。

2. 熱處理鋁合金 (Heat Treatable Alloys)

(1) 2017：二次大戰前後之飛機曾大量廣泛採用此材料，今日僅用來製作鉚釘。

(2) 2117：2017 是這金屬的前身，今日用來專門製造鉚釘以及飛機燃油管路等。

(3) 2024：可以說是今日採用得最廣泛最標準的飛機材料，可以以板料、桿料或管料，以及各種機械加工成型件出現。經過熱處理後，2024 可以有很高的強度，而且又容易冷作 (Cold Work) 惟一缺點是不易焊接，爲了加強防腐性，2024 板料在兩邊各加上了一層純鋁，稱之爲覆蓋鋁 (Clad Aluminum)，但是在生產過程中，假如熱處理程序沒有做好品管，則此金屬很易發生邊界腐蝕 (Intergrannlar Corrosion)。

(4) 6061：具有極優越的機械加工性，雖然強度僅達 2024 的三分之二，但具有極佳的防腐性，因此用途極爲普遍有取代 2024 之勢。

(5) 7075：這個是所有鋁合金中強度最高的，但其機械加工成型性非常不好，冷作非常困難，加工時必須加熱始能完成。又此金屬不能用弧焊 (Arc Welding) 或是氣焊 (Gas Welding) 爲了提高防腐性，表面上會加塗一層純鋁，以覆蓋鋁 Alclad 出現。

7-5 飛機材料：鈦及鈦合金

鋁合金之最大缺點是當工作溫度超過 400 °F時，其強度會因工作溫度升高而迅速下降。但當 1930 ～ 1940 年代，鈦金屬開始引進入航空工業，自 1932 年提煉鈦金屬的 Kroll process 確定後才逐漸開發鈦及鈦合金之應用，鈦也是一位質輕的金屬，雖比鋁略重但較鋼鐵卻輕了許多，其強度與鋼鐵不相上下，且工作溫度可至 800 °F (427℃) 左右，比鋁多了一倍，因此飛機引擎附近的結構件必須用鈦而不能用鋁材了。

純鈦密度爲 0.16 lb/in^3，相對純鋁 0.1 lb/in^3，鐵 0.28 lb/in^3，鈦金屬之工作溫度雖可以提高很多，至 800 °F左右，但當溫度高至 1000 °F (538℃) 以上時，鈦金屬必須與空氣隔絕，不然會與空氣中的氧結合而產生燃燒，這也是鈦金屬的一大缺點。

鈦合金或純鈦金屬都具有極佳的防腐蝕性，一般而言，其機械加工性質與鋼鐵相似，一般工具機皆可使用，但必須注意與空氣隔絕，而必須在在惰性氣體中施工 (Inert Gas)，例如在氬氣或氦氣筒中工作 (Argonor Helium Gas)。又鈦金屬在切削時必須注意工作刀具的清潔與鋒利，不然會產生切削上的困難。又加工時之冷卻劑 (Coolants) 非常重要而必要，因爲溫度控制稍爲不慎會引起火災。

鈦可由於內部結晶及晶體排列而分爲下列數種型態：

1. 純鈦金屬：具有極優越的機械加工成型性，通常以 Ti-75 來表示，Ti-75 的意思是指該金屬具有最低降伏強度 (Yield Strength)75000 psi，純鈦是不可以熱處理的，但卻可以鍛焠 (Annealed)，或冷作 (Cold Worked) 方式提高降伏強度至 10000 psi 以上。
2. α-Titanium(Alpha 鈦)：這個是鈦在室溫中以 6 邊形晶體，所謂之 CPH Phase(Closed-packed Hexagonal Phase)，商品標示爲 8Al-1Mo-1V-Ti，或簡稱爲 Ti8-1-1，這個標示表示鈦是 CPHPhase，(Closed-packed Hexagonal Phase)，而所加的合金金屬爲 8% 鋁、1% 鉬 Mo(Molybdenum) 以及 1% 釩，V(Vanadium)。阿爾發鈦 (Ti) 較前述之純鈦之強度要高但不是很容易接受機械加工或成型，這類金屬可以焠鍊 (Annealed) 但不能接受熱處理，經過焠鍊 (Annealed) 其強度可高達 120,000 psi。
3. α-β-Titanium(Alpha-Beta 鈦)：這是鈦金屬內部結晶同時具有 CHP 六邊形晶粒及 BCC 四邊形晶粒，這是鈦合金中最廣泛使用的材料，商品標示爲 Ti-6Al-4V 表示含有 6% 鋁及 4% 釩，可以經由熱處理提高強度至 140,000 psi，降伏強度。此金屬簡稱 Ti-6-4，其機械加工或成型都異常困難不易。
4. β-Titanium：這個是鈦之內部結晶，是所謂的 BCC Phase(Body-Centered Crystalline)，商品標示爲 Ti-13V-11Cr-3Al，或簡稱爲，Ti-13-11-3，表示含 13% 釩、11% 鉻及 3% 鋁，本金屬經熱處理後其降伏強度可提至極高至 170000 ～ 200000 psi，其機械加工成型之困難度不亞於—Ti，都必須特別程序或刀具方可奏效。

7-6 飛機材料：其他金屬

除了鋁及鈦合金外，適於航空工業的金屬材料就不多了，因爲它要求條件除了質輕及強度高外，還要有好的機械加工成型及防腐蝕性，而且價格也不能太高，我們再看看還有那些金屬材料適合飛行的製作要求。

一、鎂合金 (Magnesium Alloys)

鎂合金可以鍛、鑄或成板料、桿料出現，主要的好處是它的質輕又強度 (Tensile Strength) 不錯，可達 30000 ～ 40000 psi。它只有鋁合金三分之二重，其密度爲 0.067 lb/in^3，相對於鋁之 0.1 lb/in^3，在航空工業上應用的商品名爲 AZ31B，A 及 Z 表示其合金成份爲鋁 Al 及鋅 Zinc。

鎂合金之缺點仍在易腐蝕性，而且冷作性也不好，又易自燃，非常不安全，因此也限制了它的普遍性。

通常鎂合金製品均呈淡黃色，這是防腐用的一層鍍鉻的關係。因爲它易於腐蝕的原因，因此在選材上與鎂合金材料相配合十分重要。例如鉚釘一定要選用 5056H 鋁材才可以。

二、銅 (Copper)

銅與人類關係至爲深遠，銅之應用也有幾千年歷史，它極具延展性，又是極佳的導電體，機械加工及冷作性質也非常良好，所以在鋁及鋁合金出現之前，已在飛機製作上大量應用，不過很少應用到生產主要或次要的結構件上，它多半用在電線或連接器上。燃油管路或液壓系統另件也應用不少銅製品。

銅有三種合金，稱爲青銅 (Bronze)、黃銅 (Brass) 及紅銅 (Beryllium Copper)、青銅含有錫，10 ～ 25%，黃銅含有 30 ～ 45% 的鋅，紅銅含有 2% 的 Beryllium 及 97% 的銅以及 1% 的其他元素。

青銅與黃銅廣泛製作機件磨擦的部份，例如墊圈 (Washers)、套筒 (Bushings) 以及凡爾 (Valves)，至於軸承 (Bearings) 或軸承結合件等更是大量應用銅合金製作。

紅銅可接受熱處理及冷作可將拉張強度 (Tensile Strength) 提高至 200,000 psi，紅銅應用到精密軸承及彈簧等，是抗機械磨耗的最佳材料。

銅合金之機械加工成型性能極佳，可以製作十分複雜的機件，特別是燃油幫浦等結構件皆仰賴此材料。

三、鐵基金屬：鋼鐵

鐵基金屬包括鑄鐵 (Cast Iron) 及鋼 (Steel) 以及各式各樣的鍛鋼 (Wronght Steels)、碳鋼 (Carbon Steel) 以及特別處理過的防腐鋼材等。

在表 7-6-1 裡收集了一些普遍應用於航空工業上之鍛鋼以及碳鋼、防腐鋼及不銹鋼。

▼ 表 7-6-1 美國 SAE 學會對鍛鋼 (Wrought Steel) 之標誌方法

Carbon Steels	
10xx	Nonsulfurized Carbon Steel(Plain Carbon)
11xx	Resulfurized Carbon Steel(Free Machining)
12xx	Resulfurized and Rephosphorized Carbon Steel
Alloy Steels	
13xx	Manganese 1.75%(1.60 ～ 1.90%)
23xx	Nickel 3.50%
25xx	Nickel 5.00%
31xx	Nickel-chromium(Ni 1.25%，Cr 0.65%)
32xx	Nickel-chromium(Ni 1.75%，Cr 1.00%)
33xx	Nickel-chromium(Ni 3.50%，Cr 1.50%)
40xx	Molybdenum 0.25%
41xx	Chromium-molybdenum(Cr 0.50 or 0.95%，Mo 0.12 or 0.20%)
43xx	Nickel-chromium-molybdenum(Ni 1.80%，Cr 0.50 or 0.80%，Mo 0.25%)
46xx	
47xx	Nickel-chromium-molybdenum(Ni 1.75%，Mo 0.25%)
48xx	Nickel-chromium-molybdenum(Ni 1.05%，Cr 0.45%，Mo 0.20%)
50xx	Nickel-chromium-molybdenum(Ni 3.50%，Mo 0.25%)
51xx	Chromium 0.28 or 0.40%
5xxxx	Chromium 0.80，0.90，0.95，1.00 or 1.05%
61xx	Chromium 0.50，1.00，or 1.45%，Carbon 1.00%
86xx	Chromium-vanadium(Cr 0.80 or 0.95%，V 0.10 or 0.15%)
87xx	Nickel-chromium-molybdenum(Ni 0.55 or 0.05 or 0.65%，Mo 0.20%)
92xx	Nickel-chromium-molybdenum(Ni 0.55%，Cr 0.50%，Mo 0.25%)
93xx	Manganese-silicon(Mn 0.85%，Si 2.00%)
98xx	Nickel-chromium-molybdenum(Ni 3.25%，Cr 1.20%，Mo 0.12%)

一般航空碳鋼用品多半屬於低碳鋼 (0.1 ～ 0.15% 碳) 或是中碳鋼 (含 0.2% ～ 0.3%C)，因爲含碳量愈高，鋼材會愈硬 (Hardness) 但也會更脆 (Brittleness)，因此高碳鋼多應用於切削工具或是精密的另件。因此在飛機製造上，皆以中低碳鋼爲主。它們有很好的加工性及防撞擊性能 (Impact Resistance)。

大概今日之飛機製造應用最多的鋼材要屬於 SAE-4130 不銹鋼了，這個合金鋼除了鐵基外尚含有 Chromium、鉻及 Molybdenum、鉬，所以又稱爲 (Chrome-moly Steel)，經過熱處理，4130 的拉張強度可提高至 90,000 ～ 180,000 psi，是中碳鋼 1025 的 4 倍，4130 又極易接受熱處理以及硬化處理，而且又極易機械加工，因此飛機製造上應用極廣。

在結束飛機材料金屬部份之前，我們再看一看所謂的明日之星 - 鋁鋰合金 (Aluminum-Lithium)，這是一種序號爲 8000 系列的鋁合金，大約是 1970 ～ 1980 年代開發出的一種新合金，當時主要的目的是與複合材料競爭市場的，因此發展出一種高強度又質輕的金屬，開始時是在銅合金 2090 中加了一點鋰，(含量 2.4 ～ 3.0% 銅及 1.9 ～ 2.6% 鋰)，後來銅逐漸減少而鋰逐漸加多，最後命名爲 8000(1.5% 銅及 1 ～ 1.5% 鋰)。

鋁鋰合金比鋁還要輕上百分之十，其密度爲 0.091 ～ 0.093 lb/in^3，而鋁之密度爲 0.1 lb/in^3，航空公司曾估計過大型客機如用此合金製作，則可省 12000 磅重量，而更好的地方是此合金之強硬度 (Stiffness) 比鋁要高出百分之十五。

但缺點仍然有一些，因鋰非常不穩定會自燃，而需要特別小心，因此這新的合金，目前並不廣泛應用，但商家估計在 1995 ～ 2005 期間應該普遍應用，(目前已應用於美國最先進之戰機 F-22 之機翼上了)。

7-7 飛機材料：複合材料

有關於複合材料的歷史，其實可以追溯到 1970 年代，可是當年的複合材料由於強度較低，使當時的複合材料不能用於主翼，尾翼或機身等主要承力結構，多用於次承力結構如航空器的活動面等。近年來由於複合材料技術提升，使重量輕、強度大的複合材料開始應用於主要承力結構，最具代表性的莫過於波音 787 客機，其機身結構有 50% 採用複合材料製作，而空中巴士 A350 客機也有高達 52%，2018 年透過拆解一架波音 787 原型機，波音與英國 ELG Carbon Fiber 成功研究出複合材料的回收與再利用方式，爲複合材料帶來永續發展的契機。

複合材料 (Composite Materials) 顧名思義即是由多種材料用不同的方法結合在一起而能展現需求的性質，例如超強的強度或是抗腐能力強等等。通常，複合材料可以分爲兩大類：一是膠合的層料式 (Laminated)，另一則是中空式或夾層式 (Cored or Sandwich) 這兩種複合材料的生產方式都能達到高強度且質輕的要求。詳細的介紹超出了本書的範圍，下面僅作簡單的概述：

一、膠合層疊式材料 (Laminated Materials)

這個層疊式乃是將浸過樹脂 (Resin-saturated) 的纖維一層一層重疊在預製的模子裡 (Mold) 而成。每一層稱之 Plies，或稱之爲褶，層疊式材料之強度主要來自於纖維材料的編織方式，這些纖維有預強式的 (Reinforcing Materials)，而樹脂 (Resin) 是用來將這些纖維及褶膠合在一起的。在製造時，這些預浸布一層層重疊時，每層中間絕對不可以有空氣氣泡存在的，也不可以有樹脂分塗不均的現象。

對於飛機之另組件之膠合製作通常都是用手工完成的，主要是模子的複雜形狀，通常如生產管件或壓力槽等簡單形狀是可以自動化用機械方式生產。

前已言之纖維之編織方式非常重要，由於方法的不同可以使編織物在單方向或多方向的拉張強度增強。在生產膠合料的時候，所選擇的纖維 (Fiber) 及樹脂 (Resin) 種類很廣，因此品質管制成爲生產時必需徹底做好的工作，尤其是飛機用的複合材料，其品質管制及嚴格的生產製造程序，是非常重要成功的條件。

預浸布 (Reinforcing Woven Fabric) 是製作重疊複合材料的主要來源，由於布的編織方法不同，有稱之爲單方向布或多方向布，主要是只是其拉張強度的方向。例如單方向布其纖維編織方向多與其長度之主纖維平行也有用一束纖維與主纖維平行，主纖維 (Warp) 是該布之長度纖維 (Fabric Length Fiber)，而與主纖維垂直編織的較小纖維稱之爲 Fill 或 Weft.。

在圖 7-7-1 中，可以看到預浸布的編織方法，最普通的是一來一往的棋盤式的方法稱之爲普通式 (Plain Wave)，其次是稱之爲鳥足式的方法 (Crowfoot Wave)。這與普通方式方法差不多，只是在編插時跳過兩次而已，以上兩種方式都是沒有方向性的，也就是在垂直或水平方向的強度是一樣的。第三種方法是單方向強度的方法，圖示在垂直方向的強度要比水平方向強上數倍，因爲它是將主纖維均平行放在垂直方向了。

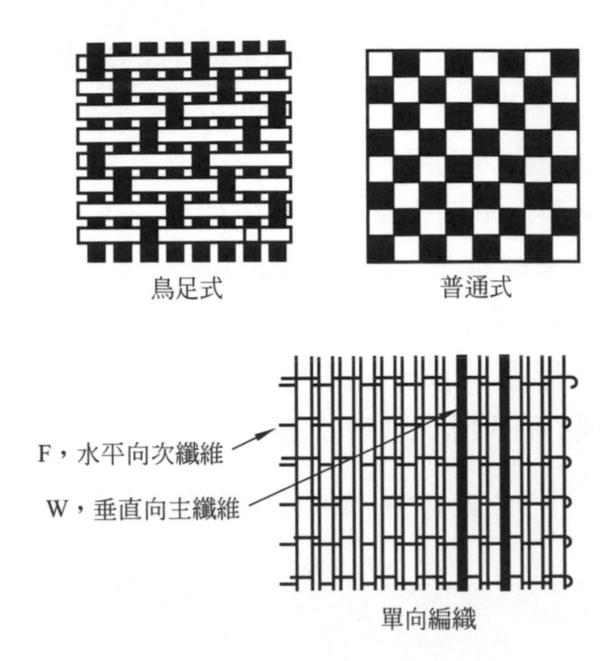

▲ 圖 7-7-1 預浸布之三種編織方法

這裡要介紹一些通常應用的預浸布的編織纖維材料：

1. 玻璃纖維 (Fiberglass)：是由細小的玻璃纖維合成而織成布料，這是已應用相當久的複合材料，多用於飛機的非結構件，它強度低而較重，故不能廣泛用。目前市面上有兩種商品。一稱爲 Eglass，一稱爲 S-glass，E 用途較大且價格較便宜，但 S 卻強度高 30%，僵度高 15%(Stiffness)。兩種都可以保持性質不變至 1500 °F或 815℃。
2. 阿美得纖維 (Aramid Fibers)：這是美國杜邦公司 (Dupont) 的專利產品，其商品名 Kevler，克威勒更是普遍及有名，世界上百分之九十以上的防彈背心或防彈裝置皆以此物製造。這種纖維無論是強度 (Strength)、剛度 (Toughness)、或是僵度 (Stiffness)，或是抗撞度 (Impact Resistance) 都相當不錯，尤其它質輕，它通常外表呈淡黃色。在飛機製造應用上，特別是用於發動機罩艙 (Cowlings) 其防止噪音擴散及防震動能力更是所有複材中之佼佼者。
3. 石墨 / 碳纖維 (Graphite/carbon Fiber)：極高強度及僵度又質輕是這類纖維的特點，但價格不便宜。
4. 塘瓷纖維 (Ceramic Fibers)：其特點是能抗極高溫度，3000 °F (1650℃) 仍能保持相當強度。除此之外，其缺點是質量重，而且價昂。其強度與 S-glass 相當。

5. 混合纖維 (Hybrid Fibers)：上述各種纖維各有優劣，取其長者而混合之，有以強度號召者，亦有以某種特有性質例如防撞擊、防腐蝕、防噪音等見長者，要看使用者之目標以及商家利益而定。名目繁多，未便細述。

其次談到膠合材料，早期大量使用合成樹脂 (polyester Resin)。這種樹脂強度很低而且易碎，後來經過改良稱爲 Epoxy Resin，Epoxy 是一種熱凝性的樹脂 (thermosetting Resin)，不但膠合力強而且不產生氣泡，它的性質十分穩定能與許多纖維相容而且不受濕氣的影響。Epoxy 已發展出許多不同用途的產品。

表 7-7-1 表示各種不同的預浸纖維的比較。

▼ 表 7-7-1　複合材料預浸布之比較

(a)

材料	E-Glass	S-Glass	Kevlar	Graphite	Ceramic
價格	1	2	3	4	5
重量 (density)	4	3	1	2	5
僵度	5	3	2	1	4
熱	3	2	4	5	1
強度	3	2	1	5	4
抗衡擊度	3	2	1	5	4

(b)

材料	重量，oz/yd^2	厚度，in	纖維數，$W \times F$	編織法	拉伸強度	
					主纖	次纖
E-Glass	x3.70	0.0055	24 × 22	Plain	160	135
S-Glass	3.70	0.0050	24 × 22	Plain	205	175
Kevlar	5.00	0.0100	17 × 17	Crow	630	650
Graphite	5.70	0.0070	12.5 × 12.5	Plain	1704	1704
Ceramic	7.50	0.0090	48 × 47	Crow	> 200	> 200

二、三明治或夾層式複合材料 (Cored or Sandwich Composite)

一般而言，前述之疊層式複合材料其強度都相當好，常常超過了設計的需求，但卻苦在沒有足夠的僵度 (Stiffness) 即所謂的抗彎曲度，或是抗壓力性能太差。通常必需增加疊層式材料的厚度來增加抗彎曲性，這樣就增加了重量，亦是設計者之大忌。解決這個問題的方法即是利用夾心式或三明治式的組合方法來增加材料之僵度(Stiffness)。這種方式是先利用具有高強度的預浸布二層做表面材料，然後利用質輕及低強度之材料做夾心，然後夾心與表面材料膠合一起，如此則可有高強度又高僵度(厚度增加之故)的複合材料。例如用 E-glass 作表面材料，夾心用任何質輕的發泡劑(類似海棉)，則此夾心式之複材要 E-glass 疊層式構造之僵度 (Stiffness or Resistance to Buckling) 要高上許多倍。

表面材料如以質輕爲目的，則上述之 5 種複材纖維布皆可採用，當然亦有採用金屬薄片的，但是重量要注意如採用金屬則通常採用鈦或鋁合金，如溫度要求高或是磨耗大的地方，亦可用不銹鋼薄板。一般而言，三明治製品之表面材料仍以預浸之纖維布爲主。

至於夾心的材料可以採用金屬的實體，但爲重量的關係一般皆採用金屬蜂巢件(Honeycomb material)，如圖 7-7-2 所示，這是以金屬薄片切割成夾折式如蜂巢一般的構造。這個夾心材料可以是切割的複材纖維布、紙或是金屬成蜂巢狀。如高溫的地方，金屬則採用不銹鋼或是鈦合金。

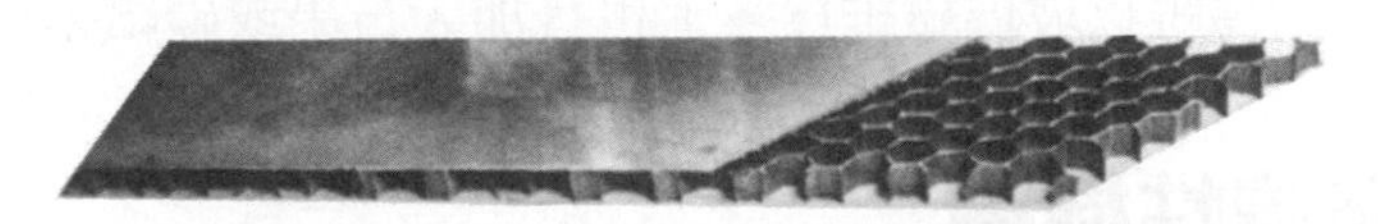

▲ 圖 7-7-2　三明治複材之蜂巢件夾心

夾心材料通常只要是質輕即可，強度的要求並不強烈，因此輕的木材或是紙張紙片，或是海棉式的發泡劑 (Foams) 都可以作充填的夾心材料。

圖 7-7-3 表示一飛機機翼完全由三明治複合材料製造而成，其翼形面上下兩片皆由三明治材料製成，用發泡劑作夾心材料及用預浸布作表面材料，其工字型的支架(Spar or Rib) 亦用疊層式複材製成，如此製造方式，整個機翼以膠合方式將各部份結合一體，而不用一顆鉚釘或緊固件結合。主要的優點在於重量小。而在圖 7-7-4，整個機翼是由泡棉 (Foam) 作夾心材料再覆蓋以玻璃纖維多層而成，這種製造方法是先將 Foam 切割成翼形面 (Airfoil) 再在表面膠合預浸布。這個方法不需要模子，所以亦稱爲無模法 (Moldless Wing)。

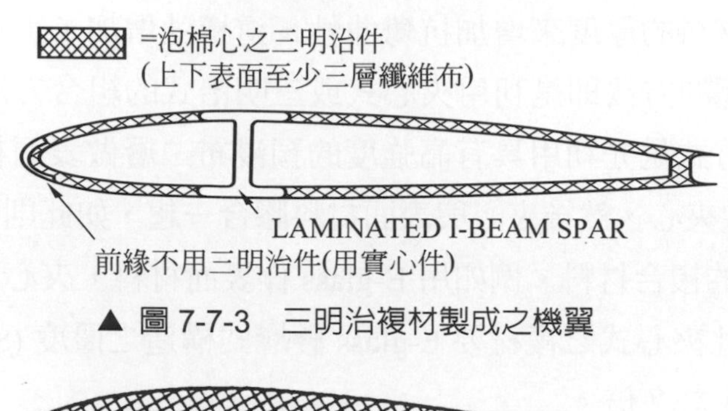

▲ 圖 7-7-3　三明治複材製成之機翼

▲ 圖 7-7-4　無模式機翼製作

最後談一下一種新興發展的複合材料，稱之爲金屬基複合材料 (Metal-Matrix Composite) 或簡稱爲 MMC。這個是在溶解的金屬液體中加入前述的纖維材料，再注入模子中冷卻而成。這種材料之加工性與金屬無異，解決了前述兩種複材不易加工的缺點，這種新複合材料可以耐極高溫且增加了許多抗撞擊能力。金屬有用鈦合金及超合金的，加入的纖維以玻璃纖維爲多，也有加入石墨或碳纖維或陶瓷纖維的。

7-8 非破壞性檢驗

飛機或航空器之設計非常嚴謹又由於控制飛行重量的緣故，常常將結構之重量壓至最低，以至於結構物之強度剛好能負荷所受之力 (Design Load)，這個是說材料在健全的時候，一旦材料內部或表面產生了裂痕或是瑕疵，材料之強度將打折扣，就不能應付其所設計之負荷了。因此爲了安全起見，製造飛機材料，或是在製程中的半成品或是成品甚至於已經裝配到飛機上役了，其過程之品質管制是十分嚴格的。爲了找尋這些材料或是成品的裂痕或瑕疵，航空公司維修部門或是製造部門都發展出一套檢驗的方法，來保持成品的完整性，所謂之非破壞性檢驗 (Non Destructive Inspection)，簡稱 NDI。就是說不必要切割或破壞被檢驗品就可以找出或探出材料之裂痕或內在缺點 (Cracks and Internal Defects)。這些檢驗方法通常都不是很複雜，原理都很簡單，設備也易操作但操作人員仍然需要很好的工作經驗以及對材料之基本認識。尤其對材料裂痕的認識，接受及不接受的條件都要有十分正確的認知才可以勝任。

一、材料缺點的種類

在製造過程中，金屬的缺點從冶煉的原料至加工製作過程都可能產生缺陷(Defects)例如在熔煉過程中，材料中的間隙(Porosity or Voids)均可能產生氣泡(Gas Pocket)。在加工過程中，這些氣泡可能合併成另一大的裂痕或是另一細長的裂縫，這些缺陷通稱之爲裂痕或是斷裂(Breakor Discontinuity)。在金屬之晶粒安排中，這些缺陷都常隱埋在表層以下，從外面看是看不到這些潛伏的裂痕的。

在加工過程中切割以及熱作或是冷作，在高應力區域(Overstressed Area)常會產生裂痕(Cracks)，不當的熱處理亦會引起材料之裂縫產生。

成品在服役期內，尤其是在高應力或是高溫操作時，亦會產生裂痕(Cracks)，例如引擎的轉盤、葉片、軸及高速軸以及燃燒室或是後燃器部份，另外尙有腐蝕及疲勞因素(Corrosion and Fatigue)也可以引起金屬之裂縫(Cracks)。

二、材料缺陷的接受度

世上沒有金屬材料是完美的，它多多少少都含有些缺陷，因此檢驗的規格(Inspection Specifications)制定下什麼是可接受的條件。這些規格依各大公司、製造商自行製定，通常是依裂痕之尺寸大小而定下接受或不接受的條件。因此對檢驗的規格特別是指定的檢驗儀器要特別的了解以及遵行才能達到NDI的眞正目的。

三、NDI的種類

鑑於金屬的種類以及各種不同的缺陷，因此許多不同的NDI方法發展出來了，不能說那種方法最好或最不好，因爲它各有其特別的地方、特殊的目的，至於如何選擇NDI方法，則要看各位航空檢驗員的素養和經驗了。不過最基本的需求，則是不論採用那一種NDI方法，受檢驗品必須清洗乾淨而與外物分離，尤其是檢驗表面裂痕時(Surface Cracks)表面之清潔準備與檢驗之結果有很大的關係。

1. 磁粒檢驗(Magnetic-Particle Inspection)

   磁粒檢驗對於能磁化金屬材料，即所謂的含鐵或鐵性金屬(Ferrieous Metal)檢驗這些材料的裂痕，在表面上或是在表面下10～15mm處非常有效，在被檢驗的材料內通上電流即產生磁場，任何材料之裂痕或缺陷(Cracks or Flaws)均會影響磁場的變化。磁場的產生方式有兩種：一種是線性磁場(Longitudinal Magnetism)，另一種是環性磁場(Circular Magnetism)，請參閱圖

7-8-1。將被檢驗品放在一線圈中，然後在線圈中通上電流，如此則磁力線會產生在檢驗品中而與電流成垂直方向，而當磁力線通過檢品時，如有裂痕或是任何材料缺陷，磁力線會變形而顯示出裂痕的大小尺寸與磁力線成直角的裂痕顯示得最清楚，而與磁力線平行的裂痕就比較模糊了，在圖 7-8-1 中的下方，可以看見檢驗儀器的光幕上很清晰的看出與磁力線垂直的裂痕，而與磁力線平行的裂痕則顯示不出。再看圖 7-8-2 如果直接通電於檢驗品上，則磁場產生於環繞於檢品上，如此則磁力線亦是環繞於檢品上，這樣與磁力線垂直的裂痕亦是圖下方在水平方向的裂痕顯示於光幕上最清楚，而在垂直方向的裂痕則不明顯於光幕上，如此經過兩次磁粒檢驗 (一次線性磁場，一次環性磁場)，則材料內之裂痕或缺陷　論是水平或是垂直方向，均無所遁形一一顯現出，非常有效。

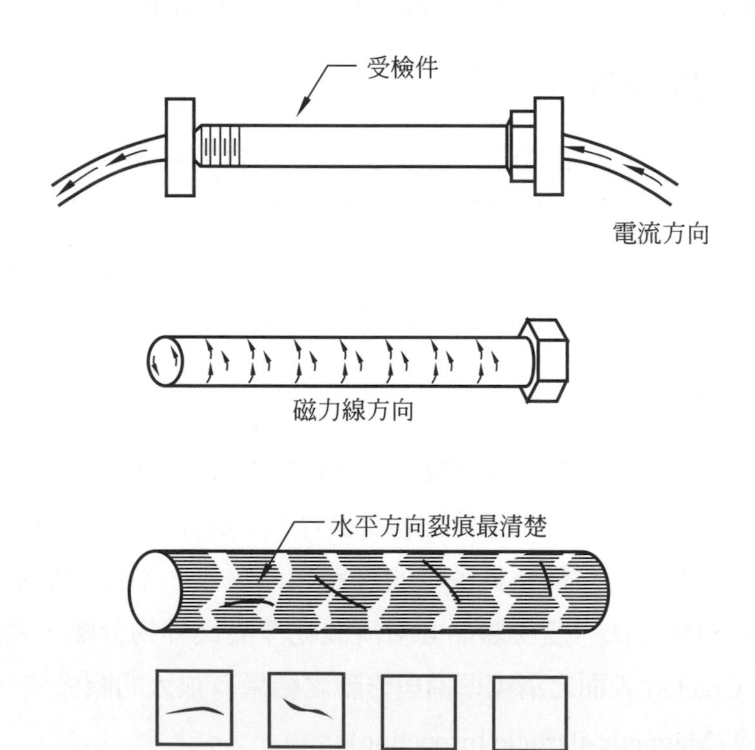

▲ 圖 7-8-1　磁粒檢驗之線性磁場 (Longitudinal Magnetism)

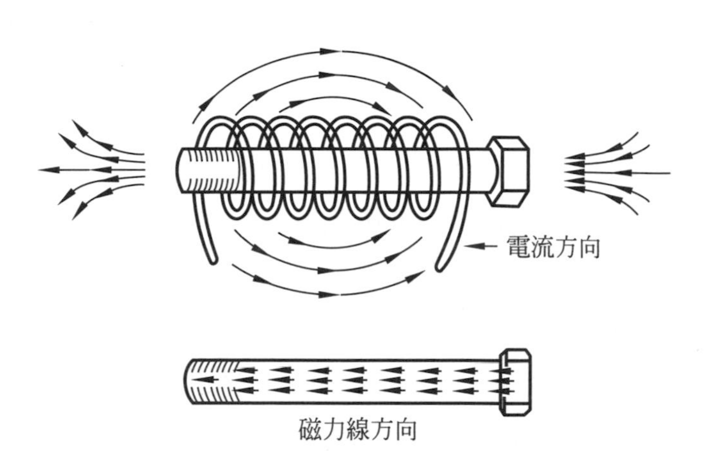

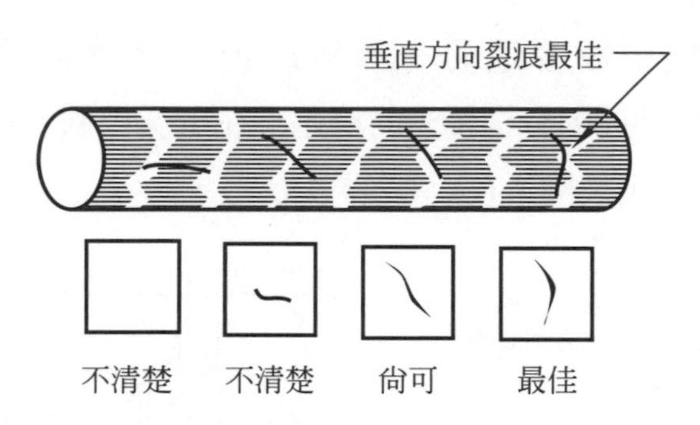

▲ 圖 7-8-2 磁粒檢驗之環性磁場 (Circular Magnetism)

因材料之裂痕而引起的磁力線扭曲或變化，通常是看不見的，為了使磁場變化能看見就需要使用所謂的磁珠 (Magnetic Particles) 或是磁粉 (Magnetic Powder)，通常有兩種方式，一種稱為乾式磁珠 (Dry Particles)，是一種呈粉末狀的細金屬粒可以撒在被試驗品的表面或可用刷子刷在表面上，這樣就可以由這些微粒的移動，顯示磁場的變化及裂痕的大小與位置。另一種磁珠稱為濕式磁粒 (Wet Particles) 是一些特製的金屬微粒可以懸浮在輕油中，同時這些微粒塗上了顏色或可以反光的塗料，檢驗時可以將檢驗品浸於此輕油中或以輕油澆過檢驗品，就可以很清楚的看到磁場變化及裂痕位置了。

2. 螢光滲透檢驗 (Fluorescent Penetration Inspection)

滲透檢驗是用一種滲透劑能穿過材料的裂縫或是其他缺陷， 在使用滲透劑 (Dye) 之前，被檢驗品的表面必須完完全全的清洗，被檢驗品可以浸在滲透劑中或是以刷子刷上或噴上滲透劑到被檢品的表面。要等過一段小時間讓滲透劑能有時間滲入檢品的裂縫中， 然後再用水或是其他指定的清潔劑沖洗檢品的表面，將表面上的滲透劑完全清除。然後讓檢品在空氣中乾燥， 然後再在檢品表面噴上或刷上一種顯影劑 (Developer)，這是一種溶液中有白色的懸浮微粒，也可以將已有滲劑的檢品浸入顯影劑中， 如此待顯影劑在表面稍為乾燥後，這時滲透劑會自裂縫中流出表面上可以很清楚的找到裂痕了。圖 7-8-3 表示此滲透與顯影之操作情形。

滲透檢驗可以檢驗任何材料，但必須是表面裂縫或是與表面不遠的內部，但必須與表面相通的地方，它不可能檢驗出材料內部的氣孔或是內裂縫等等。這種滲透方法對於施行程序非常講究，操作者必須熟悉這些才不致於引致錯誤的結果。

滲透檢驗中最普通的一種稱為螢光滲透檢驗 (Fluorescent Penetrant Inspection)，其滲透劑有含螢光的粉劑，在黑房中觀看或在紫外線光線下，可以非常清晰的看出裂縫所在 (由螢光顯示)。

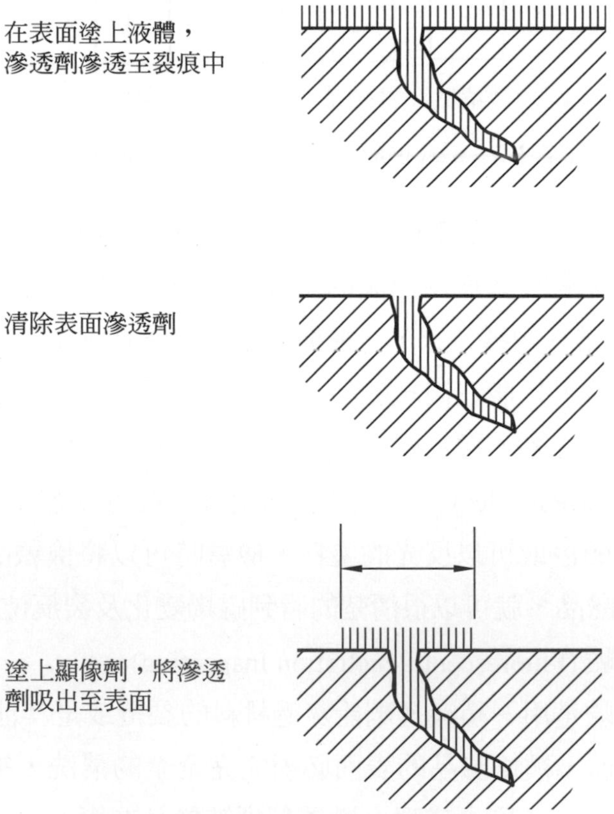

在表面塗上液體，
滲透劑滲透至裂痕中

清除表面滲透劑

塗上顯像劑，將滲透
劑吸出至表面

▲ 圖 7-8-3　螢光檢驗之滲透與顯影動作

3. 渦電流檢驗 (Eddy Current Inspection)

此法是利用電磁誘導 (Electromagentic Induction) 原理，在受檢件內誘發產生電阻勢 (Impedance)，在裂痕或斷裂處，電流受阻而改變了流動方向而形成渦電流 (Eddy Current) 現象。這新產生之渦電流改變了電路磁場的形態。這種改變反饋到原來的磁場電氣性質，而此儀器進一步放大及處理此反饋信號，然後分析此信號並于記錄器上展示分析結果。圖 7-8-4 顯示簡單的渦電流檢驗之電路圖。請注意此時之受檢件必須是對磁場有反應的材料且必需是導電性的，因此此法僅實用於鐵性金屬受檢件，與第一類之磁粉檢驗應用範圍相同。

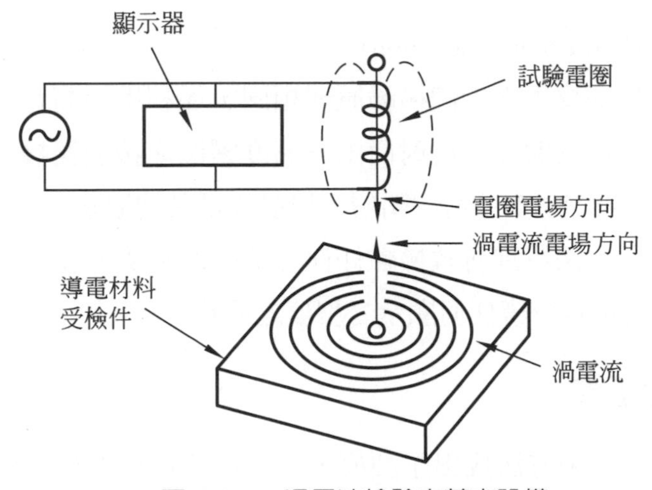

▲ 圖 7-8-4　渦電流檢驗之基本設備

渦電流檢驗法除了可檢出內部之裂痕之外，尚可有下列之功能：

(1) 可測金屬內部晶粒之大小、排列以及硬度。

(2) 可測金屬熱處理或硬化處理後之效果。

(3) 可區別金屬材料內部之化學組成及顯微組織等。

(4) 可測出金屬之各種塗層 (Coating) 之厚度。

渦電流檢驗儀通常有兩種形式：稱圓筒式 (Solenoid Type) 及扁餅式 (Pancake Type)。前者適用於管狀或桿狀之受檢件，後者適用於一般形狀或扁平形狀者，前已言及此法是利用檢驗線圈受渦電流誘導作用而輸出信號，此信號之分析與展示結果爲此類儀器之基本構造。此類電路設計甚爲複雜且功能不一，但以電橋設計 (Bridge Network) 者最爲精準及受市場接受。

4. 放射線照相檢驗 (Radiographic Inspection)

　　此法乃利用 x 射線或放射線穿透照射受檢件，由其背後底片所顯示之受檢件內部之情況觀察受檢件內部之任何缺陷。故此法可適用於任何材料，包括複合材料。此法與醫療用的 x 光照相原理相同。但對裂痕之認識與了解，則需長期的工作經驗。射線之應用主要是增強 x 射線穿透力不足之故。γ 射線 (以鈷 60 發射) 可穿透鋼材達 9 英吋之厚度，(如用 x 射線則僅 3 英吋而已)，故較厚之受檢件必需用射線處理。

　　市場上應用，γ 射線儀已發展出可攜式及以鐳錠或鈷 60 爲光源，優點在費用低且方便，但需注意人體之安全。

5. 超音波檢驗 (Ultrasonic Inspection)

　　此法與醫療應用之人體檢驗原理相同，係利用超高音週波振動之音波輸入受檢件中，經反射面之反射而由一高度靈敏之接受器接受並自動分析，及判定受檢件內部是否有空隙、斷層、裂痕或是其他缺陷。在何處？尺寸大小？皆可記錄出。此法特別有效檢驗任何焊接縫的缺失。又此法之工作人員亦須極好之工作經驗以分辨任何顯示之裂痕之眞相。

四、NDI 之後續工作

用這些非破壞性檢驗方法找出了裂痕，怎麼辦？可依下列三個步驟進行受檢件之後續處理：

依該產品之產地工廠所頒發之工作規格 (Work Specification) 決定該裂痕依所在之位置、尺寸及大小是否已符合該工廠所規定之下列情況：

1. 修補 (Repair)。
2. 報廢 (Scrap)。
3. 更換 (Replace)。

這裡再談談修補的工作，一般而言，爲了節省，多半的裂痕可以修補後再用，修補的方法簡述於下：

1. 表面裂痕或在表面下 15mm 以內之內部裂縫：可用擴散結合 (Diffusion Bonding) 方式進行修補，此法類似硬焊 (Brazing)，即先刷上或塗上相容之焊料，焊料以液體方式可滲入離表面不太深的內部裂痕，然後置於硬焊爐中 (溫度約在 2000 ℉上下) 若干小時即成。

2. 離表面 15 mm 以上之內部缺陷，可用所謂的熱均壓爐 (Hot Isostatic Pressing Furance)，此設備簡稱 HIP 爐，溫度可至 2000 °F上下，壓力可達 3000 psia 上下，而且是等壓情況。受檢件置於爐內，是四面八方的高壓及高溫時，其內部之孔隙或裂痕可由此高壓擠兌而變形消失。

參考資料

Ref.1：Sechler, E.E., "Aircraft Structural Analysis and Design" Dover, New York, 1963。

Ref.2：Teichmann, F.K., "Fundamentals of Aircraft Structural Analysis", Hayden, New York, 1968。

Ref.3：Waddoups M.E. et al., "The integration of Composite Structures into Aircraft Design", Journal of Composites materials,Vol.6, p.174, Apr. 1972。

MEMO

CHAPTER 8 控制與平衡

前言

飛行器或是飛機之安全飛行，可以說完全依靠控制與平衡的系統 (Control and Stability)，控制與平衡系統由早期機械操作方式，例如由鉸鏈或是聯桿、油壓或是氣壓式的驅動以迄於今日的所謂線控飛操 (FlyBy Wire)，全自動式的電子操縱，其進步可謂十分迅速。本章將介紹基本的控制原理及簡易的控制系統以及飛機上的必要配備條件。至於複雜的自動控制及電腦設備則留給讀者自參考書籍中尋求了。

8-1 飛行中的力平衡

要一架飛機能在等高情況下保持等速飛行，它必須符合力的平衡條件，這些作用於飛機上的力有本身的重力 (重量)，以及機翼上產生的升力，還有氣流流過機身任何部位產生的阻力以及推進系統產生的推力或拉力。如圖 8-1-1 所示，此飛機保持平穩等高等速飛行的條件，則是此 4 種力保持平衡：

即是

升力 = 重力

阻力 = 推力

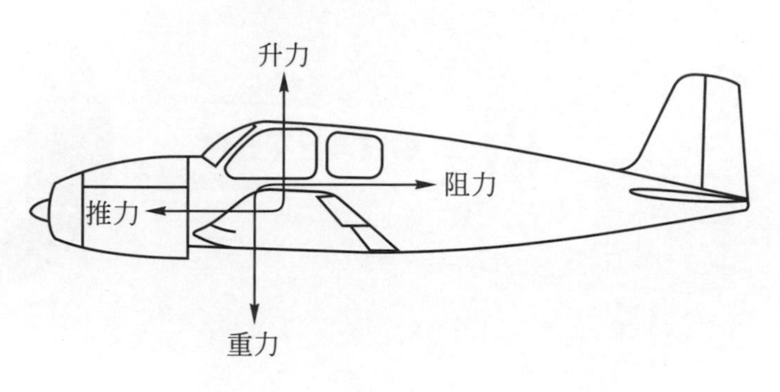

▲ 圖 8-1-1　飛機在飛行中之受力情況

此地的阻力是總阻力，也就是各種阻力的總和，在前面談過阻力的估算，這是包括了除機翼以外，尚包括氣流流過機身、起落架及機尾等部位的誘導阻力 (Induced Drag) 及附屬阻力 (Parasite Drag)。圖 8-1-2 表示氣流流過機身各部位之情形，因此總阻力包括了氣流流過任何一吋的地方的阻力和。假如升力稍高於重力，那麼此飛機會漸漸升高，反之則會漸漸下降，同理如推力稍大於阻力，則飛行速度會漸漸加速，而速度快了以後阻力會因速度加快而升大，會與推力再達一平衡狀態而保持等速飛行。

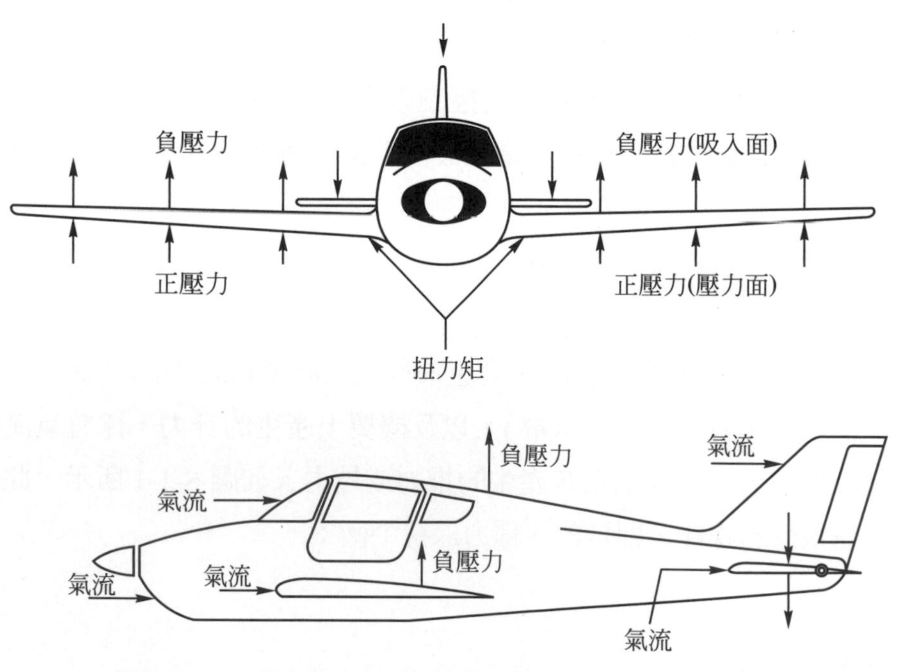

▲ 圖 8-1-2　飛行中氣流之壓力作用於飛機之各部位示意圖

這裡介紹一荷重參數 (Load Factor)，即是機翼支持的重量除以飛機本身的重量。因此在圖 8-1-1 等速等高同水平的飛行時，其荷重參數爲 1.0，但當飛機在作一曲線或轉圈時，另一種力量，即是離心力會加諸在機翼上，即是機翼之升力必需克服或支持機身本身重量還要加上因轉圈時所產生的離心力。因此在做曲線運動的飛行時，其荷重參數是大於 1.0 的。通常荷重參數以“*g*”來代表，此地“*g*”即是地球的重力加速度，因爲重量可以 *mg* 來表示，*m* 是質量可以消去，那麼荷重參數就可以 *g* 來代表。例如機身全重爲 1*g*，離心力爲 2*g*，那麼荷重參數則爲 3“*g*”了。假如是急轉彎或是急速轉圈，那麼離心力很大，則荷重參數會高至 10“*g*”以上。請參考圖 8-1-3 表示飛機在繞一水平的圈子。其側飛角 (Bank Angle) 爲 45°，此時機翼的負荷除了本身的 1*g* 外，還要加上離心力 1*g* (注意此時因側飛角 45° 之故，故此兩力作用於機翼上時應以向量合成方法計算)，故在 45° 側飛角時，合成之荷重參數爲 1.414。

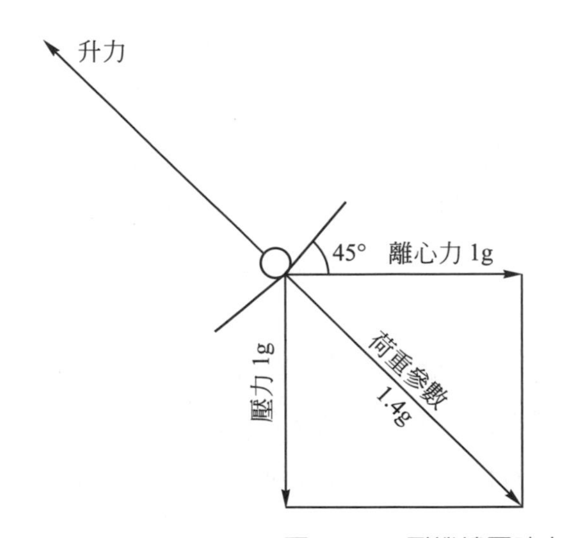

側飛角	荷壓參數	失速速度
0°	1	50KN
20°	1.06	52
30°	1.15	54
45°	1.41	59
60°	2.0	71
80°	5.75	120

▲ 圖 8-1-3 飛機繞圈時之荷重參數 (Load Factor)

如圖 8-1-3 顯示，依側飛角大小 (即離心力之大小) 而得不同的荷重參數，如側飛角 80° 時，荷重參數可高至 6，也就是此時機翼之支持重量爲機身重之 6 倍。也因爲此緣故在以近戰纏鬥取勝的戰鬥機或是以空中表演爲主的飛機，其結構設計皆以荷重參數爲設計目標，也就是其結構強度足以抵抗如此高的負荷 (即本身重量之若干倍)。

有鑒於此，美國航空總署 FAA(Federal Aviation Administration) 曾制定有關荷重參數的規定如下：以 *LF* 代表荷重參數：

一般飛機 (Normal Type, LF) = 3.8(非飛行表演機)

簡單飛行表演飛機 (Utility Type)LF = 4.4

飛行表演機 (Acrobatic Type)LF = 6.0

因此設計此類飛機必須以此規定之荷重參數為準才能通過 FAA 之驗證許可 (Type Certificate)。

請讀者不要將荷重參數 (Load Factor) 與機翼負載 (Wing Loading) 混為一談。後者在前面介紹過是飛機的重量除以機翼的面積，其單位是每平方呎可以揚升多少磅重量，是表示機翼設計優劣的重要指標，以今日之標準而言，小型飛機之機翼負載大概在 10 lb/ft^2 左右，而高效率之運輸客機，則可至 130 lb/ft^2 以上。

8-2 飛機之穩定

為了安全的飛行，任何飛行物體皆必須具備穩定的性質，藉由不同性能的設備及駕駛員的操作可以使飛行物由不穩定的狀況回復到穩定的情況。當飛機在飛行中遇亂流時，由原先穩定的情況受到外力干擾打破原先穩定狀況，這時藉由駕駛員操作機上的控制系統，利用一些控制面產生局部的力或是力矩 (Forces or Moments) 使飛機立即恢復原來的穩定情況。

一物體之穩定情況可以分為靜態穩定與動態穩定兩種。首先我們要了解一物體之平衡狀況 (State of Equilibrium)，即是此物體所有之外力及力矩之總和為零。此時此物體為靜止或是作等速等高之飛行，這時此飛機沒有加速度因為沒任何多餘的外力作用於飛機上。

所謂之靜態穩定 (Static Stability) 對飛機而言，即是受到干擾打破原來的平衡狀況時，有回到原來的平衡狀況的趨勢，稱之為正性穩定 (Positive Static Stability)。如繼續不平衡的狀況或是不可能回到原來的平衡狀況時，稱之為負性靜態穩定 (Negative Static Stability) 或乾脆稱之為靜態不穩定 (Static Instability)。如此物體受此干擾後，不能回到原來之平衡，同時也不能繼續保持干擾後的狀況，此時我們稱之為中性靜態穩定 (Neutral Static Stability)。這三種靜態穩定情況在圖 8-2-1 中可以清楚的看出來，請注意此地的“正”與“負”不是電極或電磁學上物理意義，此地只是用來與“中性”相對而言。

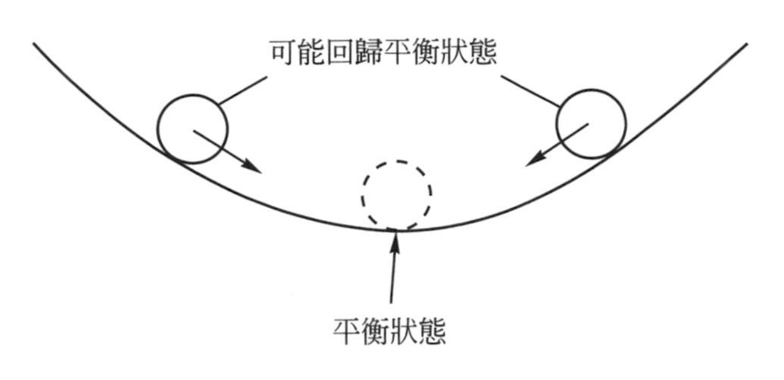

(a) 正性靜態穩定

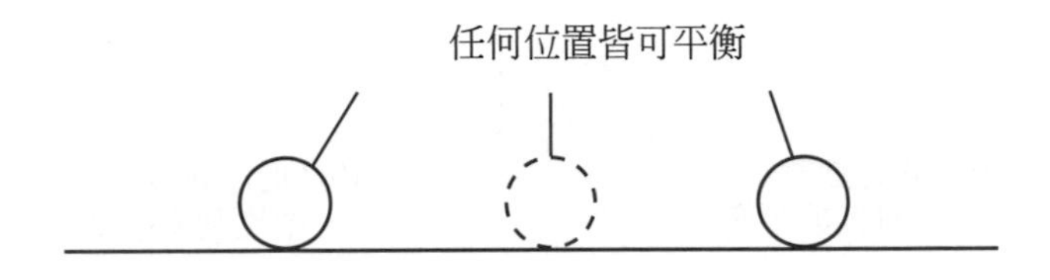

(b) 中性靜態穩定

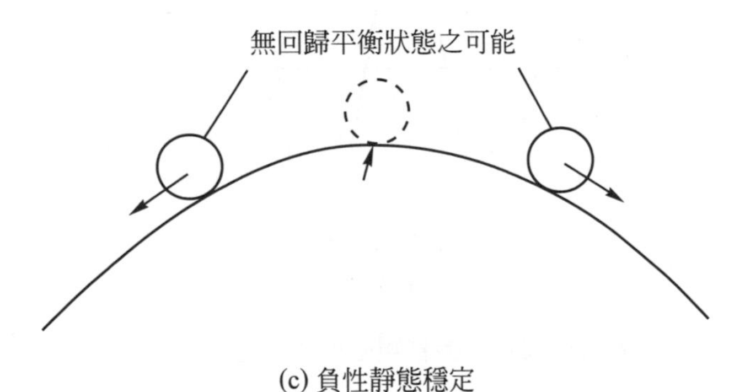

(c) 負性靜態穩定

▲ 圖 8-2-1　靜態穩定三種情況

相對的，自然有所謂動態的穩定，前面談到的靜態是沒有涉及任何運動的也不是任何時間的函數，只是關係到物體的干擾及位移而已，看看干擾後是不是能回到原來位置而已，談到動態即涉及物體的動作或是振動，而是時間的函數，要研究開始如何？十秒鐘後又是如何？這些問題。

請參考圖 8-2-2，動態穩定也有三種情況，假設一物體或是飛行中的飛機，受干擾後，產生了振動 (Vibration) 或是搖動 (Oscillation)。假如此物體有能力使這些始生振動之振幅 (Displacement) 隨時間增長而消失或減小，我們稱之爲正性動態穩定 (Positive Dynamic Stability)，如圖 8-2-2 之上圖樣 (a) 所示。如此振幅隨時間之增長而保持不變，則稱之謂中性動態穩定 (Neutral DynamicStability) 如圖 (b) 所示。又如此振幅隨時間而漸增大則稱之爲負性動態穩定 (Negative Dynamic Stability) 如圖 8-2-2(c)。

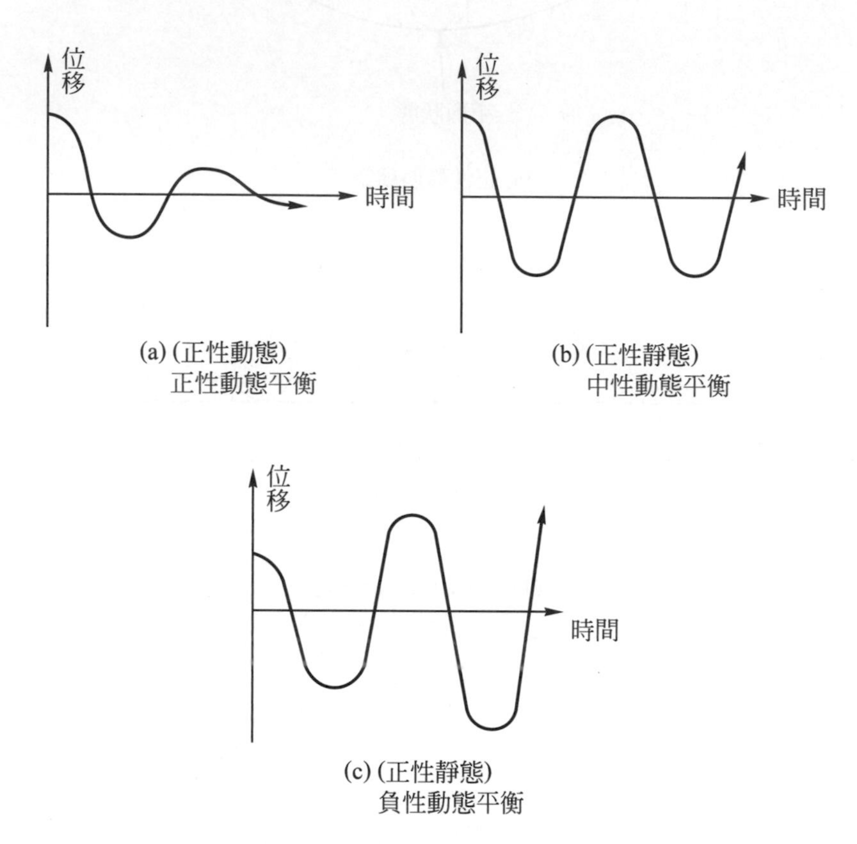

▲ 圖 8-2-2 振動與動態穩定之三種情況

當飛機在空中飛行時，前言及其外力及力矩必需總和爲零時，才能保持等速等高度平衡飛行，但仍可以在空中受干擾產生不穩定情況，如圖 8-2-3 表示飛機有三個主軸，即縱軸 (Longitudinal Axis)、側軸 (Lateral Axis) 及垂直軸或立軸 (Vertical Axis)，飛機可以在此三軸上移動 (Translation) 或轉動 (Rotation)，此即所謂飛機有六個運動自由度 (Six Degrees of Freedom)。

縱軸係指機身自機頭至機尾的一直線，側軸則是指自左翼尖穿過機身至右翼尖的直線，而立軸則是通過飛機之重心 (Center of Gravity) 而與機身成垂直的一直線。

在飛行時，飛機可以沿著此三主軸旋轉，當然由三大主要控制面 (Primary Control Surface) 來操縱控制，如圖 8-2-3 所示：副翼 (Ailerons) 負責控制縱軸的旋轉，稱之爲翻滾 (Roll)，升降舵 (Elevators) 負責控制沿側軸的旋轉，稱之爲縱搖或前後顛

簸 (Pitch) 即機頭上下點頭的動作。而尾舵 (Rudder) 負責控制沿立軸的旋轉稱之爲擺動 (Yaw)，即機頭左右擺動的動作。

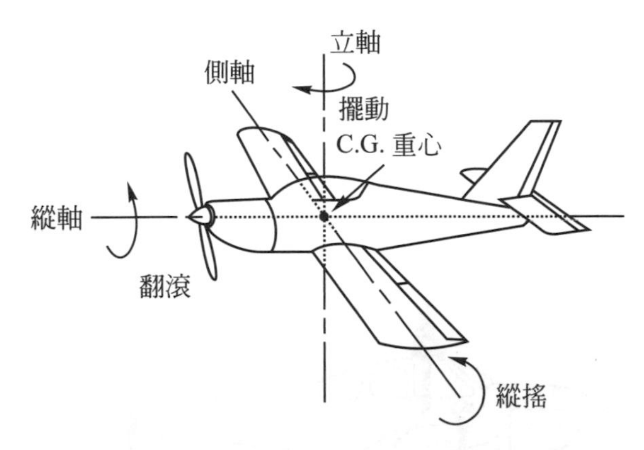

▲ 圖 8-2-3 飛機的三大主軸：縱軸、立軸及側軸

在討論飛機的穩定時，不是討論在此三軸上旋轉的問題，而是討論在此三軸上移動 (Movement) 的問題。這是容易引起混淆的，例如：關於側軸的穩定應該是縱搖 (Pitch) 但航空術語 (Jargon) 卻稱之爲縱軸穩定 (Longitudinal Stability)。即是在縱軸上外力的平衡問題，依此，則縱軸穩定稱之爲側軸穩定 (Lateral Stability)，因爲是討論在側軸上外力分佈情況之故。同樣的在立軸上之穩定稱之爲方向穩定 (Directional Stability)。當然這只是些專有名詞的稱呼罷了，要了解其所指爲何就可以了。

在圖 8-2-4 中，我們可以進一步了解什麼是所謂的縱軸穩定 (Longitudinal Stability)，前已言及乃是討論在飛機縱軸上的外力作用情況，縱軸是自機頭至機尾的一直線，在這線上的外力有升力、重力以及控制面附加的補助力等等，這些力均在與此軸之垂直方向。圖 8-2-4 中 (a) 是表示飛機在中性縱軸穩定狀況 (Neutral Longitudinal Stability)；即表示此時飛機的升力正好等於重力中心 (Center of Grovity) 正好重疊，這時稱中性穩定即是表示縱軸在不穩定時之上下搖動機頭時，這種搖動會隨時間而保持不變。在 (b) 圖，表示是“負”性縱軸穩定 (Negative Longitudinal Stability)，這是因爲升力中心移至重力中心之前了，因爲升力稍有變動，則會引致更大或更深的搖動情形 (Pitchupand Down) 而不能回到原來的穩定情況。在圖 (c) 則表示縱軸的“正”性穩定，這時升力中心在重心中心之後，而在尾部又加了一控制面使其水平穩定 (Horizontal Stability)，如此安排則可將任何搖動現象隨時間增長而消失或減小。

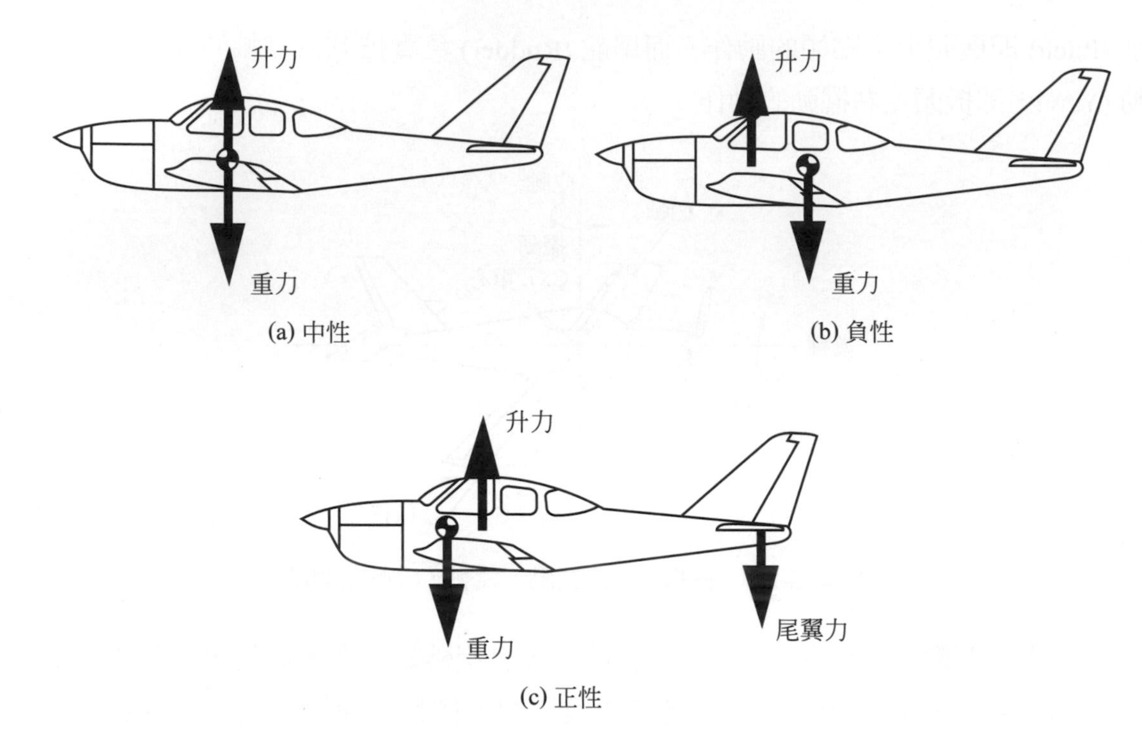

▲ 圖 8-2-4 飛機縱軸穩定之三種情況

再者，我們看看所謂的側軸穩定 (Lateral Stability) 也就是飛機有能力不讓飛機之翻滾 (Roll) 發生，也就是防止飛機在縱軸上旋轉的能力。影響側軸穩定的兩大飛機設計是所謂之上反角 (Dihedral Angle) 及後掠角 (Sweepback Angle)，這兩項皆涉及機翼的設計。所謂之上反角是機翼的側角對水平方向而言，如圖 8-2-5 所示。另外所謂正上反角 (Positive Dihedral) 是翼尖高於翼根的水平面，如圖 8-2-5(a) 所示。而負上反角 (Negative Dihedral) 是翼尖低於翼根的水平面，如圖 8-2-5(b) 右圖所示。

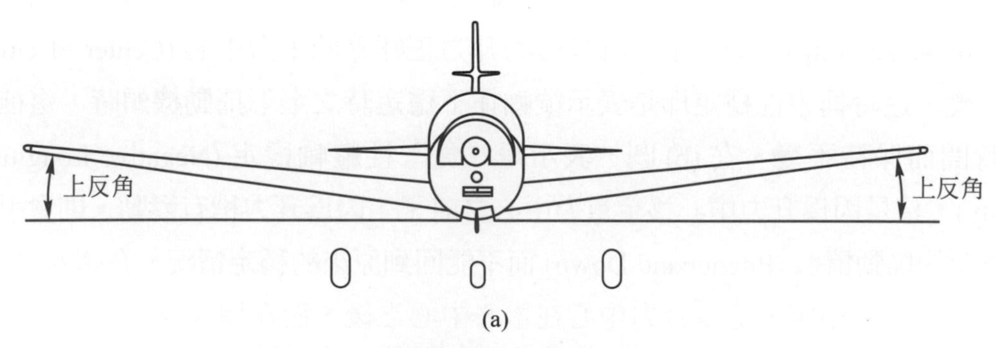

▲ 圖 8-2-5 飛機機翼之上反角 (Dihedral Angle)

(b)

▲ 圖 8-2-5 飛機機翼之上反角 (Dihedral Angle)(續)

機翼的升力 (Lift) 是當機翼水平時最大，即上反角等於零時，而當上反角增加時，機翼上之升力會減小如圖 8-2-6 所示，因此，當飛機開始有側軸不穩定現象時，即開始有翻滾動作時，請看圖 8-2-7，此時飛機的右翼之升力較大而左翼因上反角增大而升力減低，如此則有一力矩使飛機恢復原狀，即消去向右轉動的趨勢 (Roll Right)，而因兩側的升力相差，可以將飛機向左轉動而恢復原狀。這個就是因上反角而產生升力而保持了側軸穩定問題 (Lateral Stability)。

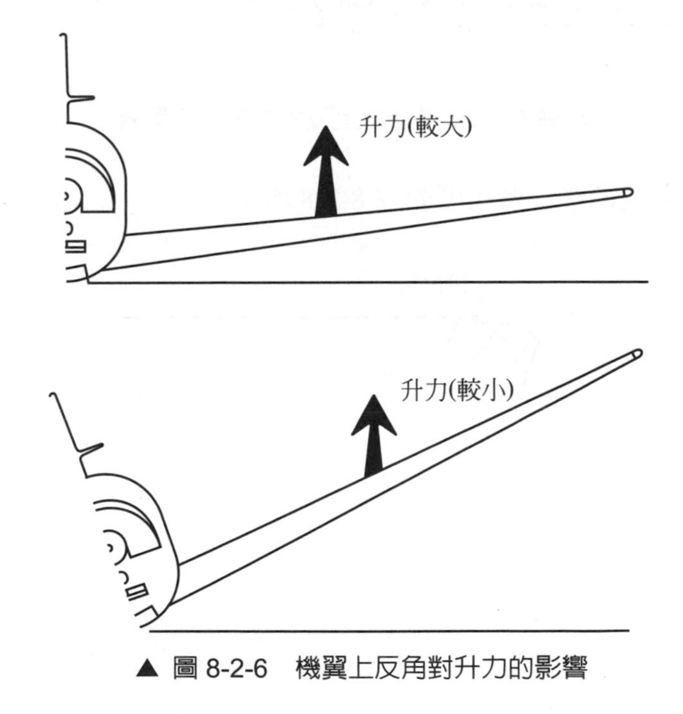

▲ 圖 8-2-6 機翼上反角對升力的影響

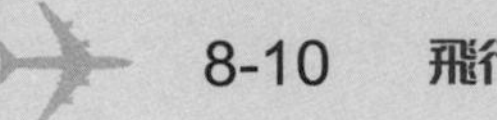

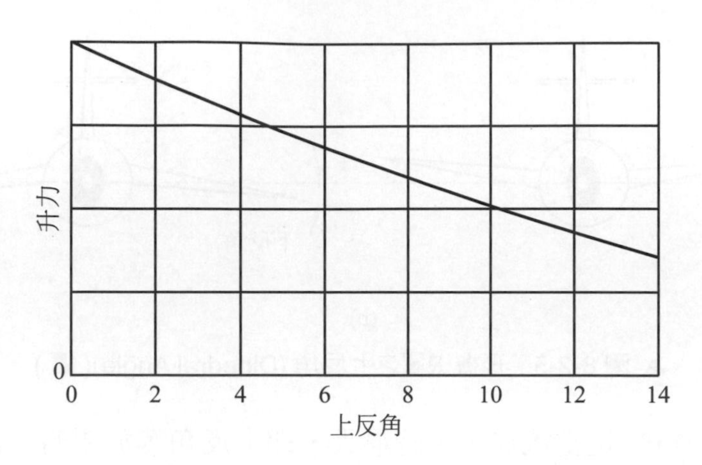

▲ 圖 8-2-6　機翼上反角對升力的影響 (續)

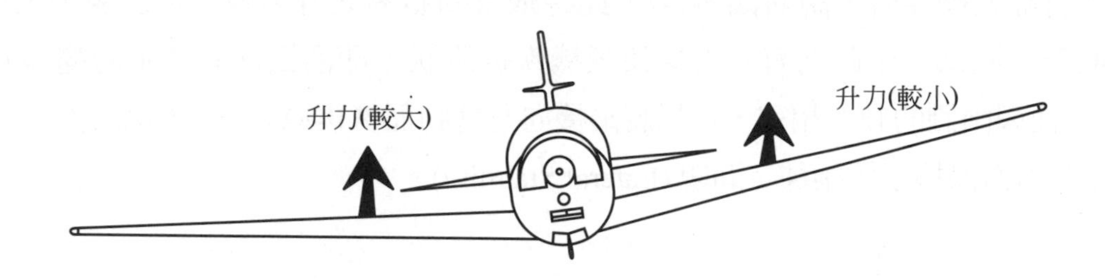

▲ 圖 8-2-7　機翼之上反角對升力的影響

後掠角是指機翼向後移一個角度如圖 8-2-8 所示。

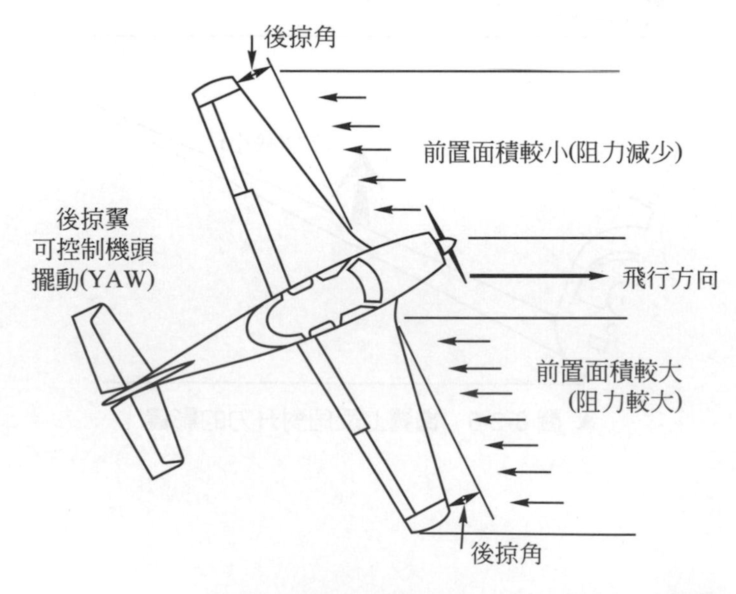

▲ 圖 8-2-8　後掠翼 (Sweepback Wing) 對立軸穩定之影響

機翼的後掠角對側軸穩定作用與上反角相似，也是因後掠角使得機翼之攻角 (Angle of Attack) 增加而致使升力也增加，如此產生了兩翼之升力差，而產生了相反的翻滾趨勢，而消去了原生的翻滾 (Tendency to Correct Roll)。

再次我們來看看飛機在垂直軸向的穩定，此時術語稱方向穩定 (Directional Stability)，這就是說飛機的本身能力能消去擺頭的不穩定情況 (Tendency to Correct Yaw)。

立軸向穩定 (Vertical or Directional Stability) 通常有兩個方式來達成一是利用機尾部的垂直安定面 (Vertical Stabilizer) 或者稱之爲鰭 (Fins)，這是附在尾翼上前方可以左右移動的控制面 (Control Surface)。另外一種方式則是利用後掠翼的作用。圖 8-2-9 表示垂直安定面或鰭 (Vertical Stabilizers on Fins) 能抵消擺動 (Yaw) 的示意。而在圖 8-2-8 則是解釋後掠機翼 (Sweptback Wings) 對消去擺動 (Yaw) 的方式。主要是由於兩翼因後掠之故而產生不同阻力的關係而產生一個反擺動的動作來消去即將發生的擺動不平衡。

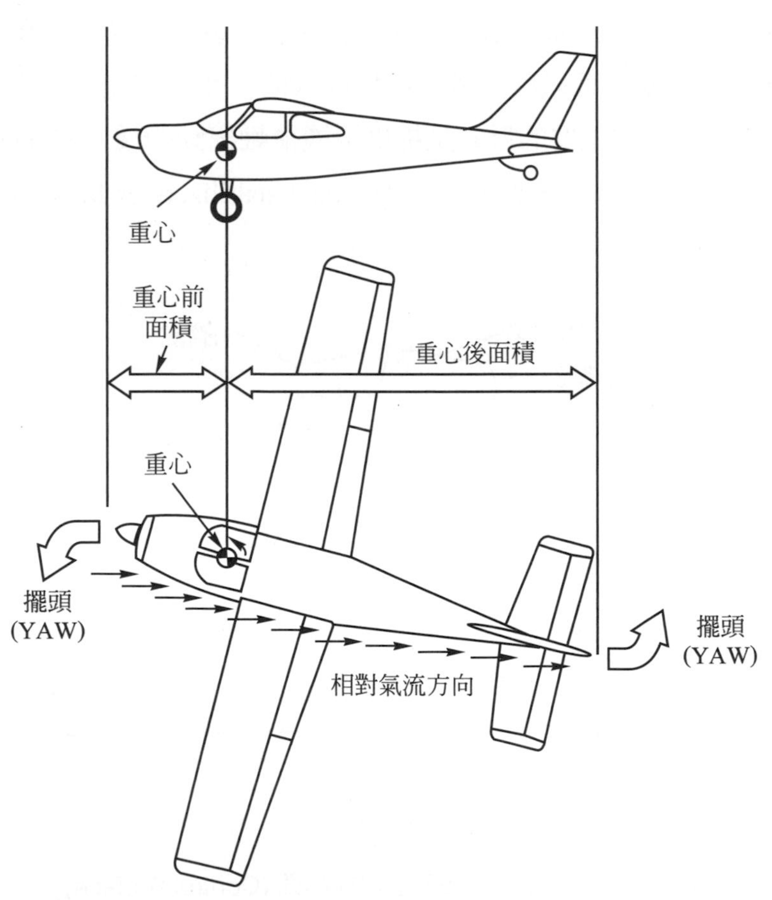

▲ 圖 8-2-9　左右擺動舵 (Vertical Fin) 對立軸穩定 (Yaw) 之影響

8-3 飛機的控制

飛機在空中能平穩飛行，主要是藉著一套控制系統來維持飛機的平衡及穩定狀態。這套控制系統包括了一些固定或可移動的所謂控制面 (Control Surface)，這些控制面均是有翼形面的設計 (Airfoil Shape) 而分佈在飛機的各部位而經由氣流流過，這些控制面而產生壓力差即升力，如同機翼一樣，不過這些控制面尺寸要小得多，而且升力也不是很大，由此升力再與飛機的重心產生一個力矩 (Moment) 來維持飛機三主軸所需要的平衡。如圖 8-3-1 及 8-3-2 標明這些散佈在各部位的控制面及名稱。在前面第三章我們曾經簡單的介紹過這些飛機的結構。

一般而言，飛機的固定翼形面 (Fixed Airfoil)，包括了機翼 (Wings) 及水平與垂直安定面 (Horizontal and Vertical Stabilizers) 請參閱圖 8-3-1，飛機的尾部包括了安定面 (Stabilizers)、升降舵 (Elevators) 以及方向舵 (Rudder)。通常尾部之總和稱之爲尾翼 (Empennage)。

水平安定面 (Horizontal Stabilizers) 通常裝置在尾翼上，是構成尾翼的一部份是可以固定於機身後部或是可以用鉸鏈相接移動式的，水平安定面是有兩片翼形而分置於機身後部之兩側。它主要的目的是提供飛機縱軸搖動的穩定 (Longity Dinal Pitch Stability)，它可以放置於高於垂直安定面 (Vertical stabilizers or Fins) 成爲 T 型尾翼如圖 8-3-9 所示。

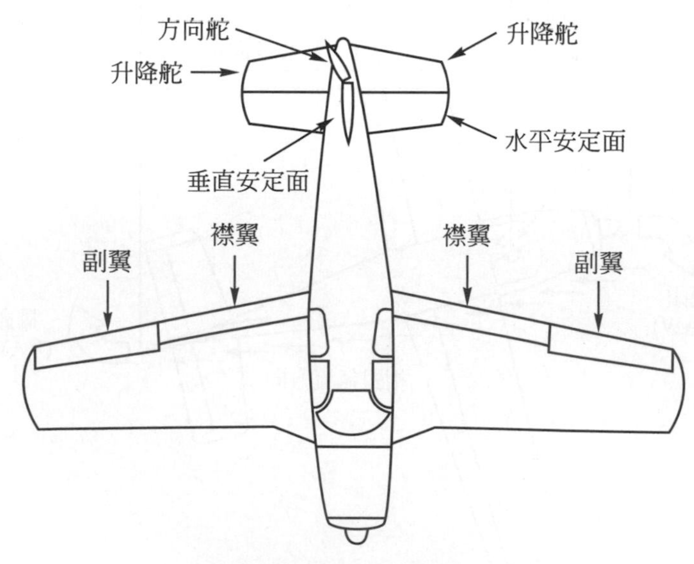

▲ 圖 8-3-1 飛機在各部位之控制面 (Control Surface)

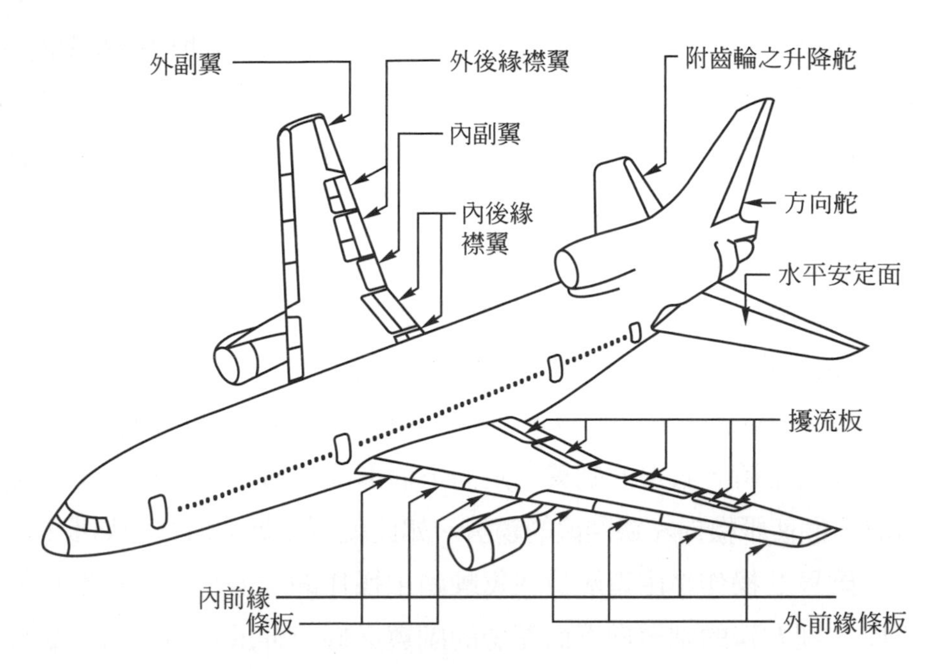

▲ 圖 8-3-2　洛克希德三星式廣體客機 (L-1011 Tri-star) 之控制面佈置情況

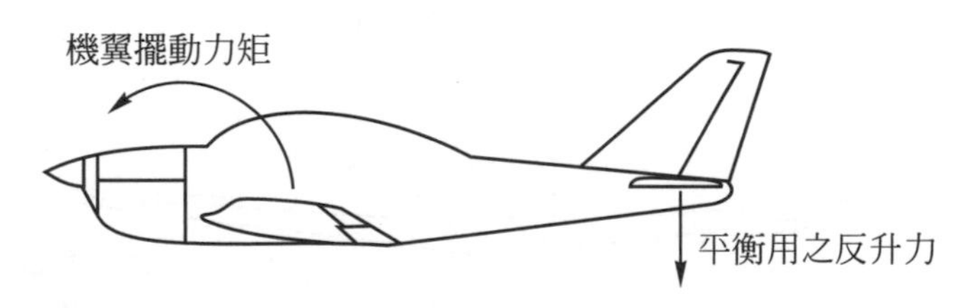

▲ 圖 8-3-3　水平平衡尾翼 (Horizontal Stabilizer) 之操作情況

或是放置低於垂直穩定器而成爲倒 T 型尾翼，即與圖 8-3-9 所示之 T 型尾相反。水平安定面如圖 8-3-3 所示，安裝稍低於機翼弦線則在飛行中由於氣流流過此翼型面而得到一向下的升力，如此則可以使機頭向上，而抵消了機頭向下的不平衡力矩 (Pitching Moment)。

垂直安定面 (Vertical Stabilizers or Fins)，通常裝置在方向舵 (Rudder) 的前方，如圖 8-3-1 或 8-3-2 所示。它的主要目的是供給飛機方向性的穩定或是防止飛機之左右擺動 (Yaw)。

其次我們來看一看所謂可移動的控制面 (Movable Controll Surface)。一般而言，飛機的主要控制面包括了可移動的副翼 (Ailerons)、升降舵 (Elevators)、及尾舵 (Rudder)。次要之可移動控制面則包括了襟翼 (Flaps)、平穩片 (Trim Tabs)、擾流板

(Spoilers) 以及小條板 (Slats) 等等。這些控制面我們在第三章內也曾經簡單的介紹過。主要的控制面是用來操縱或平衡飛機的，藉由對升力或阻力的修正來達到操控飛機的目的。有些大的飛機如圖 8-3-2 所示之 L-1011 廣體客貨機，利用附在機翼後緣的擾流板 (Spoilers)，一方面可以調整升力之大小 (藉干擾氣流)，另一方面亦可藉以防止翻滾之不穩定 (Roll Control)。

副翼或稱補助翼 (Ailerons) 是負責保持飛機之側軸平衡 (Lateral Control) 或翻滾 (Roll)。也可以說是防止飛機之縱軸的運動，請參考圖 8-3-1 或 8-3-2，副翼是安裝在機翼後緣靠近翼尖 (Wing Tip) 的部位，副翼都是兩片一組成對應用的，如圖 8-3-4 所示，左邊的副翼向上時，右邊的副翼一定向下而形成左邊的升力減少，右邊的升力增加，而造成一個使飛機向左邊翻滾的趨勢。如此就可以抵消向右邊翻滾 (Roll) 的不穩定動作了。副翼的操作是由駕駛員在駕駛艙中操作的，通常是由一駕駛桿操作，此桿向左壓時，則右邊的副翼向下而左邊的副翼必向上伸展，如桿向右壓時，則動作與上相反。

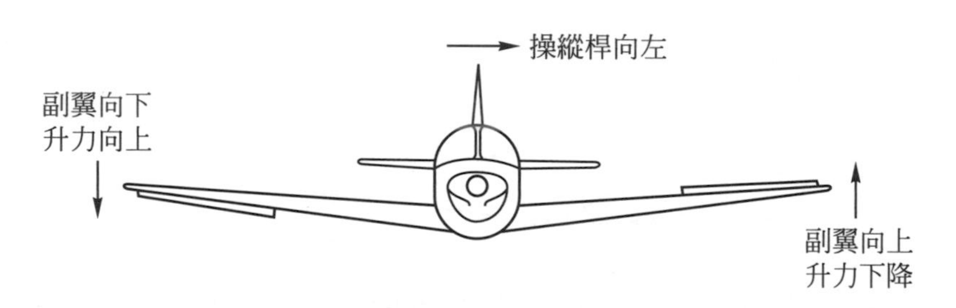

▲ 圖 8-3-4　副翼控制面之操作情況 (Aileron)

方向舵 (Rudder) 是一個垂直可左右擺動的控制面，通常是放置在垂直安定面 (Vertical Stabilizers or Fins) 的後方，通常是以鉸鏈相聯的，可以左右移動的。它的主要功能在控制飛機的擺動動作；即是機頭左右擺動的動作 (Yawing Moments) 也就是說對立軸 (Vertical Axis) 的左右轉動動作。方向舵的操作是由駕駛員用腳踩在地面上的踏板而完成。當踩右踏板時方向舵則偏向右邊，如此則在方向舵的右表面上氣流加速而動壓力加大 (Dynamic Air Pressure)，如此則使方向舵向左移動而致機頭向右移動，如圖 8-3-5 所示，尾部向左而機頭向右轉動。

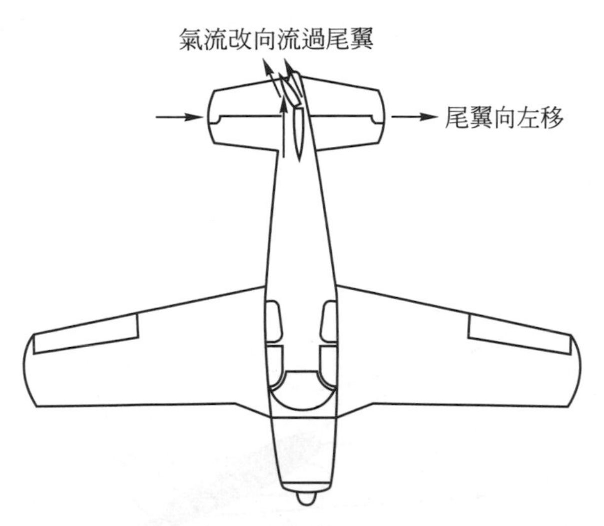

▲ 圖 8-3-5 控制飛機左右轉之方向舵 (Rubber) 操作情況

升降舵 (Elevators) 是一個可上下轉動的控制面，它主要的目的是控制飛機側軸 (Lateral Axis) 的平衡或是縱搖的穩定 (Pitch Control)，即是控制飛機機頭上下搖動的動作。它通常是裝置在尾部的水平安定面 (Horizontal Stabilizer) 的後方，而以鉸鏈固定之，通常在駕駛艙中用一操縱桿控制其操作。當此桿向後拉時，升降舵會向上升起，氣流流過時會將升降舵向下壓，而引起機頭相對向上抬起以及機翼的攻角 (Angle of Attack) 加大，如此則升力亦加大，這是飛機要爬升的動作，如圖 8-3-6 所示。相反的如將操縱桿向前推，則飛機之機頭向下而有俯衝的動作。

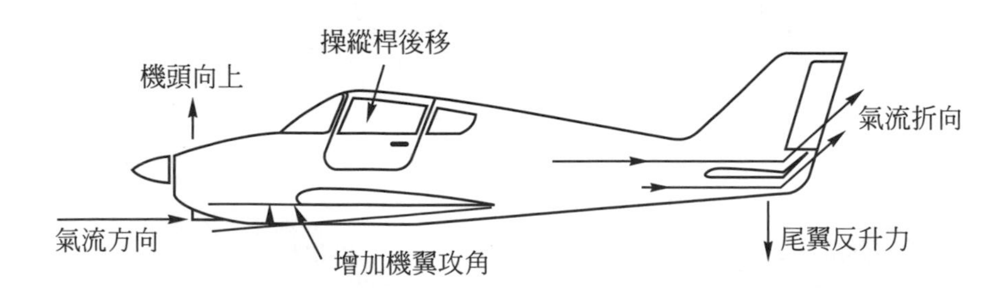

▲ 圖 8-3-6 控制飛機升降之升降舵 (Elevators) 操作情況

T 形尾翼是將水平安定面及升降舵放在垂直安定面的頂端如圖 8-3-9 所示，T 形尾翼的安排主要是將尾翼放在機翼後的擾流之外 (Wing Turbulence)，這樣尾翼的功能皆能充份發揮。不過 T 形尾翼的重量要比一般尾翼重些，這是唯一的 T 形尾缺點。

另外介紹一些不尋常的設計，這些控制面通常具有雙重的任務；例如：

1. 升降穩定舵 (Stabilator) 如圖 8-3-7 所示，是一個控制面但具有水平穩定器及升降舵的功用，它是可以移動而由駕駛員操縱的。主要的好處是節省了重量及使控制系統簡單些。

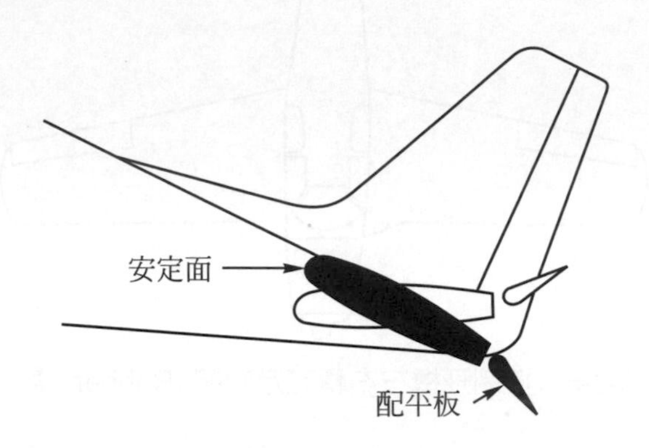

▲ 圖 8-3-7　機尾之水平安定面 (Horizontal Stabilator)

2. 升降方向舵或尾舵穩定器 (Ruddervator)，這個控制面是結合了方向舵 (Rudder) 及升降舵 (Elevator) 的功能，但只能供給 V 形尾翼用，如圖 8-3-8 所示。唯一的缺點是 V 形尾翼較重。

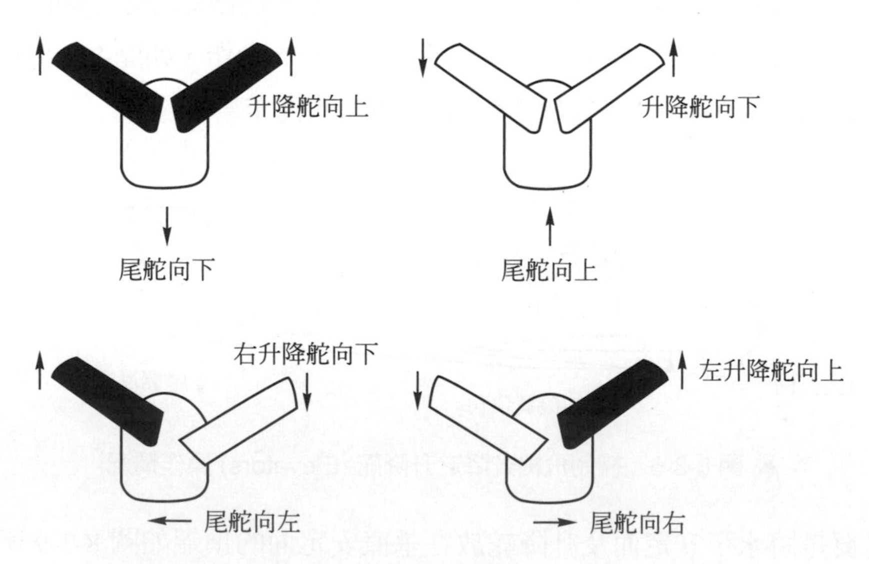

▲ 圖 8-3-8　綜合式之尾舵穩定器 (Ruddervators) 操作情況

▲ 圖 8-3-9　T 型機尾 (圖為畢琪公司之女王號休閒個人機，Beech-Duchess)

3. 副翼升降舵 (Elevons) 這個控制面結合了副翼 (Aileron) 及升降舵 (Elevator) 的功用，主要用在三角翼的外緣或後緣上，用作升降舵時，它們是同時向上或向下，但用作副翼時，則是一正一反，也就是一對同時用，一上一下配合。這個副翼升降舵 (Elevons)

   主要是用在所謂的飛行翼 (Flying Wing) 設計，例如美軍的 B-2 長程轟炸機設計，如圖 8-3-12 所示。

4. 副翼機片 (Flaperons) 這個控制面是結合了副翼 (Ailerons) 及襟翼 (Flaps) 的功能。同理，用作副翼時，它必須是一對同時用且是相反方向移動，用作襟翼時則是相同方向操作。這個副翼襟翼特別控制面主要是用來調節機翼的弦長 (Chord) 或是弦曲線 (Chord Carvature)，藉以調整升力的大小與分佈情況。

再者介紹一個較小尺寸的控制面，稱之爲平穩片或配平片 (Trim Tabs)。這是一種用來補助或補強修正主控制面的不足用的。例如圖 8-3-10 所示放置在機翼尾部的平穩片，它放在主要控制面的後緣，主要目的是保持主控制面的“位置”，也就是說在控制系統中保持主控制面的相對位置，使之不受氣流影響而移動主控制面而影響平衡穩定的需求。在圖 8-3-11 表示了一些這個小平穩片的操作方式。它是可以用控制桿或操縱桿在駕駛艙內操縱的。

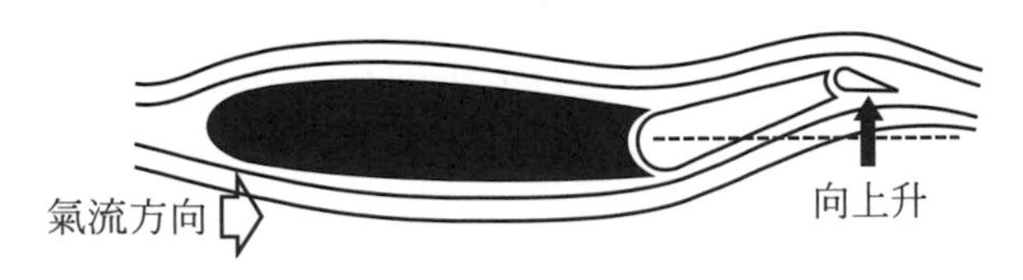

▲ 圖 8-3-10　機翼尾部之平穩片 (Trim Tabs)

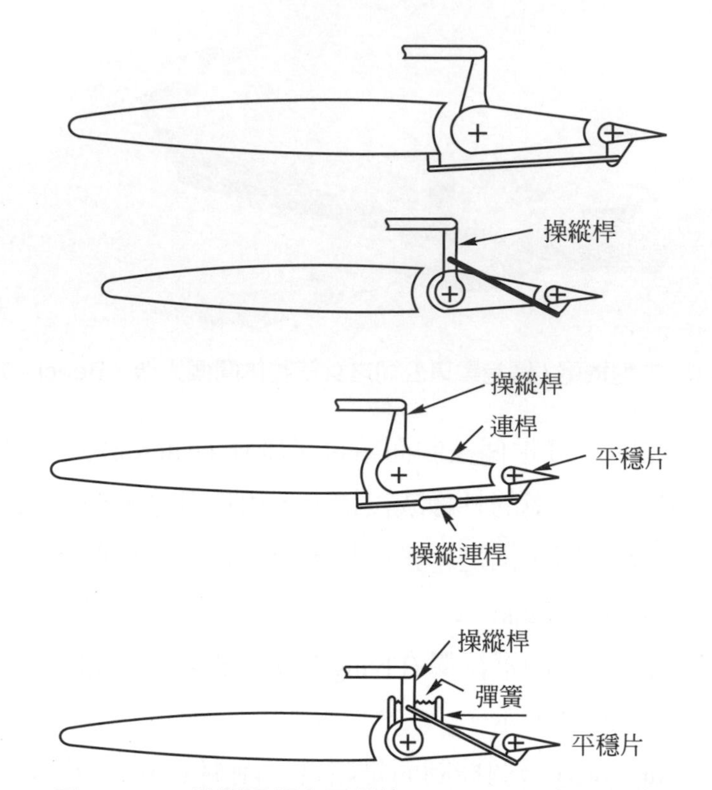

▲ 圖 8-3-11　機翼尾部之平穩片 (Trim Tabs) 各種操作方式

最後我們再來談一談飛行翼 (Flying Wing)。大約 40 年代，美國的諾斯諾普公司 (NORTHROP) 已有用機翼飛行的構想，請參閱本書第一章的介紹。因為我們都知道飛機機身是一個累贅，它不但增大了阻力且對升力毫無助力。如此想增加飛機的升阻比 L/D，唯一可以作的就是消除了機身，而由機翼代替了機身用以貯物或載人。如此飛機的重量會減少許多，同時尾翼也不需要了，使得結構簡單多了。這個構想經過了多次試驗，一直到最近的 70 年代，才付諸實現。那就是如圖 8-3-12 顯示的由諾斯諾普公司設計並承製的 B-2 長程重轟炸機，它可以超音速速度飛行，且能低飛避開敵人的雷達網追蹤。它已試飛多次且有服役的記錄。這是一個非常大膽的設計，沒有垂直尾翼或方向舵。可以自圖看出飛行翼的前緣及後緣，都是一些可以移動及操作的控制面藉局部的氣流產生力量或力矩來保持平衡和穩定。

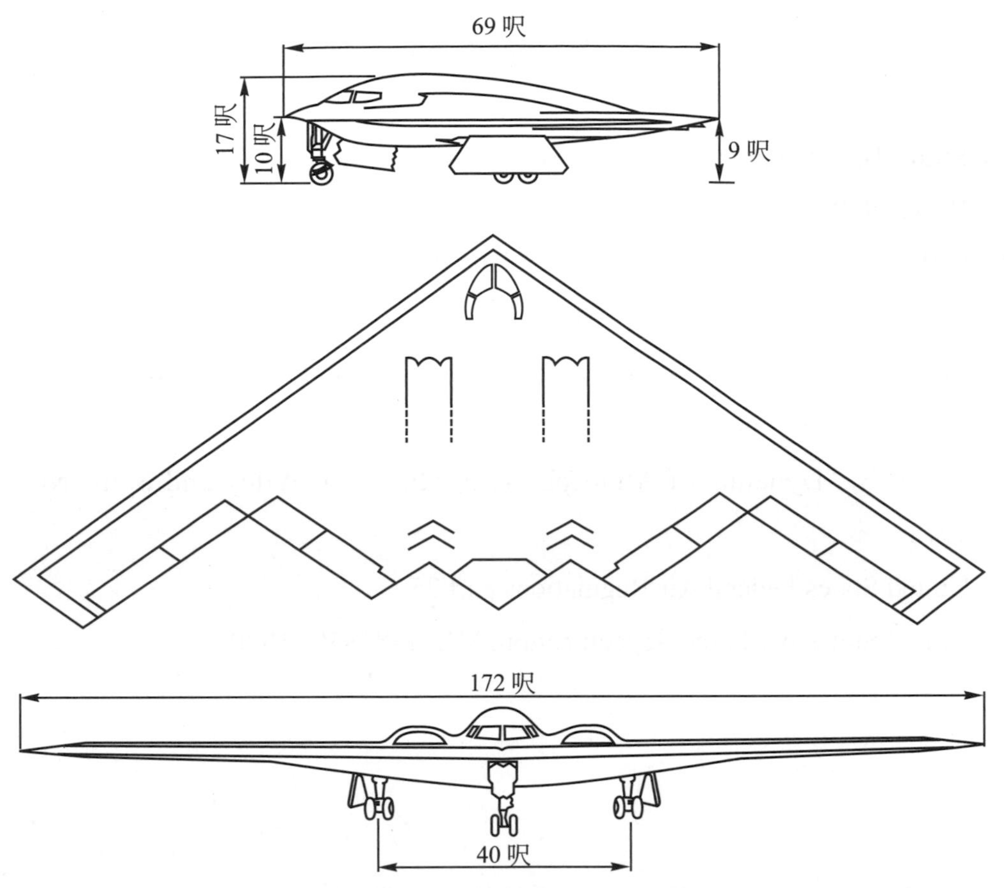

▲ 圖 8-3-12 諾斯諾普公司長程轟炸機 B-2 飛行翼 (Flying Wing) 設計

參考資料

Ref.1：Etkin, B. “Dynamics of Flight, Stability and Control” John Wiley and Sons, New York, 1959。

Ref.2：Perkins, C.D. and Hage, R.E., “Airplane Performance Stability and Control”, John Wiley and Sons, New York, 1949。

Ref.3：Ellison, D.E. “USAF Stability and Control Handbook”, AFFDL/FDCC, Wright-patterson AFB, ohio 1968。

Ref.4：Etkin, B. “Dynamic of Atmospheric Flight” John Wiley and Sons, New York, 1972。

Ref.5：United States Federal Air Regulations part 25。

Ref.6：United States Air Force Sepecification, MIL-F-8785C, 1980。

推進系統

前言

飛機的推進系統自 1903 年萊特兄弟小鷹號應用的十幾匹馬力的 4 汽缸內燃機一直至 1940 年代的中期，均是由往復式活塞內燃機提供動力給螺旋槳，1930 年代噴射式渦輪引擎開始萌芽，至 1950 年代初期正式應用，及至今日仍蓬勃發展。目前除通用航空 (General Aviation) 之小飛機或一些特別目的的表演飛機外，已沒有飛機採用內燃機作推進動力了。本章將特別介紹氣渦輪引擎 (Gas Turbine Engine) 之性能與應用時之種種限制。今日科技發展日新月異，最後一節將介紹目前在渦輪引擎科技開發的情況。

9-1 內燃機之淘汰

作為飛機之推進動力，活塞式內燃機自 1903 ～ 1945 年期間活躍了幾十年，自早期的水冷式至後期的氣冷式，直線排列至輻射排列，幾個汽缸至 48 個汽缸，幾十匹馬力至 1480 匹馬力，其間科技之進步，亦是驚人。但一個無法突破的瓶頸，乃是每單位馬力所需之引擎重量太高了。因為內燃機之操作需要起動系統、冷卻系統、潤滑系統，這些重量無法降低，在早期 (1910 ～ 1930) 內燃機之重量大約是每產生一馬力需 2.8 磅引擎重量，如圖 9-1-1 所示，與今日之噴射渦輪引擎 0.8 磅引擎重量相比，是不能比的。飛機之推進系統需求是越輕越好，今日之噴射渦輪引擎講求高推力／重量比，今日此值極限為 10，亦是要求引擎不但輕而且出力要大。

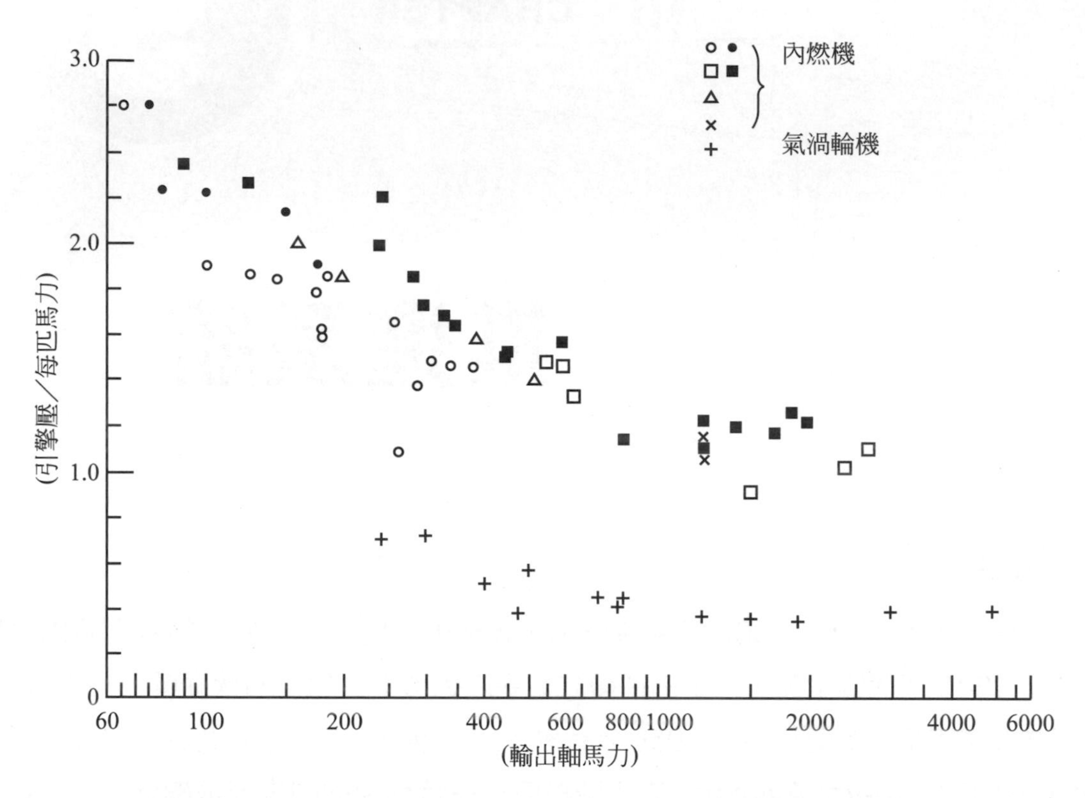

▲ 圖 9-1-1 引擎重量與輸出軸馬力關係圖。請注意往復式活塞內燃機與渦槳或渦軸引擎之比較 (Ref.5)

9-2 氣渦輪引擎之分類與推力之計算

氣渦輪引擎 (Gas Turbine Engine) 如圖 9-2-1 所示，外間空氣首先由進氣道 (Inlet) 吸入至壓縮機 (Compressor) 入口，(圖中 2 之位置) 壓縮機係由本身的渦輪機 (Turbine)(圖中 4 ～ 5 位置) 驅動，空氣經壓縮後，壓力升高了許多，然後進入燃燒室 (Combustor)(圖中 3 ～ 4 位置)。此時燃油注入引起燃燒，燃油所含之熱量完全釋放而由空氣吸收，因此在燃燒器出口或渦輪機入口處，空氣溫度為整個引擎溫度最高的地方，經過渦輪機後，如有需要，可以加裝後燃器 (Afterburner)，然後這個高溫且仍然高壓的氣流由最後之推力噴嘴 (Thrust Nozzle)(圖中 6-e 位置)，以高速之噴氣

流流出引擎，圖 9-2-1 所示乃是氣渦輪引擎之一種，因由高速之噴射氣流產生推力，故稱爲渦輪噴射發動機 (Turbojet) 或渦噴引擎。Jet 是指高速噴射氣流之意。由不同的動力產生方式，氣渦輪引擎可分爲下列幾類，如圖 9-2-2 所示：

1. Turbojet：渦噴引擎，如上述，推力由高速噴流提供。
2. Turbofan：渦扇引擎，此時在推力噴嘴前置一動力渦輪驅動前置的一具風扇，推力由小部份噴流及大部份風扇動量變化而得。
3. Turboprop：渦槳引擎，與 Turbofan 相同，動力渦輪推動前置的螺旋槳 (Propeller)，此時必需加一減速齒輪箱 (Reduction Gearbox) 如圖示，置於螺旋槳之後，這是因爲渦輪機的轉速太高，(均在 30000 至 40000 rpm)。rpm 是每分鐘的轉數 (Revolution Per Minute) 而螺旋槳最佳工作轉數約在 4000 ～ 6000 rpm。故必需添置一約減速 8 至 10 倍的齒輪組合，請注意，齒輪箱太重又太吵 (噪音) 爲此型引擎一大缺點。
4. Turboshaft：渦軸引擎，與渦槳及渦扇引擎相似，以軸馬力輸出但可不連接螺旋槳或風扇。

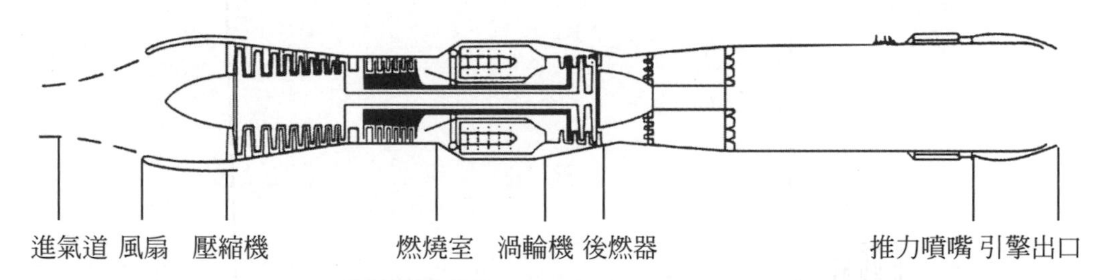

▲ 圖 9-2-1　渦輪噴射引擎 (Turbojet) 之各組件位置圖 (具後燃器)(With Afterburner)

請注意在圖 9-2-2 上，可以看出這三類引擎之基本構造相同，即壓縮機 - 燃燒室 - 高壓渦輪機之組合均一樣，因此我們稱三機之組合爲氣體產生器 (Gas Generator) 或核心引擎 (Core Engine)，因爲這組合提供了動力的來源 - 高溫且高壓的空氣流。

其次我們可以看看如何計算這些引擎的推力，以渦輪引擎爲例；

引擎之推力 (Thrust Force) 可由氣流在引擎中流動而計算出，主要是依據牛頓的第二運動定律 (Newton's Second Law) 此定律說：

$$\text{力量} = \text{單位時間內動量的變化} \qquad (9\text{-}1)$$

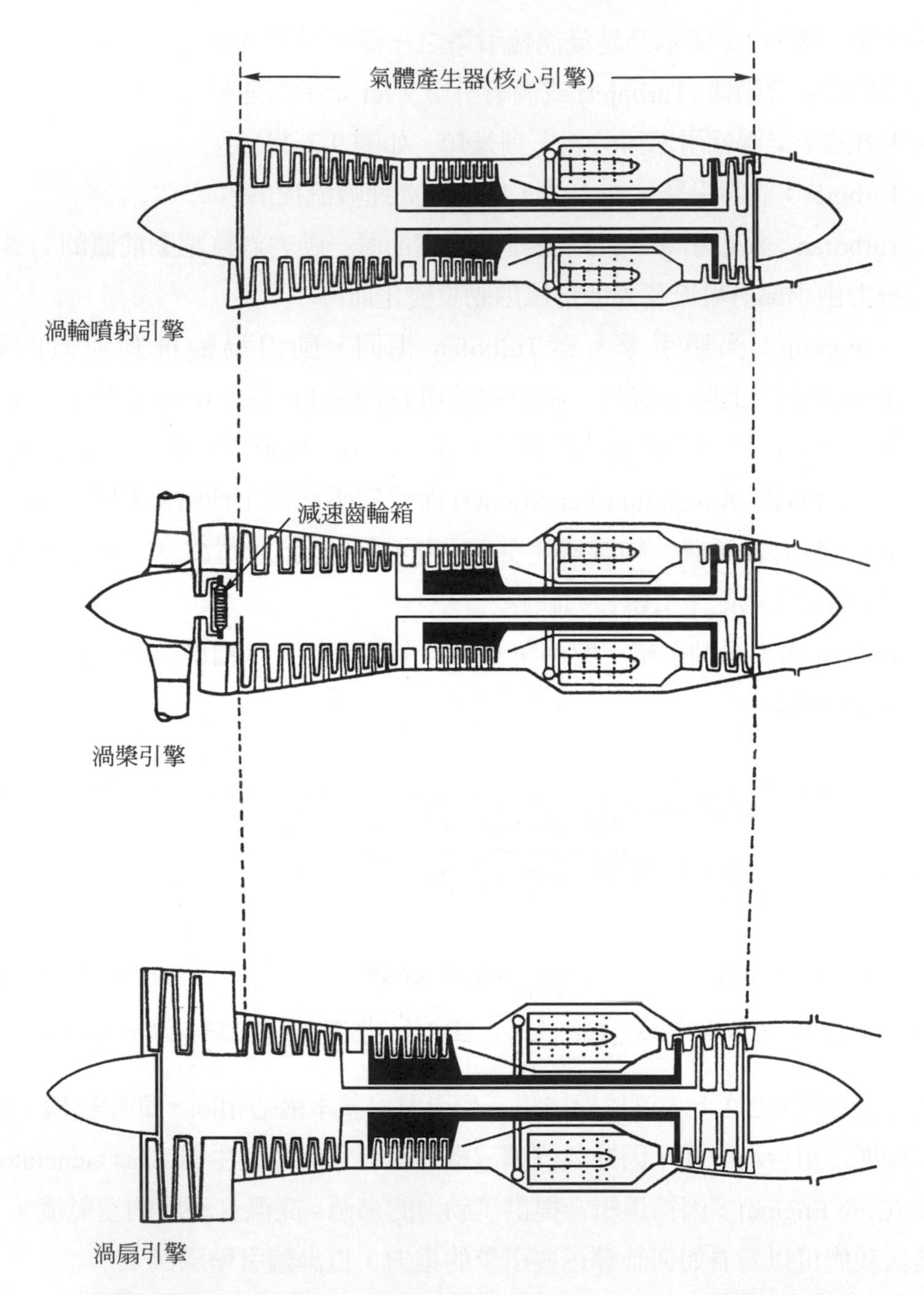

▲ 圖 9-2-2 渦輪噴射引擎 (Turbojet)、渦輪旋槳引擎 (Turboprop) 及渦輪風扇引擎 (Turbofan) 之比較。(請注意三類引擎可共用一相同之核心引擎 (Core Engine) 或氣體產生器 (Gas Generator)

寫成數學式，則爲：

$$F=\frac{d}{dt}(mV)$$

這裡， mV = (質量)(速度) = 動量 (Momentum)，dt 爲時間。

圖 9-2-3 表示了空氣氣流在一渦噴引擎 (Turbojet Engine) 中流過的情形，引擎之前後可計算出氣流動量之變化，然後再加上前後截面積上壓力之變化，如此，依牛頓定律可得推力如下：

$$\text{淨推力}=F=\frac{W}{g}V_e-\frac{W}{g}V_i+(P_e-P_i)A_e \tag{9-2}$$

或

$$F=\frac{W}{g}(V_e-V_i)+(P_e-P_i)A_e \tag{9-3}$$

這裡， e-exit，出口，i-inlet，入口

W = 引擎之氣流重量，單位爲每秒多少磅或公斤。

V_e = 引擎之噴氣流速度，單位爲每秒多少英呎或公尺。

P_e = 引擎出口之壓力，單位爲每平方英呎多少磅或每平方公尺多少公斤。

P_i = 引擎入口之壓力，單位與 P_e 相同。

A_e = 引擎出口之截面積，單位爲平方英呎或平方公尺。

V_i = 引擎入口之氣流速度或飛機航速，單位與 V_e 相同。

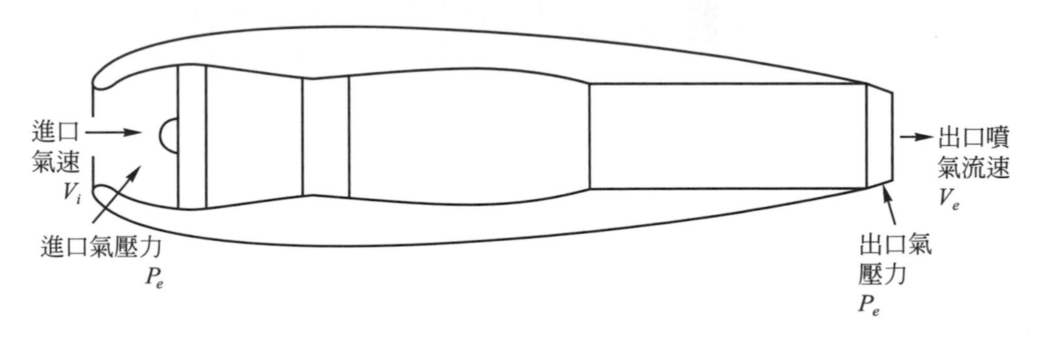

▲ 圖 9-2-3 空氣氣流流過一渦噴引擎 (Turbojet Engine) 示意圖

對次音速航行，$P_e \approx P_o$，故上述推力公式可簡化爲

$$F \cong 推力 = \frac{W}{g}(V_e - V_i) \tag{9-4}$$

上式 (9-2) 至 (9-4) 中，W 僅表示吸入引擎之空氣氣流量，並沒有包括在燃燒器內注入的燃油流量，但如完全燃燒，其燃油油量與理論空氣量相比約爲 0.06 或更小，故公式 9-3 所估算的推力應是低估了約 1% 或 2%，在工程上是可以接受的。上述之推力公式只適用於 Turbojet 引擎，如爲 Turbofan 則必須考慮兩股氣流，一股是由引擎中心流過整個引擎的。另一股則爲風扇外圍之氣流，這股氣流稱爲旁通流 (Bypass Flow)，因此我們定義一旁通比 (Bypass Ratio)，如圖 9-2-4：

$$旁通比 = \text{Bypass Ratio} = \frac{旁通氣流量\ (\text{Bypass Flow})}{中心氣流量\ (\text{Core Flow})}$$

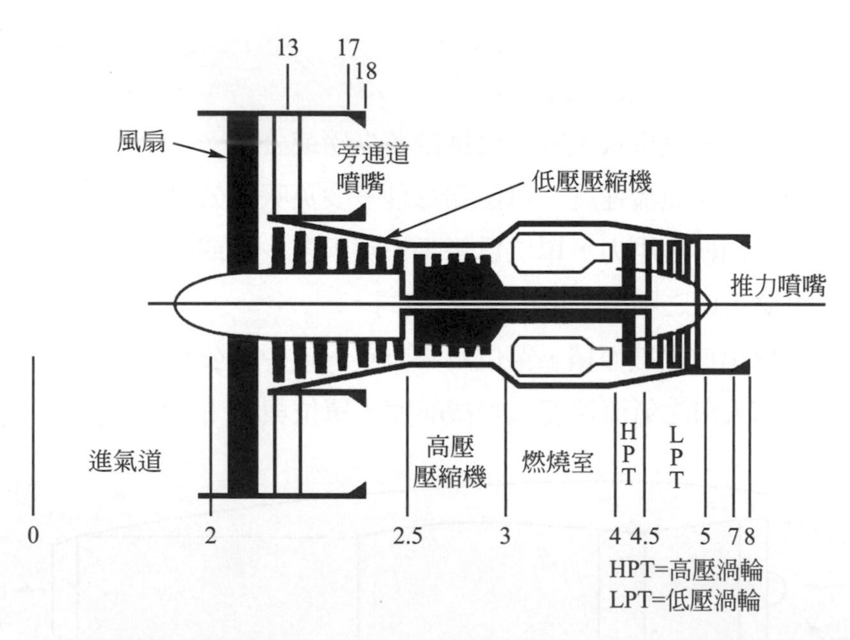

▲ 圖 9-2-4 高旁通比 (High Bypass Ratio) 渦扇引擎 (Turbofan Engine) 之剖面示意圖

故對渦扇引擎之推力計算，除了中心氣流穿過引擎外 (公式 9-3) 另外尙須加上旁通氣流之動量變化項。(僅流過風扇)。又依旁通氣流流量之大小，又可分爲高旁通比渦扇引擎 (High Bypass Turbofan Engine) 及低旁通比渦扇引擎 (Low Bypass Turbofan Engine)。高旁通比是指其旁通比在 5 以上者。今日最先進之渦扇引擎，其旁通比在

10，即謂其通過風扇之旁通氣流量爲通過中心氣流量之 10 倍，這個稱爲 GE90 的高旁通比渦扇引擎可產生十萬磅以上之推力，其風扇直徑爲 124 英吋，眞是龐然大物。高旁通比渦扇引擎因爲推力大又省油，故大多應用在中長程運輸交通上，例如長程廣體客貨機，B757、B767 或 B747 以及 L-1011 或 DC-10 等飛機均採用高旁通比之渦扇引擎，CFM56、CF6-50、CF6-80(GE 公司產品) 或 PW-4000 系列 (PW 公司產品)。低旁通比渦扇引擎是指旁通比在 1.0 以下者，這類引擎主要目的在于保持小的前置面積 (風扇不能太大) 及採用旁通氣流省油的特性，故仍利用旁通氣流設計的優點，選擇旁通比爲 0.5 ～ 0.9 的特殊設計。此類設計可應用于軍用之戰鬥機推進系統，當然戰鬥機最理想是應用渦噴引擎 (Turbojet) 但太費油，故折衷採用低旁通比渦扇引擎，除省油外而且推力較大。

這裡再介紹一項評估氣渦輪引擎性能的另一指數燃油消耗率，SFC(Specific Fuel Comsumption)，定義爲：

$$\text{燃油消耗率} = \text{SFC} = \frac{\text{燃油消耗量}}{\text{產生之推力}} \tag{9-5}$$

單位爲每一磅推力所需之燃油油量 lbm/sec/lbf。

這裡 lbm 是指燃油的質量以磅爲單位，lbf 是指產生之推力，亦以磅爲單位，一指質量，一指力量，均以磅爲單位，不要相混。今日生產航空引擎之公司皆以降低 SFC 爲號召，要降低 SFC，有兩條路可走，即依 SFC 定義，一是提高熱效率 (而減少燃油量)，另一則是提高推力 (即利用旁通氣流)，在熱力循環上，我們知道要提升熱效率 (下一節會繼續討論)，可以提高壓縮比。(即壓縮機出口與入口之壓力比) 或是提高渦輪機之進口溫度 (圖 9-2-1 中位置 4 之氣流溫度)，兩者皆可使此熱力循環之熱效率提高，今日之代表數値，如一無後燃器之渦噴引擎 (Turbojet Without A/B) 其 SFC 約在 0.98 ～ 1.2 之間。即大約產生一磅的推力需要一磅的燃油，但如再加裝低旁通比風扇，旁通比爲 1.0 時，其 SFC 可降至 0.65，如改裝高旁通比風扇，則在旁通比爲 5 或 6 時，SFC 可降至 0.45，如此例之比較可看出旁通比對 SFC 之降低效果，當然假設這些引擎之核心部份相同 (Core Gas Generator)，再如前已介紹之 GE90 今日最先進之高旁通比渦扇引擎，其旁通比高達 10，壓縮比爲 40，渦輪進口溫度 2460 °F，燃油消耗率在 0.42，這些數字皆是今日的記錄，可說已是設計的極限了。

9-3 氣渦輪引擎之熱力學基礎

熱力學上提到熱力循環 (Thermal Cycle) 是由數個不同的過程 (Process) 組成一循環，此循環中有一工作媒體，在此爲空氣，在循環過程中，與外界交換熱量 (燃油燃燒) 及作功輸出 (渦輪機) 或輸入功 (壓縮機)。圖 9-3-1 表示一氣渦輪機引擎之熱力循環 (Brayton Cycle) 之溫度與體積圖，其中之位置分述於下：

位置或狀態 (State) 1：壓縮機入口
2：壓縮機出口或燃燒器入口
3：燃燒器出口或渦輪機入口
4：渦輪機出口

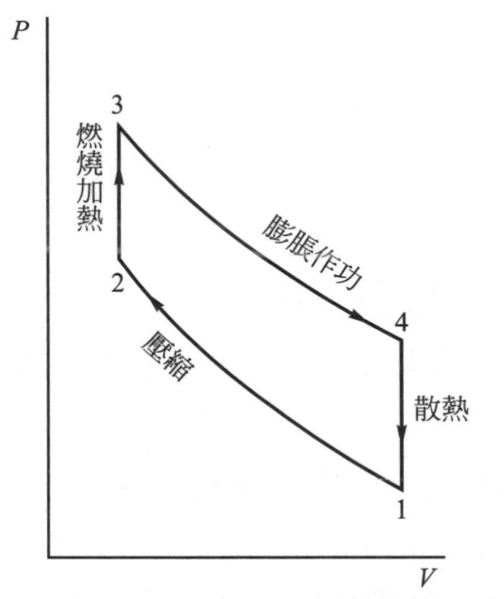

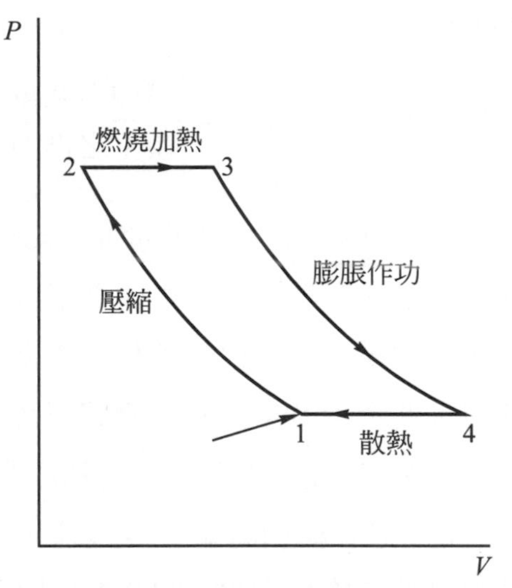

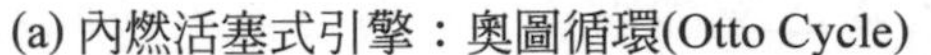
(a) 內燃活塞式引擎：奧圖循環(Otto Cycle)　(b) 氣渦輪引擎：布瑞登循環(Brayton Cycle)

▲ 圖 9-3-1 熱力循環

過程 (Process) 1-2：等熵壓縮 (Insentropic Compression)
2-3：燃燒 (Combustion)，加熱
3-4：等熵膨脹作功 (Insentropic Expansion)
4-1：散熱回到狀態 1 完成循環

在圖 9-3-1 右，亦列出活塞式內燃機之熱力循環 (Otto Cycle)，以資比較。請注意兩循環之最大不同在于加熱之過程，即 2-3 過程，在內燃機中約是在等容積狀態下加熱，而渦輪機中則約是等壓力狀態下加熱。

等熵 (Isentropic) 是熱力學中一種假設狀態，是一種理想的過程，有此假設，才使複雜的熱力學變得簡單而可計算。

氣渦輪引擎之熱力循環，又稱爲布瑞登循環 (Brayton Cycle)，其熱效率可寫爲：

$$\eta_t = \text{熱效率} = \frac{\text{渦輪機所作之功} - \text{壓縮機所需之功}}{\text{加入之熱量}}$$

依據熱力學分析，熱效率可寫成：

$$\eta_t = 1 \quad \frac{1}{\left(\dfrac{P_2}{P_1}\right)^{\gamma/\gamma-1}} \tag{9-6}$$

式中 (P_2/P_1) 爲壓縮機之壓縮比，爲一熱力學上之性質，定義爲比熱比 (Specific Heat Ratio)，即工作物之等壓比熱與等容比熱之比，或 $\gamma = \dfrac{C_p}{C_v}$。氣渦輪引擎工作物爲空氣，在一般溫度時，可假設爲一定值，約等於 1.33。

由公式 (9-6) 可以看出此循環之熱效率 η_t，隨壓縮比，(P_2/P_1) 或渦輪入口溫度，T_3 之增大而增加。這兩條路仍爲今日之渦輪引擎設計者努力的方向，但限於材料及冷卻設計之困難，T_3 已不可能再增加。今日之軍用引擎約在 2800 ℉左右，試驗之高溫引擎已有達 3600 ℉的記錄。筆者曾在美國 GE 公司擔任開發高溫引擎之經理，曾經寫下 3600 ℉之記錄 (即美軍之 ATEGG 計劃 (Advanced Turbine Engine Gas Generator) 及 JTDE 計劃 (Joint Technology Development Engine))。壓縮比 (P_2/P_1) 已有 40 倍的記錄。(即前介紹之 GE90 引擎) 已經很難再提升了。主要原因是壓縮機內空氣氣流流動不穩定及不能控制之故，即所謂之空氣動力不穩定 (Aerodynamic Instability) 現象。這個問題涉及在三維空間的流道流體剝離現象，非常複雜，唯有仰賴模型試驗 (Model Test) 了解流體在窄小空間內流動情況，又涉及黏性邊界層問題 (Viseous Boundary Layer) 理論上之分析已是不可能的。

9-4 航速與大氣狀況對推力的影響

航速即飛行速度，即推力公式 9-4 中之 V_i，式中之 V_e 爲引擎推力噴嘴之出口噴氣流速度，V_e 大概接近音速，而保持一定値，因此式中 $(V_e - V_i)$ 項減少如 Vi 增加，是故則推力會因飛行速度增加而減少，如圖 9-4-1 之 (a) 所示。圖中線 A 即因飛行速度增加而推力降低，但是當飛行速度增加時，進入引擎的氣流量：W = (密度)(速度)(流入面積)，亦同時增加，故推力會因此而增大，這個現象我們稱爲 Ram Effect(擠壓效應)，可由圖中 B 線看出來，因此飛行速度對推力之影響應由圖中 C 線表示 A 及 B 兩線之綜合效果，可以說飛行速度增加時，推力亦會增加。

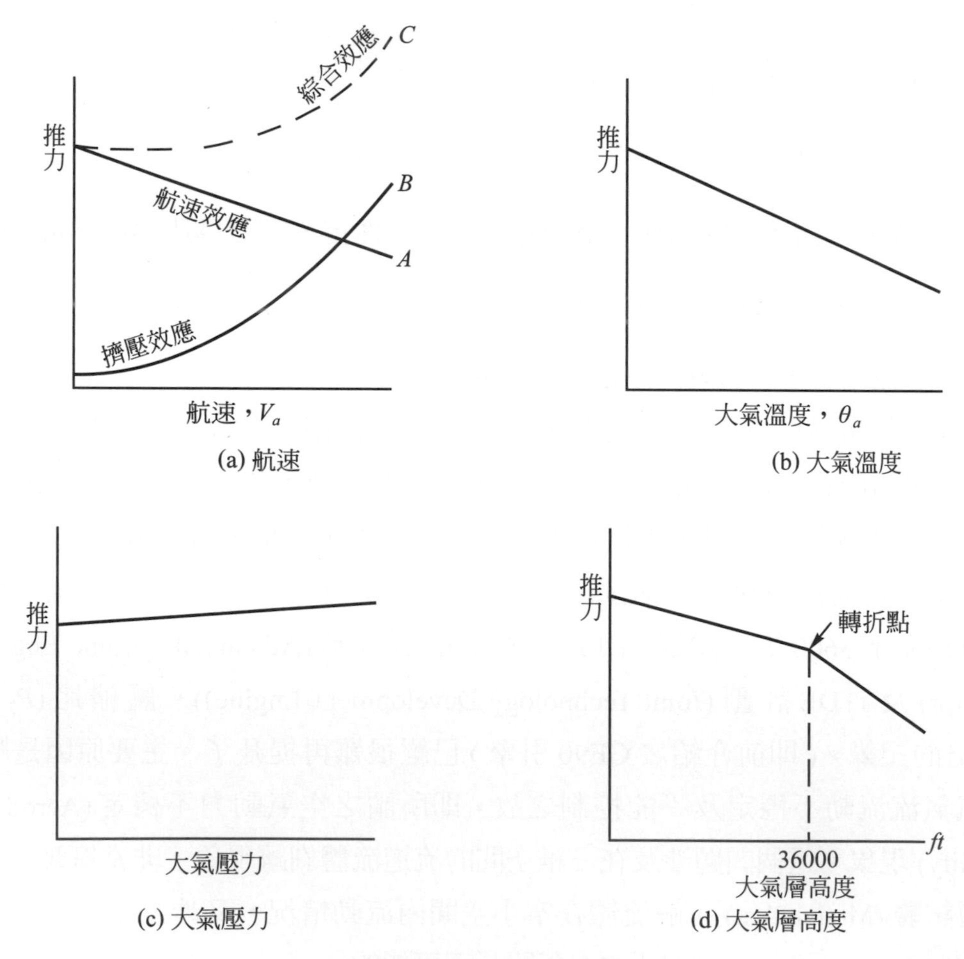

▲ 圖 9-4-1 渦輪噴射引擎 (Turbojet Engine) 推力受 (a) 航速，(b) 大氣溫度，(c) 大氣壓力，(d) 大氣高度之影響

噴射發動機是供給飛機動力的，是在地球之大氣層中操作，沒有空氣是不能運作的，是故大氣層中的溫度，壓力以及高度均會影響推力，我們看看圖 9-4-1 中的 (b)、(c) 及 (d) 可以得知大氣狀況與推力之關係。

回到推力公式 9-4，其氣流流量，W 可寫爲

$$W = \rho \cdot V \cdot A$$

又由氣體公式：

$$P = \rho RT$$

則推力公式可寫成：

$$F = F_{SL}(P/P_{SL})(T_{SL}/T)$$

SL 腳註爲海平面，Sea Level 狀況之意。

因此我們可以得一結論，即大氣溫度增加會減少推力，如圖 9-4-1(b) 圖所示，而壓力增加會增加推力，如圖 9-4-1(c) 圖所示。至於高度之影響則需考慮綜合壓力與溫度的影響。在本書第二章已討論過大氣狀況，我們知道，在接近地面 (海平面) 爲溫度對流區，大氣溫度是由海平面逐漸直線下降至同溫層 (36000 英呎)，然後保持常値 (同溫層內)，而大氣壓力一直是隨高度增加而下降。故高度對推力之影響必須同時考慮溫度及壓力之變化，其結果是如圖 9-4-1(d) 圖所示，推力是會隨著飛行高度之增加而減少，但在 36000 英呎高度時有一轉折點，因爲進入同溫層之故。

9-5 航空引擎性能比較

我們已經知道航空引擎有這些分類以及推力之計算，現在我們可以比較一下這些引擎的性能，首先要介紹一性能之指標，即所謂的推進效率 η_p (Propulsive Efficiency)，其定義爲：

$$\eta_p = \frac{\text{飛機飛行能量}}{\text{引擎推力噴嘴產生之動能}} = \frac{(\text{推力})(\text{飛行速度})}{\text{引擎之噴射能量}}$$

另外，我們再定義一推進系統之總效率 (Overall Efficiency)，η_o 其定義為：

$$\eta_{\text{overall}} = \eta_o = \frac{\text{飛機之飛行能量}}{\text{引擎吸入之熱能}}$$

η_o 可以改寫為：

$$\eta_o = \left(\frac{\text{飛機之飛行能量}}{\text{引擎之噴射能量}}\right)\left(\frac{\text{引擎之噴射能量}}{\text{引擎吸入之熱能}}\right) = \eta_p \cdot \eta_t \frac{(\text{推力})(\text{飛行速度})}{\text{加入之熱量}}$$

上式右邊第二括號內為引擎之熱效率定義 η_t，所以我們可以比較引擎的總效率來決定這推進系統之優劣，下面舉幾個例子看看；如圖 9-5-1 表示各類引擎之總效率與飛行馬赫數之關係，這裡飛行馬赫數定義為飛行速度 / 音速，故其值亦相當於飛行速度之大小。圖 9-5-1 顯示出高旁通比渦扇引擎 (High Bypass Ratio Turbofan 或 HBR Turbofan) 之總效率最好，次為渦噴引擎及低旁通比渦扇引擎 (LBR Turbofan) 其渦軸引擎 (Turboshafts 或 Turboprops) 以 GE 之 CT7 及 PW 之 PT6 為代表，總效率在 25% 左右，不算高。CT7 產生之軸馬力約有 1750 匹，PT6 可產生 2250 匹馬力。此兩型均為區間飛機 (中短程之城市與城市間交通) 或直升機採用。圖中有 1990 年代之科技 propfan 及 UDF 系統之總效率可高達 40%，Propfan 即是風扇與螺旋槳合而為一，為一渦扇與渦槳引擎綜合型。UDF(Unducted Fan) 即謂一無導引流道之風扇，可置於引擎之中段或後段，不似渦扇引擎之前置風扇，UDF 亦可視為一極高旁通比之渦扇引擎。

圖 9-5-2 表示一高旁通比渦扇引擎 (旁通比為 6.0)PW-JT9D 之剖面圖，如圖 9-5-3 及圖 9-5-5 表示低旁通比渦扇引擎 (旁通比均小於 1.0)PW-F100 及 GEF110，前者為戰機 F16 之動力系統，後者則為戰機 F14、F18 等之推進系統。

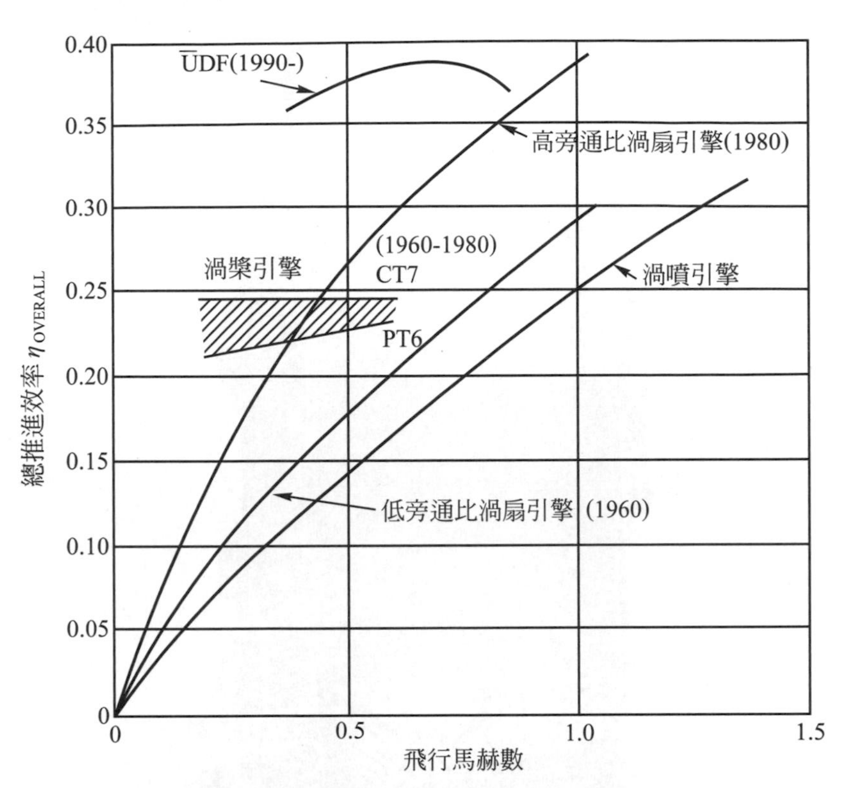

▲ 圖 9-5-1　各類氣渦輪引擎之總推進效率，$\eta_{overall}$ 比較

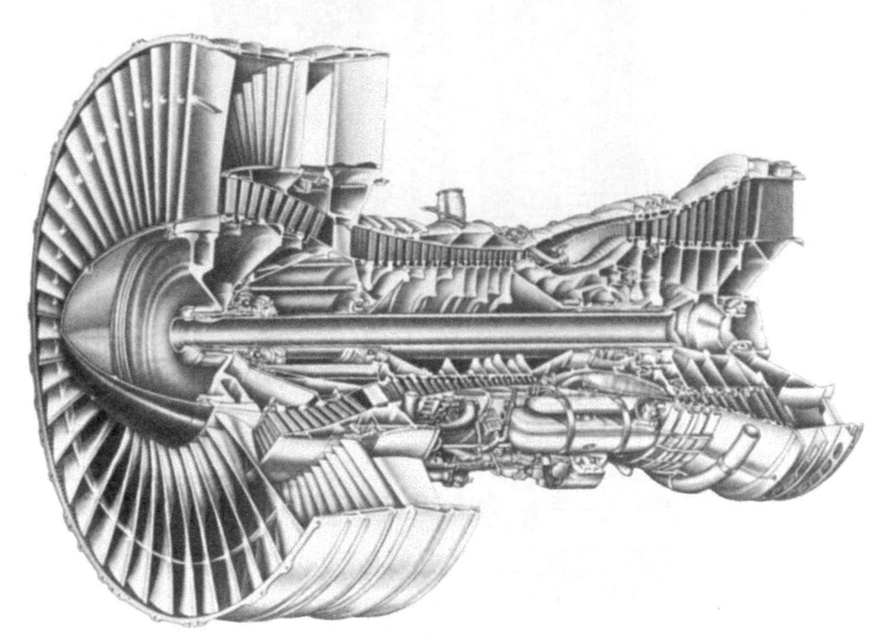

▲ 圖 9-5-2　PWJT9D 高旁通比 (High Bypass Ratio) 渦扇引擎 (Turbofan)(旁通比約 6.0)

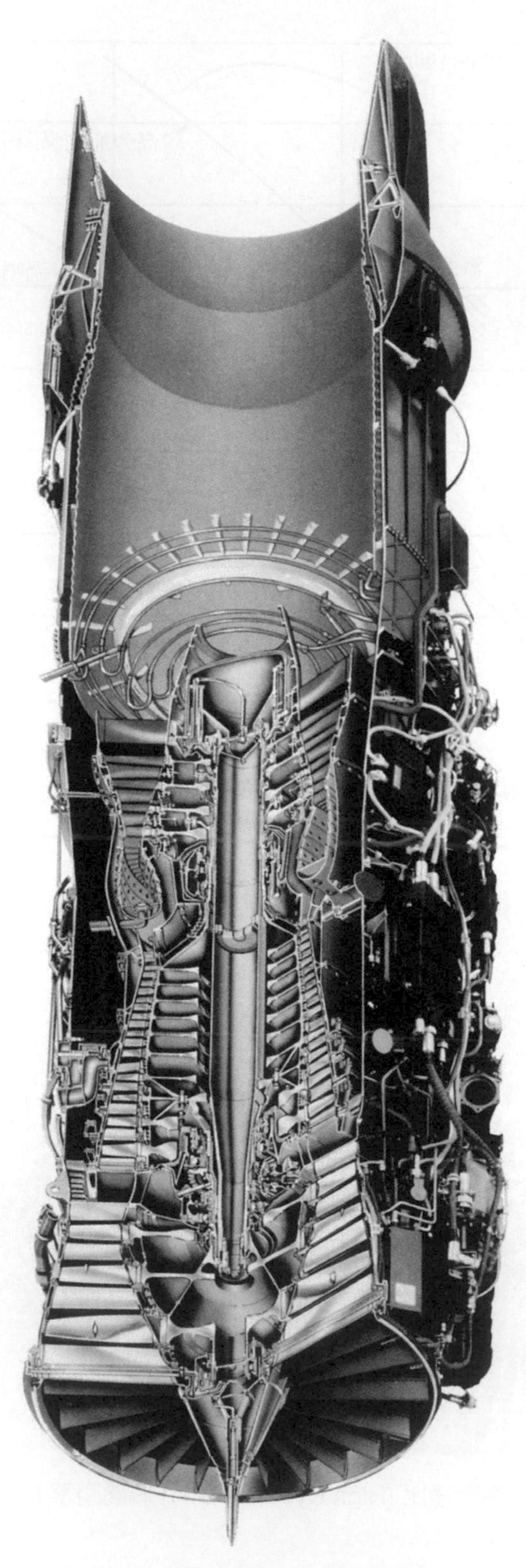

▲ 圖 9-5-3 PW F-100-229 低旁通比 (Low Bypass Ratio) 渦扇引擎 (Turbofan)，旁通比約 0.8

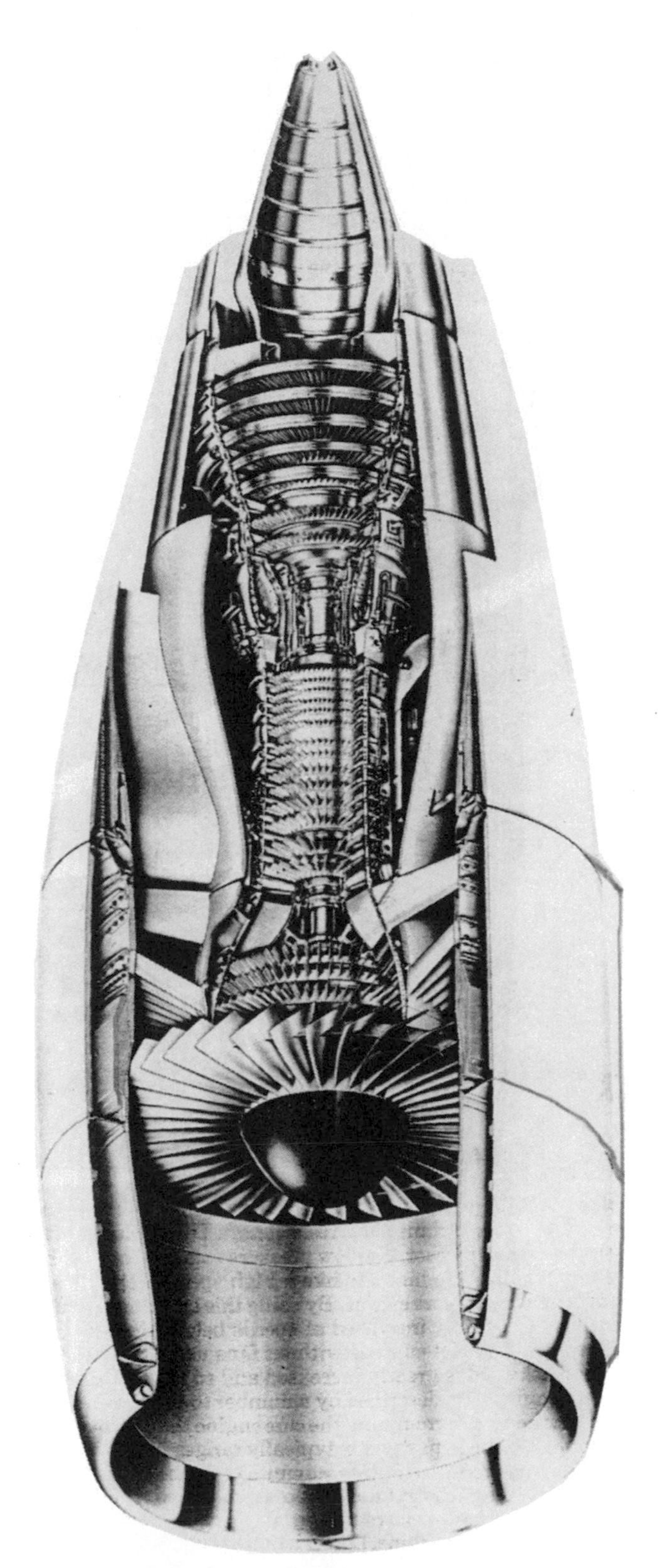

▲ 圖 9-5-4　GE CF6-6 高旁通比渦扇引擎 (HBR Turbofan Engine)，旁通比約 6.0

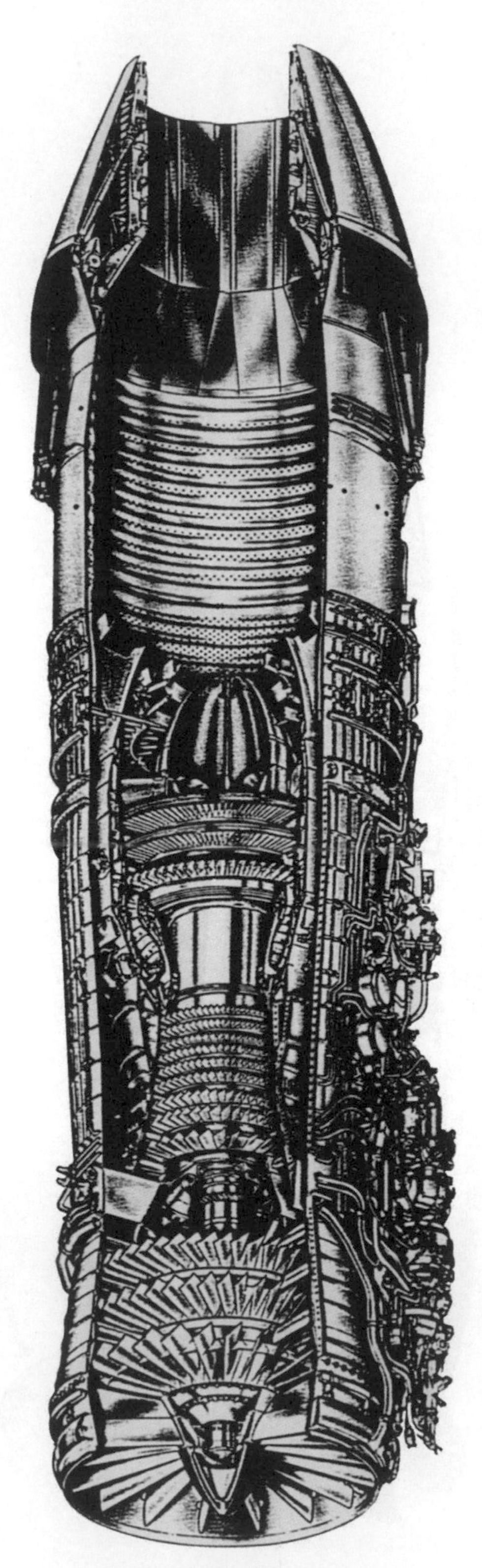

▲ 圖 9-5-5　GE F110-129 低旁通比渦扇引擎 (LBR Turbofan Engine)，旁通比約 0.8

圖 9-5-6 可以看到這些不同類引擎之燃油消耗率，SFC，在不同的飛行馬赫數下，渦噴引擎最耗油，渦槳引擎最省油，渦扇引擎介乎其間，但高旁通比渦扇又比低旁通比者省油。

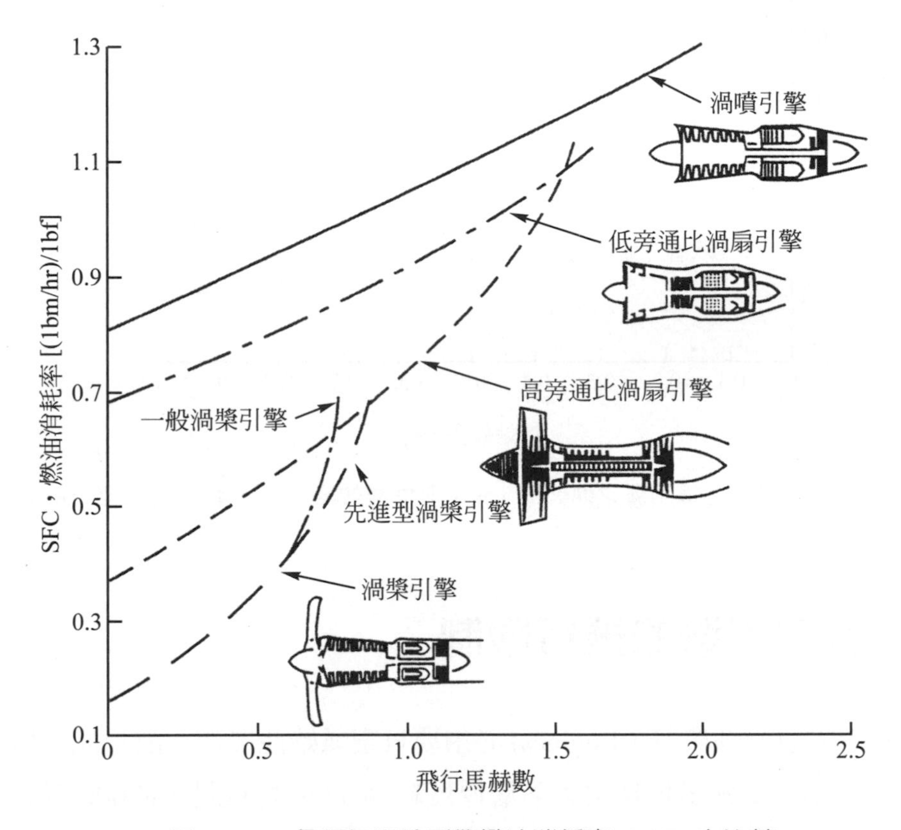

▲ 圖 9-5-6　各類氣渦輪引擎燃油消耗率 (SFC) 之比較

圖 9-5-7 是總效率 η_o、推進效率 η_p 及熱效率 η_t，三項在一起之綜合比較，可以看出渦輪噴射引擎之綜合性最佳，即能兼顧 η_t 及 η_p。圖中亦可看出飛機之推進系統之展望至 2000 年以後，η_t 及 η_p 同時可以高達 0.75 以上不是不可能的事。

在附錄 (B) 部份，筆者將早年 (1994 ～ 1995) 對當時世界上航空引擎國際市場所做的一份報告列入，以利讀者參考。

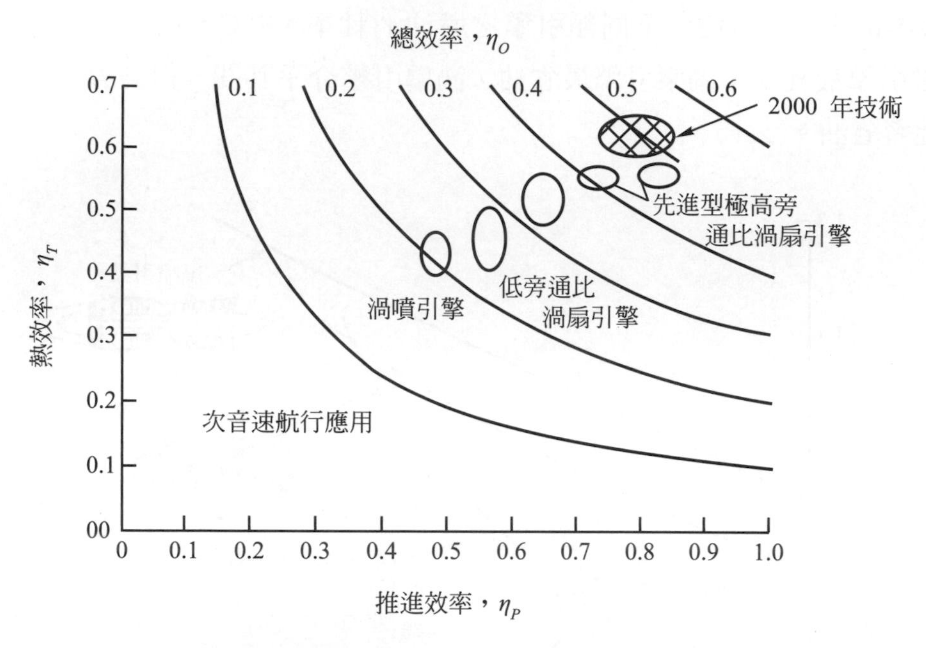

▲ 圖 9-5-7　各類氣渦輪引擎之熱效率，η_t，與推進效率，η_p 比較 (總效率，$\eta_o = \eta_t \cdot \eta_p$)

9-6 航空引擎的飛行限制

我們知道噴射發動機 (Jet Engines) 必須要有空氣始能操作，故只能在地球的大氣層內操作，由第二章知道地球之大氣層厚度約爲 47 公里或是 146,000 英呎，此層之外，稱爲太空。是沒有空氣的，是故太空之旅行，其動力只能依靠火箭或是其他的太空推進系統，例如電力推進等等 (Space Electric Propulsions)。

航空引擎在大氣層中操作，有其高度與航速的限制。這是因爲高度越高，空氣之密度與壓力均下降，會影響推力之大小以及燃燒之穩定與連續性，再者航速會影響推力之大小以及安裝引擎所引起的阻力 (前置面積，尤其是超音速飛行)。

圖 9-6-1 表示了各類引擎之航速與高度之適用範圍，可以看出渦扇或渦噴引擎之操作範圍較大，渦槳或渦軸引擎因燃燒及阻力問題，只能適用于次音速或高度 50000 英呎以下的飛行。但在航速 3 或 4 馬赫數及高度超過 90000 英呎時，渦扇及渦噴引擎亦不適用。這是因爲燃燒之不穩定以及太耗油之故，惟一能用的是所謂的衝量引擎 (Ramjet Engine)，這型引擎將在下一節詳細討論。

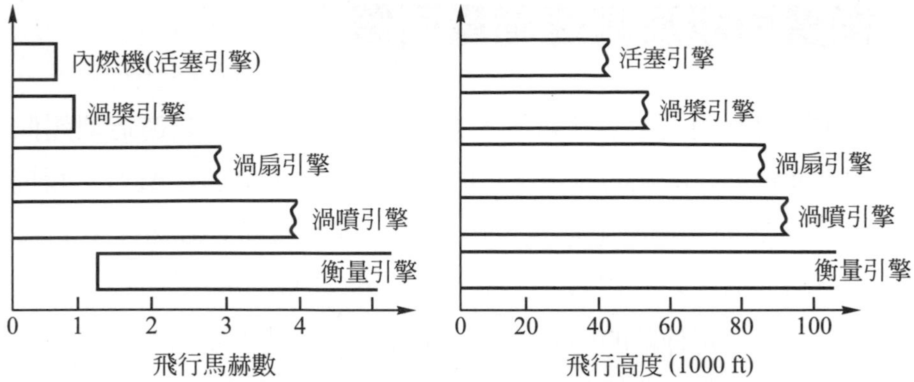

內燃機(活塞引擎)
渦槳引擎
渦扇引擎
渦噴引擎
衝量引擎
0 1 2 3 4
飛行馬赫數
活塞引擎
渦槳引擎
渦扇引擎
渦噴引擎
衝量引擎
0 20 40 60 80 100
飛行高度 (1000 ft)

▲ 圖 9-6-1 各類氣渦輪引擎之操作高度限制

同理，再看看圖 9-6-2，亦表示各類引擎在航速及高度之適用性，在高馬赫航速時，顯示只有衝量引擎或火箭 (Rocket) 可以應用，但高至所謂軌道速度 (Orbital Velocity)，即大約是馬赫數等於 20-25，衝量引擎亦有問題。

馬赫數等於 6-8 時之太空船或人造衛星飛行的速度，這時之推進系統仍然可以用火箭或是另一類稱爲高速燃燒衝量引擎 (Supersonic Ramjet Engine) 或簡稱 Scramjet Engine，亦將於下一節中提及其 SC 是表示超音速燃燒 (Supersonic Combustion) 之意。

火箭及衝量引擎
升力限制
渦噴引
擎上限
軌道速度
飛行高度
溫度限制
渦槳引擎上限
活塞引擎上限
空氣動力限制
飛行馬赫數

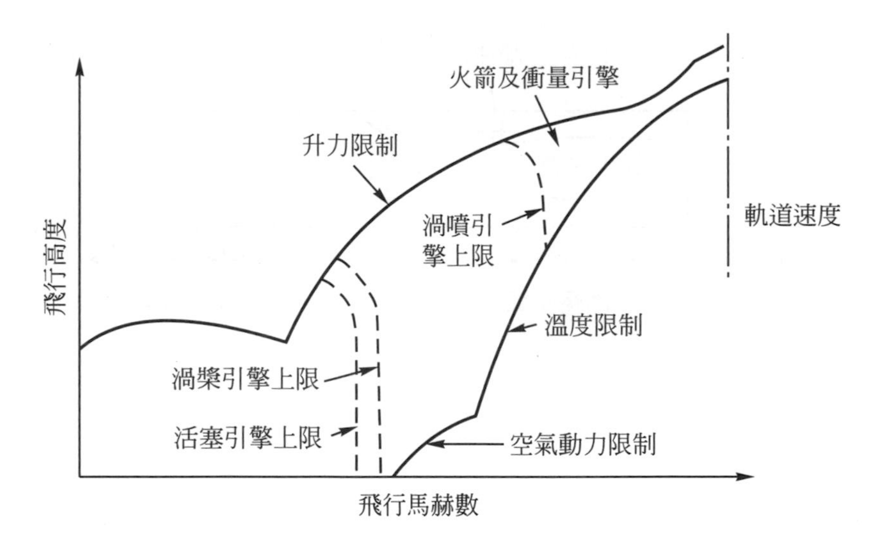

▲ 圖 9-6-2 各類氣渦輪引擎之飛行速度 (馬赫數) 限制

9-7 衝量引擎及高速衝量引擎

衝量引擎主要是利用高速之空氣流入進氣道 (Inlet)，此進氣道造型類似一擴散器 (Diffuser)，即截面積爲一漸開的流道，目的在于恢復流入氣體之壓力，衝量引擎可視爲一管狀之流道，其前端爲一進氣道，尾端爲一推力噴嘴 (Nozzle) 中間部份爲一燃燒的空間，包括噴油裝置及駐焰器 (Flame Holder)，如圖 9-7-1 表示。其進氣道 (Inlet) 設計異常複雜，包括一可伸縮的中心體 (Center Body)，其主要目的是避免高速航行時所產生之震波 (Shock Wave) 干擾流入之氣流量，又必須恢復進入氣流之壓力，由於高速之緣故，進入之氣流是在擠壓的狀況下進入進氣道，這個現象稱之爲擠壓效應 (Ram Effect)，由此效應進入的氣流壓力可提升至相當於氣渦輪引擎中壓縮機出口之壓力，故此類引擎命名爲 Ramjet Engine。因爲燃燒前所需之高壓是由擠壓或衝壓效應而得之故，所以這類引擎不必要有壓縮機，因爲這已由進氣道將壓力恢復而 Ram 至高壓力了，所以因爲沒有壓縮機，自然也不需要渦輪機，所以衝量或衝壓引擎中沒有轉動部份，要比渦輪噴射引擎構造簡單多了。此引擎經過燃燒再流過尾後之推力噴嘴產生推力，與渦輪引擎相似。

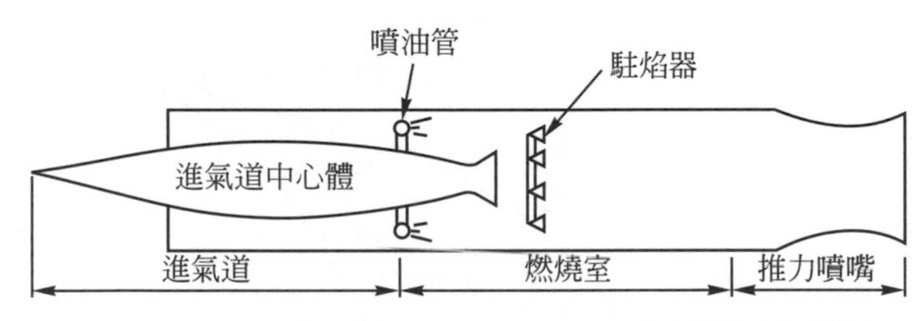

▲ 圖 9-7-1　衝壓引擎 (Ramjet Engine) 簡單構造示意圖

衝壓引擎最大缺點爲此時之航速必須高至馬赫數 3 ～ 3.5 才能操作，主要是因爲燃燒前之壓力必須至一定數値才可以，故必須在進氣道中，將巨大的動能 (高航速) 先轉換成壓力能。今日應用之衝量引擎是與渦噴引擎或是一小固體火箭合併使用，渦噴引擎或火箭可先將飛行器加速至馬赫數 3 ～ 3.5，然後再啓用衝量引擎。我國之中山科學研究院第二研究所對衝壓引擎之研製，甚具成效，主要是開發高速飛彈之推進系統。

衝壓引擎比氣渦輪引擎構造上簡單很多，它沒有任何轉動的部份，因此也不須要潤滑系統，又不需要複雜的冷卻系統，但在高速應用時，例如極音速之航速時，馬赫數高至 6 ～ 8 時，這時因為氣流之全溫度 (Total Temperature) 已至 2500 °F左右，故引擎之外罩仍然需要某種程度的冷卻才行。這時可利用液態氫氣 (Liquid Hydrogen) 作燃料，可在燃燒之前先流過外罩，作冷卻的媒介。

在應用衝壓引擎至更高航速時，例如在馬赫數 8 ～ 9 以上時，此時之進氣道設計更為複雜及更缺乏減速及增壓的效果，此時進入燃燒區的氣流流速已不易降低至 0.4 馬赫數之燃燒區需求，是故在這高速航行時之操作，氣流是以高速的姿態進入燃燒區域，其入口流速可能在馬赫數 1.0 以上，使得燃燒極不穩定，非常不易保持連續性燃燒，這類引擎稱之為 (Supersonic Combustion Ramjet Engine)，特別指其燃燒過程是在高速或超音速 (Supersonic) 之狀況下進行，此類引擎簡稱 Scramjet，超音速衝壓引擎，SC 是 Supersonic Combustion 之簡寫，這些引擎目前尚無成品問世，但仍在積極研製中，美國的郎內研究中心 (NASA-Langley Reserach Center) 研究成果最為著名。圖 9-7-2 簡示一 Scramjet 結構。

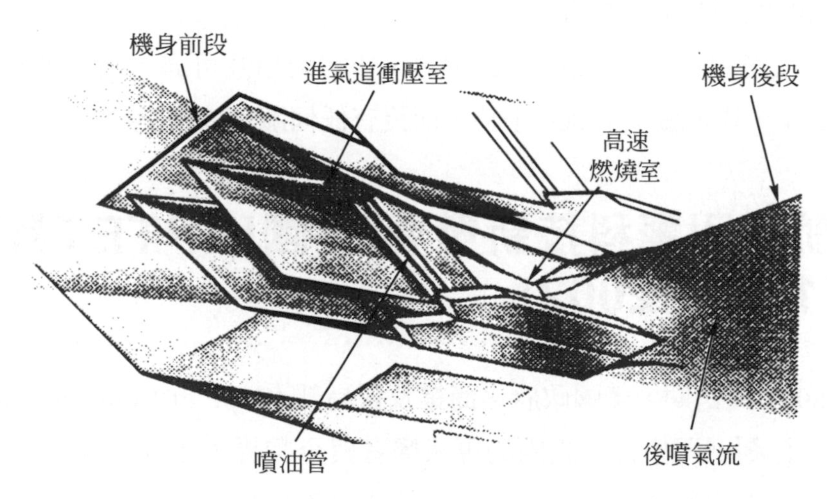

▲ 圖 9-7-2　高速燃燒衝壓引擎 (Scramjet Engine) 簡單構造示意

9-8 氣渦輪引擎研製之驗證設備

筆者在擔任我國經國號戰機發動機研製計劃主持人期內 (民國 71 ～ 78 年)，在台中中科院航發中心 (A.I.D.C.) 的水湳營區內籌建了發展航空引擎所必須的驗證設備，這個設備簡稱 EDTF，(Engine Development Test Facility) 它耗費了三年時間及約三千萬美元的經費建造完成，它主要包括了下列幾個試驗室：

1. 海平面試驗室 (可試至 12000 磅推力)
2. 高空試驗室 (可試至 60000 呎大氣高度)
3. 風扇試驗室 (可試至 8000 匹馬力)
4. 渦輪試驗室 (可試至 3500 匹馬力)
5. 附件及齒輪箱試驗室 (可試至 300 匹馬力)
6. 環境試驗室 (鳥擊、冰雹、側風、海水、等等)

這個設備異常精密，其數據摘取系統 DAS(Data Acquisation System) 可同時同步錄取 2200 個感應器信號，並可做立時分析，可立時供工程人員檢驗數據之正確性，十分有效，在亞洲各國可謂首創。

讀者有興趣者，可至台中 (現爲中科院航空 (第一) 研究所經營) 參觀該設備，筆者又在本章參考資料列入了早年 (1887 年) 撰寫的一篇論文 (曾在美國 Boston 市美航太學會 A1AA 年會中發表) 內有較詳盡的描述，尤其是高空試驗室模擬高空極低氣溫時所遭遇的問題及解決的方法。

這個試驗設備由美商 Severup Inc. 承建，非常耐用及可靠。在引擎研製期內 (民國 71 年至 78 年) 共試驗了 15000 小時，而沒有任何關車或停試的記錄。

9-9 航空引擎科技新發展-美國IHPTET計劃簡介(1987～2002)

大約在 80 年代初期，美國政府之商業及貿易部 (Dept. of Commerceand Trade) 發動了一項研究計劃；即集合了國內的專家學者與企業界人士在一起集會找出幾項美國在世界上仍領先的科技領域，因爲美國當時已不能坐視日本及西歐國家之科技發展日新月異已逐漸駕臨美國之上。例如在電子及電腦領域方面，已逐漸消失美國之龍頭地位。這項檢討結果發現在氣渦輪引擎方面，尤其是航空動力之應用上，美國仍保持領先世界的地位，因此美政府成立了一龐大計劃，目標是在 15 年之內將此引擎科技提升一倍以上，而使世界其他諸國，如日本、德、法等國永遠無法追趕上美國。這個計畫稱爲 IHPTET 計劃 (全文爲 Integrated High Performance Turbine Engine Technology，取每字之第一個字母，合成 IHPTET，可譯爲高性能渦輪引擎技術整合計劃)。此計劃由美國國防先進技術研究計劃局、DAPRA(Defence Advanced Program Research Agency) 及美國航太總署，NASA(National Aeronautical and Space Agency) 主持，另外加上了美國空軍、海軍、陸軍及 6 個引擎生產廠商 (包括奇異及普惠等公司)。NASA 方面由在克力夫蘭城的 Lewis Research Center 代表參加。此計劃在 1987 年成立，總經費約爲十億美元，爲期 15 年，總目標在以研究發展手段提升目前之渦輪引擎技術。圖 9-9-1 表示此計劃選出氣渦輪引擎技術提升的方向，一共選出了 10 個努力的方向，圖 9-9-2 更較具體的指出新科技發展的方向，例如在引擎的熱段 (Hot Section) 需注意：

1. 風扇及壓縮機技術
2. 擴散器技術
3. 燃燒室／後燃器技術
4. 渦輪機技術
5. 推力噴嘴技術
6. 機械組件技術
7. 推進系統整合技術
8. 結構動力分析技術
9. 控制與感測技術
10. 材料與製程技術

▲ 圖 9-9-1　美國 IHPTET 計劃中指出航空渦輪引擎應該發展的新科技

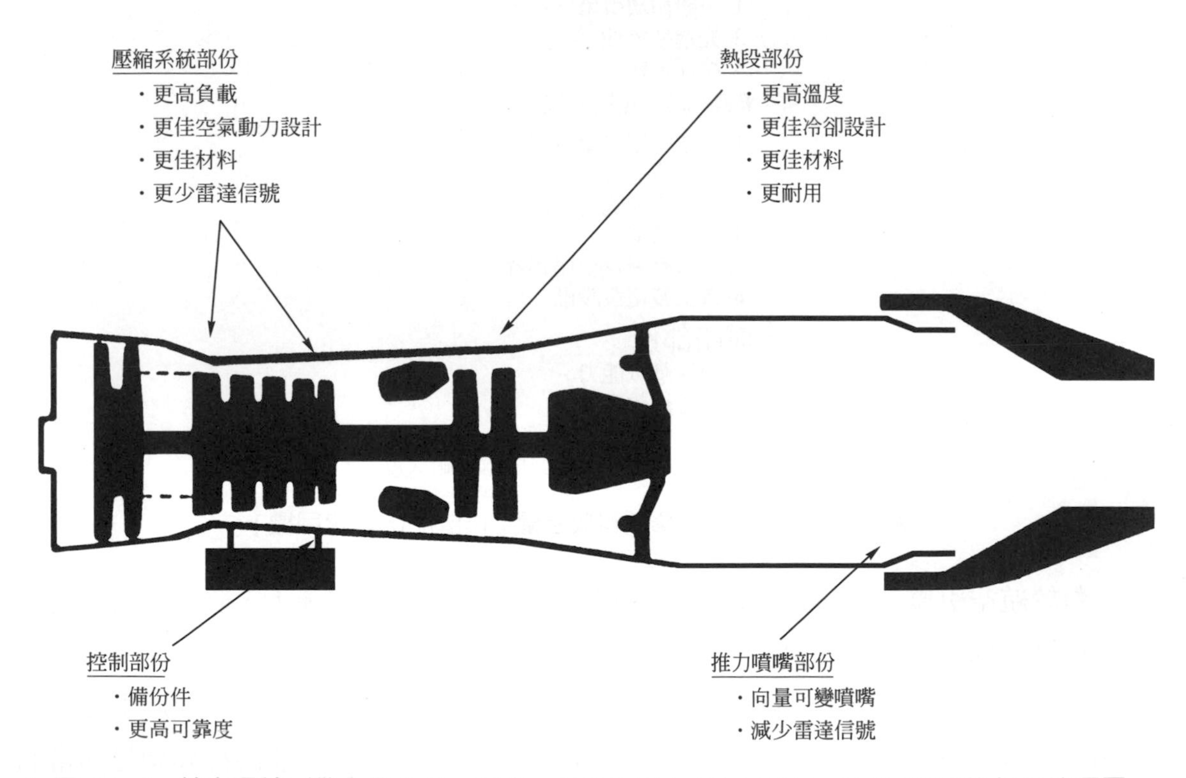

▲ 圖 9-9-2　航空渦輪引擎在壓縮段、熱段、控制系統及排氣系統方面可以開發的新科技項目。(美 IHPTET 計劃)

1. 提升渦輪進口溫度 (即提升引擎之熱效率)。
2. 改良熱段之冷卻設計 (即降低金屬之工作溫度)。
3. 改良工件之金屬，使能耐高溫 (新高溫材料開發)。
4. 延長工件壽命 (即降低金屬之溫度)。

例如在壓縮部份 (Compression System)，需注意：

1. 壓縮機每級之工作負荷加大及減少所需級數。
2. 改良空氣動力設計，使遠離不穩定操作區域。
3. 改良工件材料，更輕更耐稍高溫度 (約 1400 ℉以下)。
4. 減少雷達偵測面積 (指前置面積)。

圖 9-9-3 更指出除了 IHPTET 目標是提升一倍目前的科技以外更指出極音速飛行器 (Hypersonic Flying Vehicles) 在飛行馬赫數 $M \geq 6 \sim 8$ 時應注意之科技發展方向，以及對戰術戰鬥機 (Tactical Fighters) 之推進系統應注意的地方。

- 加倍成長目前之科技
- 極音速飛行部份
  1. 可變循環引擎
  2. 先進型燃油
  3. 冷卻系統
- 戰術戰鬥機部份
  1. 可變循環渦扇引擎
  2. 低雷達信號
  3. 更佳操縱能力
  4. 向量噴嘴
  5. 垂直起降及短場起降
  6. 機上發電沒設備
- 戰略部份
  1. 快速應戰能力
  2. 高燃油效率
  3. 核武下存活率提高
  4. 高可靠度，低維修成本，耐久度

▲ 圖 9-9-3 渦輪引擎新科技展望。(未來 15 年之目標)

對於航空引擎 (Aircraft Engine)，IHPTET 計劃之目標更爲遠大，除了要將目前的性能提升一倍以外，另外對於引擎之壽命及維修時間亦有說明。圖 9-9-4 可以看出端倪。例如壓縮比自目前的 34 提升至 40 ～ 50，渦輪進口溫度自目前的 2800 ℉提升至 3500 ℉以上，推重比自目前的 8 ～ 9.5 提升至 16 ～ 20。這些性能的提昇均是非常的不容易。因此此計劃擬定這些目標不可能短時間內達成，故執行方式將分三階段進行，每 5 年爲一階段，需達成目標之 1/3。15 年後總目標需完成。圖 9-9-5 表示了總目標，分別對戰鬥機、運輸機、直升機之引擎均有具體的要求。

第一階段為 1987 ～ 1992

此階段時間內需完成總目標的 1/3。

較具體的工作包括：

1. 求取機械設計及氣動力設計之最佳化。例如扇及壓縮機葉片之後掠設計 (Sweepback)。

戰鬥機用引擎	推重比+100%；耗油率-50%； 航速大於 30 馬赫；向量噴嘴；垂直或短場起飛
運輸或轟炸機用引擎	耗油率-30%；加長維修間隔時間 降低維修費用、耐用
直昇機引擎	耗油率-30%；載量+100%；航程+100%
壓縮機	壓縮比+30%；減少級數；起用複合材料
渦輪機	提升渦輪進口溫度至 4000°F 改良冷卻系統；提高渦輪效率至 88-94%
推力噴嘴	三次元向量操縱；降低雷達信號 應用高溫質輕之複合材料

▲ 圖 9-9-4 美國 IHPTET 計劃擬定之航空渦輪引擎新發展之性能提升目標

	目前狀況	目標(15 年後)
(1) 提升推進效率 次音速航行 超音速航行	 – –	 +40% +25%
(2) 增進推進系統靈活性	一次元操作	三次元操縱
(3) 航向速度(馬赫數)	3.0	25
(4) 引擎維修期隔(小時)	2000	5000
(5) 引擎大修期隔(小時)	250	500
(6) 推進系統	渦噴輪扇引擎	衝量引擎 可變循環渦扇引擎
(7) 降低耗油量(SFC)	–	−30%

▲ 圖 9-9-5 美國 IHPTET 計劃指定之航空渦輪引擎新發展在 15 年內需達成之目標

2. 渦輪機最新式冷卻設計 (Lamilloy)，即是利用蝕刻方式製造細心設計之微細冷卻氣流道，然後利用擴散結合方式將這些片狀金屬結合成渦輪葉片形狀。
3. 利用刷子式氣封 (Brush Seal) 可大量降壓壓縮機及渦輪機段之漏氣 (Leakages)。
4. 壓縮機葉片與轉盤一體成型，即所謂 BLisk 製造方法，即 Blade Disk + 2 字之合成字 (鑄造)。

第二階段為 1992 ～ 1997

需完成總目標之第二個 1/3。

此階段工作較具體的有：

1. 研發及啓用大量新式材料，包括：
   (1) MMC-Metal Matrix Composite 金屬基複合材料：例如 SiC 及鈦。
   此 MMC 有重量輕及高溫時 (1300 °F以上) 無鈦燃燒問題之特性。
   (2) Intermetallics 金屬間化合物合金：例如 TiAl 鋁化鈦，工作溫度可延伸至 1200 °F (鈦僅及 750 °F)
   TiAl-2 Alpha Type，工作溫度至 1300 °F
   TiAl Gamma Type，工作溫度可至 1400 °F
   TiAl-21 Beta Type，工作溫度可至 1500 °F為 NASP 宇航機指令。
   (3) Intermetallic Composite 金屬間合金複合材料：例如加 TiAl。
   (4) 其他 Intermetallics；例如 NiAl 鋁化鎳，其工作溫度可比美鎳基超合金 (約 1850 °F)，但重量僅為超合金之 $\frac{1}{3}$ 。
   (5) 其他金屬間合金開發；提升高溫能力。
   (6) 熱塑膠 (Thermal Plastics)；有 Dupont 的 Polyamide 及 Avimid-N，有耐高溫及質輕、強度大之特點。
2. 驗證引擎之可變循環 (Variable Cycle)，此稱為 VCE(Variable Cycle Engine) 可變循環引擎，即利用扇或壓縮機之可變葉片，影響氣流流過引擎而致使一具引擎可有二種熱力循環 (Thermal Cycle) 之意，如設計得當，一具引擎可有渦噴及渦扇引擎的推力，大大提升了應用的範圍。GE 公司在 1995 年已成功的驗證了 VCE 的概念設計，更溶入在 GE120 發動機中，GE 的設計稱為 CFPR(Controlled Fan Pressure Ratio Engine) 乃利用制動器控制或移動扇葉片產生不同的扇壓縮比的一種 VCE 設計，當然 PW 公司亦有不同的設計及驗證，但仍未見有公開資料。

第三階段為 1997 ～ 2002

此階段必須完成此計劃之總目標 (如圖 9-9-5 所示)

具體的工作包括有：

1. 繼續高溫材料之開發。
2. 繼續改良渦輪冷卻設計。
3. 開發陶瓷基材複合材料 (Ceramic Composites)

包括 SiC on Carbon，碳加碳化矽，以及強化之碳加碳 (Reinforced Carbon/Carbon) 即碳基材內加有石墨纖維。

在 1981 年 GE 的 JTDE 發動機曾試驗此材料。(JTDE 爲美軍空軍及海軍共同出資開發的發動機，全名應爲 Joint Technology Demonstrated Engine)。

在 IHPTET 計劃中，非常重視高溫材料的開發，這是因爲渦輪引擎之熱效率及性能指標皆以渦輪進口溫度愈高愈好。其目標是由目前之 2800 °F 提升至 3500 °F (15 年內)。高溫材料除了耐高溫外，還應該輕才好。圖 9-9-6 表示此類材料的需求，可見在未來金屬材料已不敷應用。可能全部改爲複合材料 (Composites)。但複合材料天生易脆及不耐彎力 (Bending) 仍是開發的問題。圖 9-9-7 表示開發的金屬間合金 (Intermatallics Alloys) 以及複合材料 (陶瓷基碳加碳) 的耐高溫情況。

其次再談談渦輪機的葉片材料及製造方法，目前最先進的是鎳基超合金單晶鑄造 (Single Crystal casting) 這個選擇仍是好的。曾有廠家建議用金屬基複合材料，MMC，即在碳化矽或氧化矽中加金屬鈦或鎂來取代，但後者質地太脆幾乎不能加工製造出複雜的葉片形狀。故對渦輪葉片而言可能仍是單晶超合金鑄造的應用。

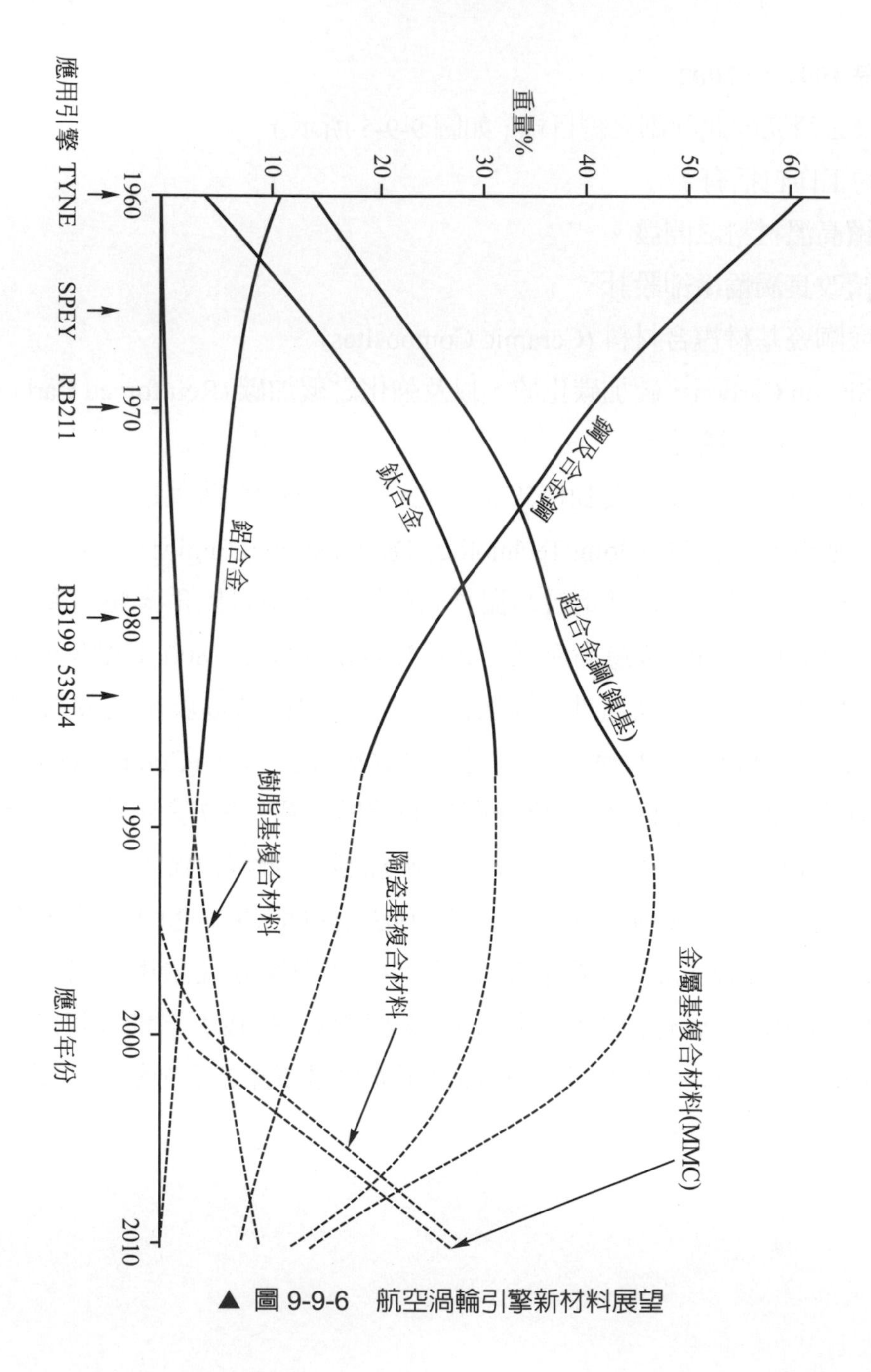

▲ 圖 9-9-6 航空渦輪引擎新材料展望

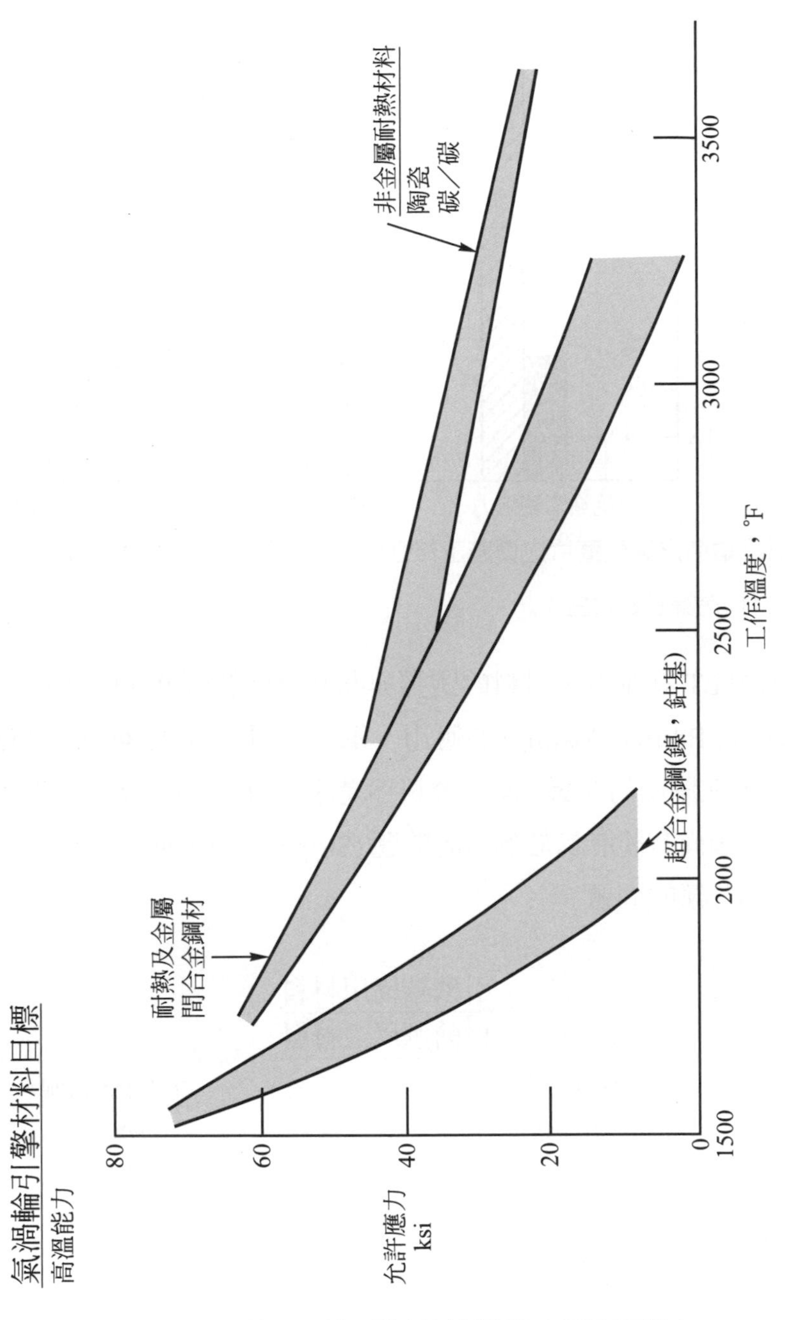

▲ 圖 9-9-7 航空渦輪引擎新材料開發之耐高溫能力

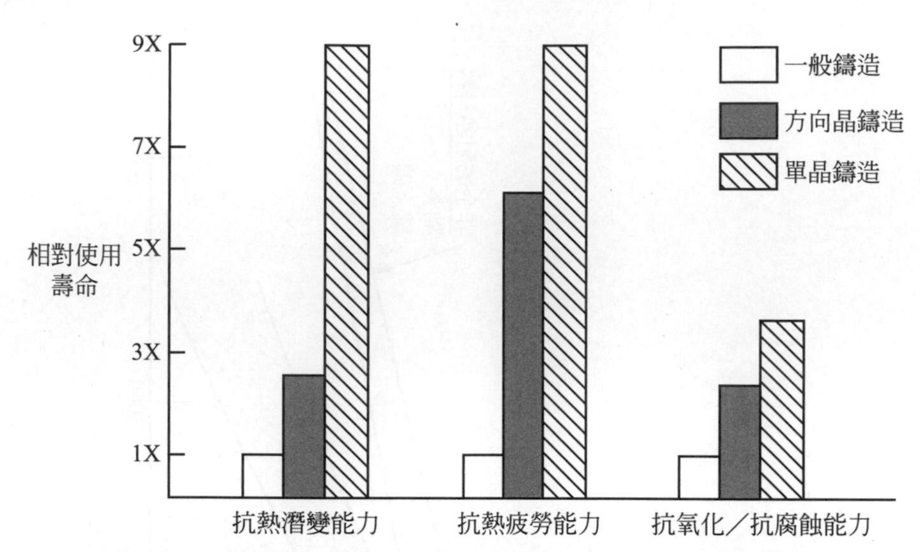

▲ 圖 9-9-8　單晶鑄造之渦輪葉片之優越工作性能比較；潛變、抗熱疲勞能力及抗氧化腐蝕能力 (材料為鎳基超合金)

最後在 IHPTET 計劃中，材料的選擇與開發總結於圖 9-9-9 中，其中談到絕熱塗層，TBC(Thermal Barrier Coating) 的應用，筆者記得早在 1984 年開發經國號戰機引擎 TFE1042 時，在岡山的介壽二廠 (今日爲漢翔公司發動機廠) 即已開發過，但沒有應用到設計上，因尚有塗層易於剝落的問題 (Stripping or Peeling)，以及表面光滑度不夠影響氣流流場分離的問題。

引擎結構用材料
目前選用之材料

材料	工作溫度限制
鋁及鋁合金	900°F
鈦及鈦合金	1200°F
鈦及鋁基複合材料	1500-1800°F
鈮及鈮合金	2500°F
金屬間化合物	2500°F
絕熱塗層	>2500°F
陶瓷基複合材料	>3000°F
碳纖維／碳纖維複合材料	2500-4000°F

▲ 圖 9-9-9　美國 IHPTET 計劃擬定之航空引擎新材料發展之抗高溫能力

IHPTET 計劃野心很大，可見航空引擎科技仍有許多值得研究及開發的地方。圖 9-9-10 表示此計劃之總結論。圖中所言遠期 (Far Term) 相當於本文中之第三階段 (1997 ～ 2002 年)、近期 (Near Term) 相當於第二階段 (1993 ～ 1997) 以及目前 (Current) 相當於第一階段 (1987 ～ 1992)。

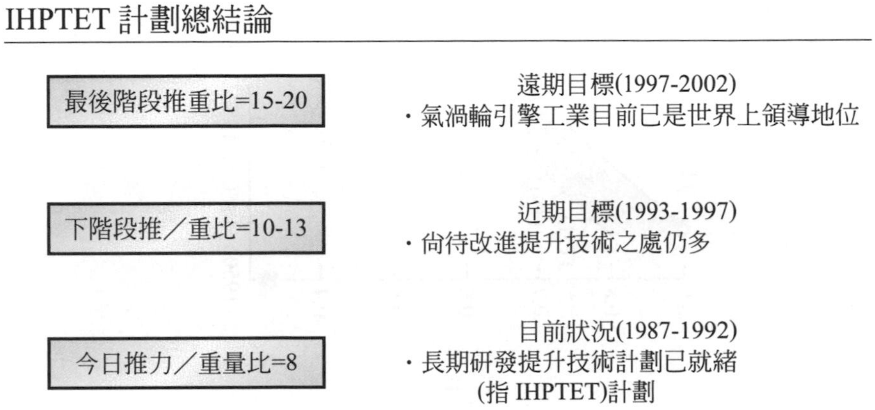

IHPTET 計劃總結論

最後階段推重比=15-20	遠期目標(1997-2002) ・氣渦輪引擎工業目前已是世界上領導地位
下階段推／重比=10-13	近期目標(1993-1997) ・尚待改進提升技術之處仍多
今日推力／重量比=8	目前狀況(1987-1992) ・長期研發提升技術計劃已就緒 (指 IHPTET)計劃

▲ 圖 9-9-10 IHPTET 計劃擬定之近期及遠期完成之總目標

圖 9-9-11 至 9-9-16 收集了此大計劃對航空引擎的展望以及新科技可能開發之處。尤其是圖 9-9-16 說明了明日的航空引擎的排氣部份應該是二維 (Two Dimensional) 噴嘴，或稱爲向量噴嘴 (Vectoring Nozzles)，即謂推力除了大小之外應該是有方向的，亦即向量的定義，而不是目前所用的圓截面積的噴嘴。向量噴嘴引擎目前採用在美空軍下一代空優戰機 F-22 上，仍在試飛驗證中，尚未服役。引擎爲 PW 公司生產，稱爲 PW-7000，推力爲 35000 磅。其推力噴出之方向可與水平方向夾角，有此推力之方向變化，可使飛機在空中活動更爲靈活。

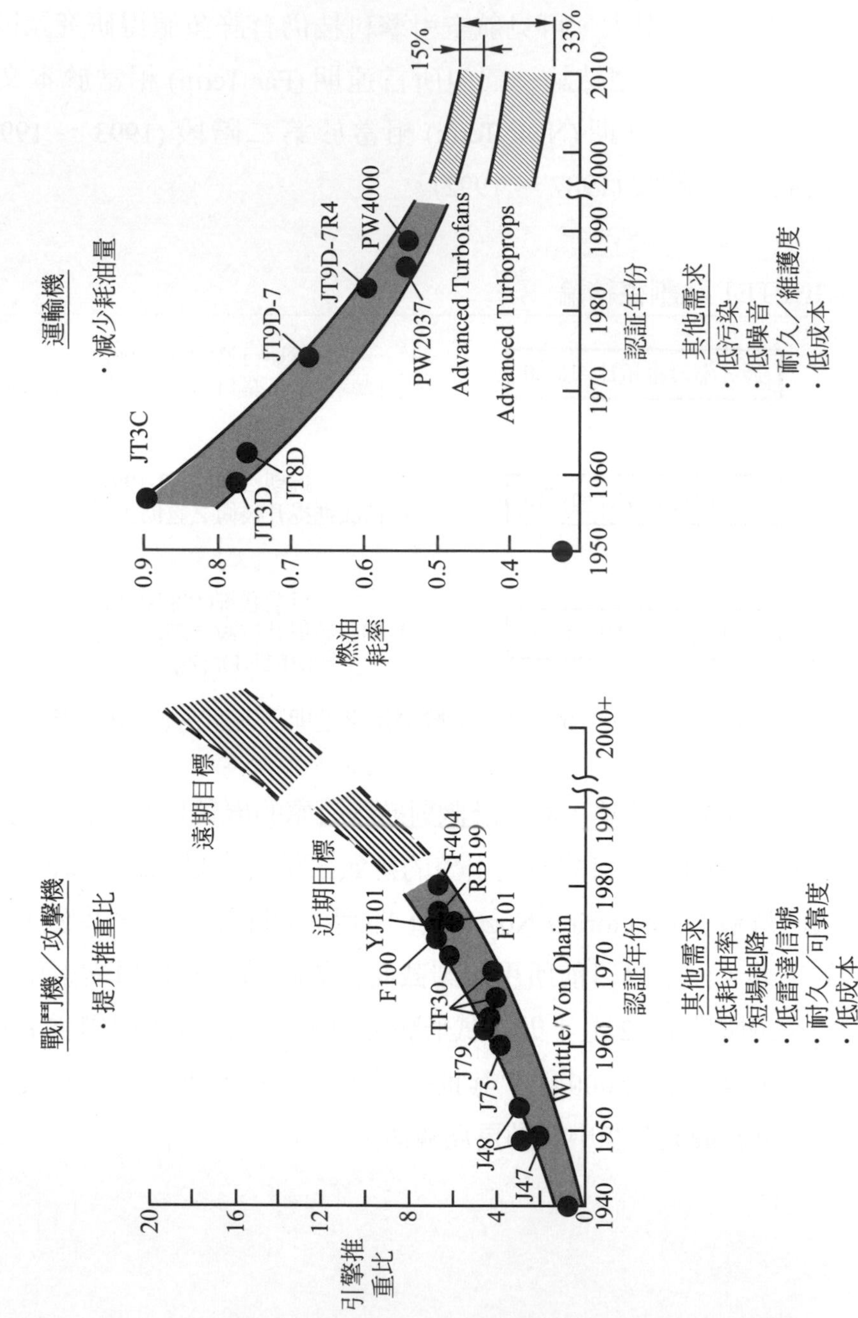

▲ 圖 9-9-11 IHPTET 計劃擬定之航空推進系統近期及遠期完成目標

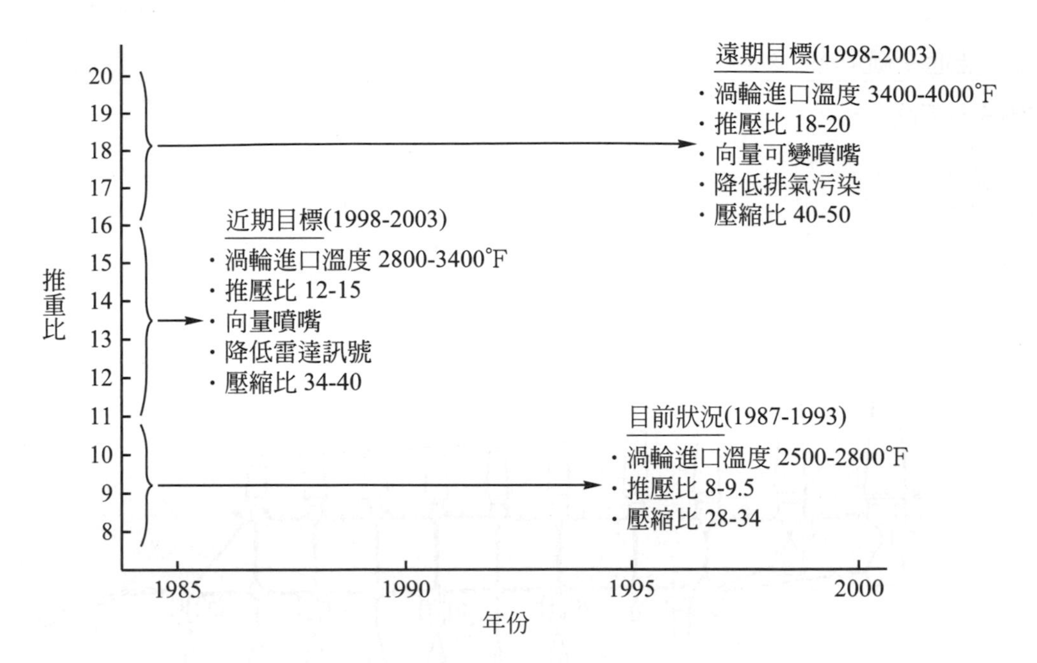

▲ 圖 9-9-12 IHPTET 計劃擬定之航空推進系統近期及遠期目標

航空推進系統科技發展趨勢

壓縮系統部份

需求	技術
減少零件數目 提升效率	低展弦比葉片 三維後掠葉片
減少零件數目 減低重量	高強度低密度材料
降地偵測信號	雷達偵測技術

(目前設計應用型)

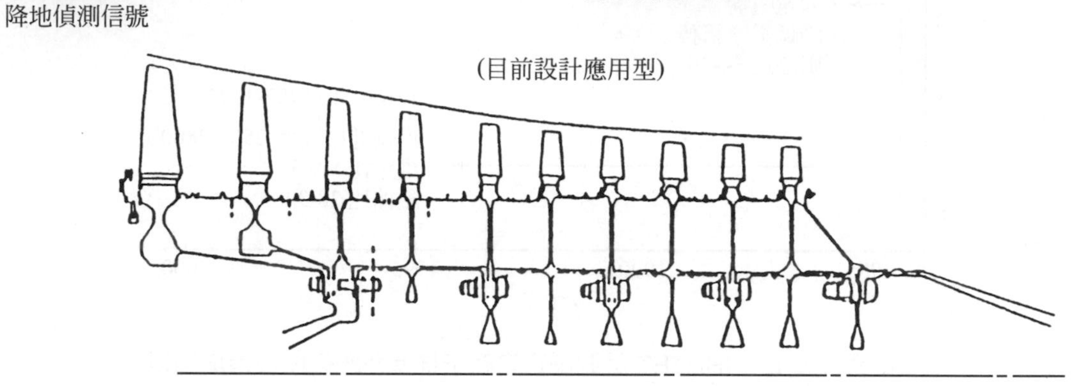

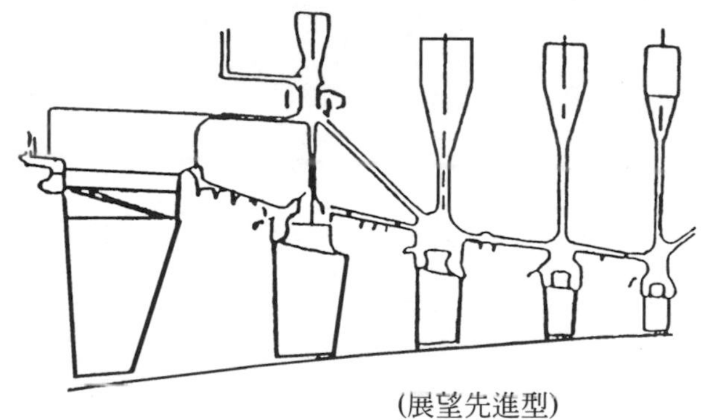

(展望先進型)

▲ 圖 9-9-13　IHPTET 計劃擬定在引擎壓縮機領域新發展技術

航空推進系統科技發展趨勢

燃燒器部份

需求	技術
減少壓力損失	氣流邊界層控制
改良出口溫度型態因子	高溫材料及減少冷卻需求
提升溫度能力	高溫材料及減少冷卻需求
減少長度及重量	高能量燃油使用
降低排放污染	高溫材料及減少冷卻需求

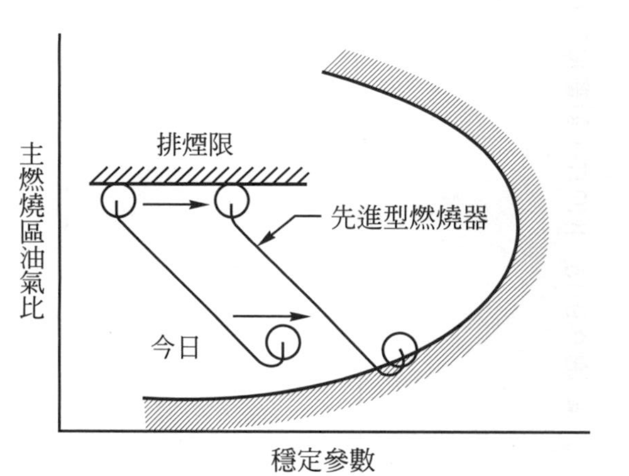

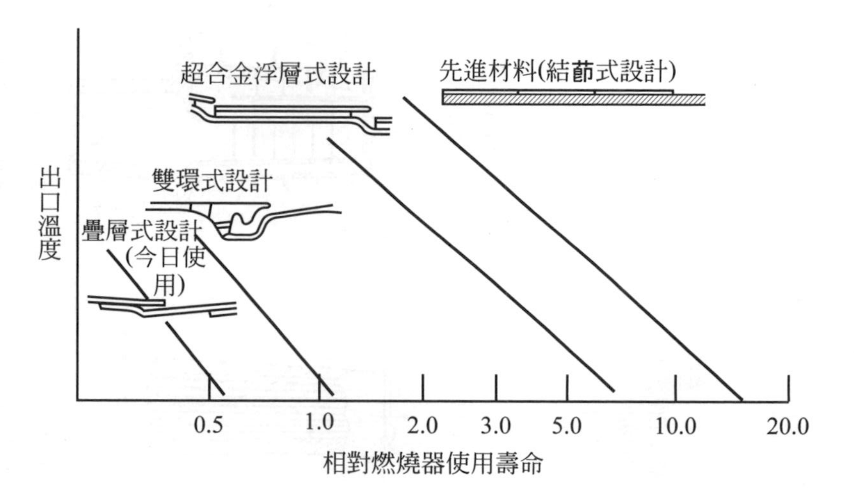

▲ 圖 9-9-14 IHPTET 計劃擬定在引擎燃燒室新發展技術

航空推進系統科技發展趨勢

渦輪機部份

需求	技術
提升工作溫度	高溫材料／字冷卻效率
提高輸出功率	高轉速
改進工作效率	減少冷卻氣流
減低重量	子強度低密度

冷卻系統

1960's	1970's	1980's/1990's	材料
基礎	增加 1.3 倍	增加 1.5 倍／ 1.9 倍	無須冷卻系統

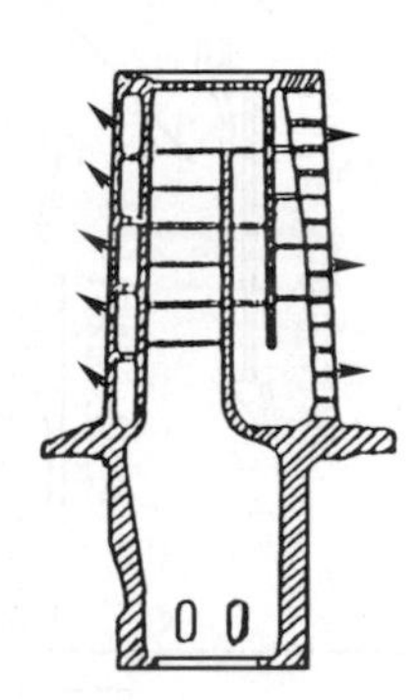

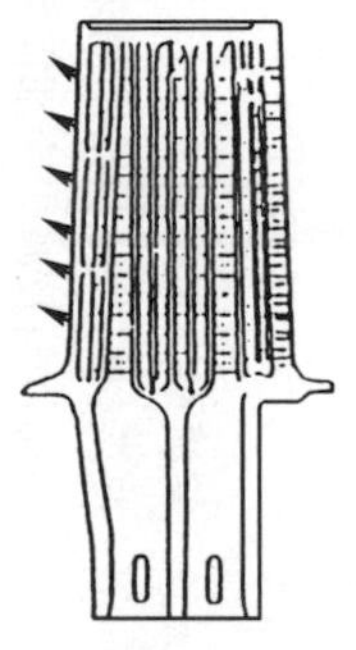

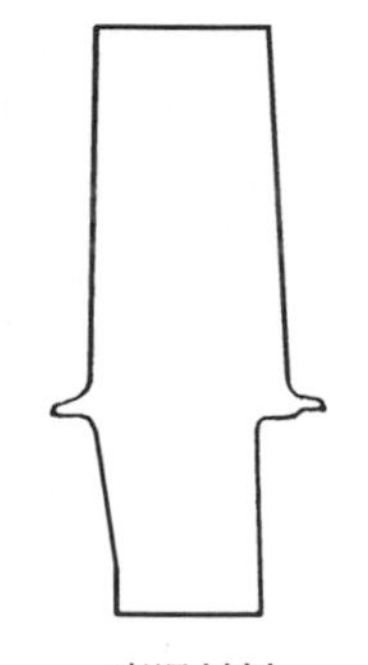

1960's	1970's	1980's/1990's	材料
‧簡單對流冷卻 ‧無表面薄膜冷卻	‧先進冷卻 ‧葉片前緣薄膜冷卻	‧多流道冷卻 ‧全面薄膜冷卻 ‧擴散型冷卻孔	‧高溫材料 ‧高溫材料

▲ 圖 9-9-15　IHPTET 計劃擬定在引擎熱段渦輪機新發展技術

航空推進系統科技發展趨勢

推力噴嘴部份

需求	技術
多功能能力	二維向量噴嘴
減少冷卻需求	高溫材料
減少重量	先進材料
減少漏氣	改良氣封設計及材料

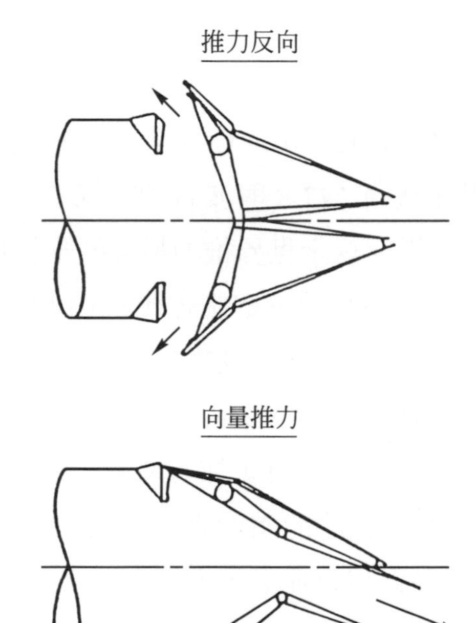

▲ 圖 9-9-16　IHPTET 計劃擬定在引擎排氣系統新發展技術 (向量推力噴嘴，Vectoring Nozzle)

9-10 世界航空器推進系統發展趨勢

世界航空發動機發展上百年來，經歷了諸多技術突破和行業變革，從軍事到民用，航空發動機的發展取得了長足進步，活塞、渦輪、衝壓等發動機相繼問世，人們對於噴射引擎的追求漸漸由如何提升推力，變成如何在最省油及最小噪音的前提下提升推力。

近年來因爲科技的發展及對油耗表現的追求，引擎製造商紛紛以舊世代引擎爲基礎，推出新世代引擎，而新世代引擎的特色不外乎就是採用新型物料以及設計理念，從而使引擎更加安靜，推力更大，更加省油。

在軍用發動機方面，普惠 (Pratt & Whitney) 則以軍用編號 F135-PW-600 的引擎，打響了向量噴嘴的名號，這款專屬於 F-35B 戰鬥機的引擎擁有向量推力噴嘴，讓氣流可往特定方向噴射，使這款戰鬥機擁有垂直起降 (VTOL) 與短場起降 (STOL) 的能力。

在民用發動機方面，目前主要企業的新型號發動機都以追求安全性、可靠性和經濟性，並考慮低污染和低噪音等為主，通過改進氣動設計、風扇材料、低排放燃燒室、高效渦輪葉片冷卻技術與智能化發動機狀態監視系統等，不斷加強航空發動機滿足民用飛機安全環保經濟舒適的要求。走在時代尖端的奇異公司 (General Electric/GE) 自 2006 年起，便以旗下的 GE90 與 CF6 系列家族為基礎，推出全新引擎 GEnx 系列，此款引擎被使用在波音 747-8 與波音 787 家族，除此之外，近年打破旗下 GE90 系列尺寸成為金氏世界紀錄全世界推力最大的飛機發動機的 GE9X，及與法國賽峰集團 (Safran) 共同研發，廣泛用於窄體客機的 CFMI LEAP 系列都使奇異公司站上了民航發動機的最高峰。而具創新，挑戰於一身的勞斯萊斯 (Rolls Royce) 則是以知名系列 Trent 為基礎研發出 TrentXWB 系列，這款用於 A350 客機的引擎使用了新設計的燃燒室與控制系統，讓引擎本身更加省油。

除此之外，這些航空發動機的龍頭近年來也在投入新型燃料引擎以及超音速客機引擎的研發，而這些研發案尚未命名，期待在不久的未來可看見這些新型態引擎的問世。

參考資料

Ref.1：Shevell, Richard S. "Fundamentals of Flight" second Edition, prentice-Hall, Inc. New Jersey, 1979。

Ref.2：Nicolai, Leland M., "Fundamentals of Aircraft Design", University of Dayton, Dayton Ohio, 1975。

Ref.3：Mattingly, Jack D., et al., "Aircraft Engine Design", A1AA Education Servies, 1987。

Ref.4：Oates, Gordon C. "Aerothermodynamics of Aircraft Engine Components", A1AA Education Series 1985。

Ref.5：McCormick, Barnes W. "Aerodynamics, Aeronautics and Flight Mechanics", Wiley, New York, 1979。

Ref.6：第九節參考資料："IHPTET", Turbine Engine Division, WL/POT, Wright-patterson AFB, OH 45433-6563, 1997.

Ref.7：E.S. Hsia and P.B.Carter; "A Modern Test Facility for Turbine Engine Development" paper No. A1AA-88-2966, A1AA/ASME 24 Joint porpulsion Conference, July 1988, Boston, Mass. U.S.A.

Ref.8：第十節參考資料：長榮大學航管系陳兆均協助整理。

MEMO

高速航行及展望

前言

這裡的高速飛行指的是以超音速 (馬赫數 1.0 以上) 做非軍事的用途，例如民用航空運輸或輔助太空航行的活動，自早期 (1960 ～ 1970 年代) 的協和號超音速客機問世後，歐美各國仍繼續有開發第二代超音速客機的計劃，只是其中有太多的技術問題，以及政治、經濟或環保等問題糾繞在一起，使得這些計劃斷斷續續至今仍沒有成功的消息。

1980 ～ 1990 年代，鑒於負責太空任務的太空梭 (Space Shuttle) 的發射太費事又太不經濟，大約是每送一磅重之物去太空需耗費 2500 美元，因此美國國家成立了一大計劃，稱為國家太空飛機計劃 (National Aerospace Plane)，簡稱 NASP。此計劃野心很大，是希望上太空如同平常去機場搭飛機一樣簡單，可在普通機場起飛，然後加速至馬赫數 7 ～ 8，再加速至 25 馬赫後直接進入太空軌道 (約離地球 300 ～ 450 公里處)。這是將來地球與太空站 (Space Station) 之間的交通巴士，可將費用降低至約每磅僅需 100 ～ 250 元。

本章將討論高速航行時遭遇之問題，以及可能解決的方法。高速航行之最終目標不只是超音速飛行 (Supersonic Flight) 而是極音速飛行 (Hypersonic Flight)，屆時飛行馬赫數可高達 8.0。那麼從台北至紐約是一個多小時的事，多麼方便！按目前進展的情況預估可能是 2030 ～ 2050 年代的事了。當然屆時每個人都可以來個太空之旅，就像由台北至香港之方便，思之不禁令人神往。

10-1 超音速航行與協和號(Concorde)

在本書第一章內曾稍提及協和號超音速飛機的情況，此機是在 1965 年由英國與法國兩國政府共同攜手完成的大計劃，此機可飛行在 2.0 馬赫數，但因飛行高度太高，其座艙壓力不易控制，再加上推進系統爲渦輪噴射引擎，太耗油又噪音太大，使得乘客非常不舒服，與 B747 廣體客機之舒適不能比，因此之故，此機只生產了 16 架，法航與英航各擁有 8 架，負責歐洲與美國及南美巴西的航線，此機在 1979 年停止生產，主要原因仍在經濟性，此機之費用約爲 B747 的 4 ～ 5 倍 (航程相同)。圖 10-1-1 爲英航之協和號超音速飛機 (Concorde) 在飛行時之姿態。自從 1950 年以後，航空推進系統由渦輪引擎獨佔，其間科技日新月異，大推力且重量輕的渦扇，渦噴引擎一一問世，將飛行速度提升許多。協和號之航速已達馬赫數 2.0，至 1978 年高空偵察機 SR-71 黑鳥式機速度已至 3.0 馬赫數。如圖 10-1-2 表示在 19 世紀內飛行速度的進展情形，此時海平面的聲音速度約爲 740MPH(Miles Per Hour)。故圖上之垂直座標除以 740 即可得飛行之馬赫數。超音速飛行時特別要注意機身表面之溫度會升高，這是由於高速度之氣流流過機身表面，其某些氣流減緩或靜止區域 (Stagnation Region)，氣流內含之巨大動能 (Kinetic Energy) 轉換成溫度提升可由第六章內討論過的公式表示：

▲ 圖 10-1-1　超音速客機協和號 (Concorde)

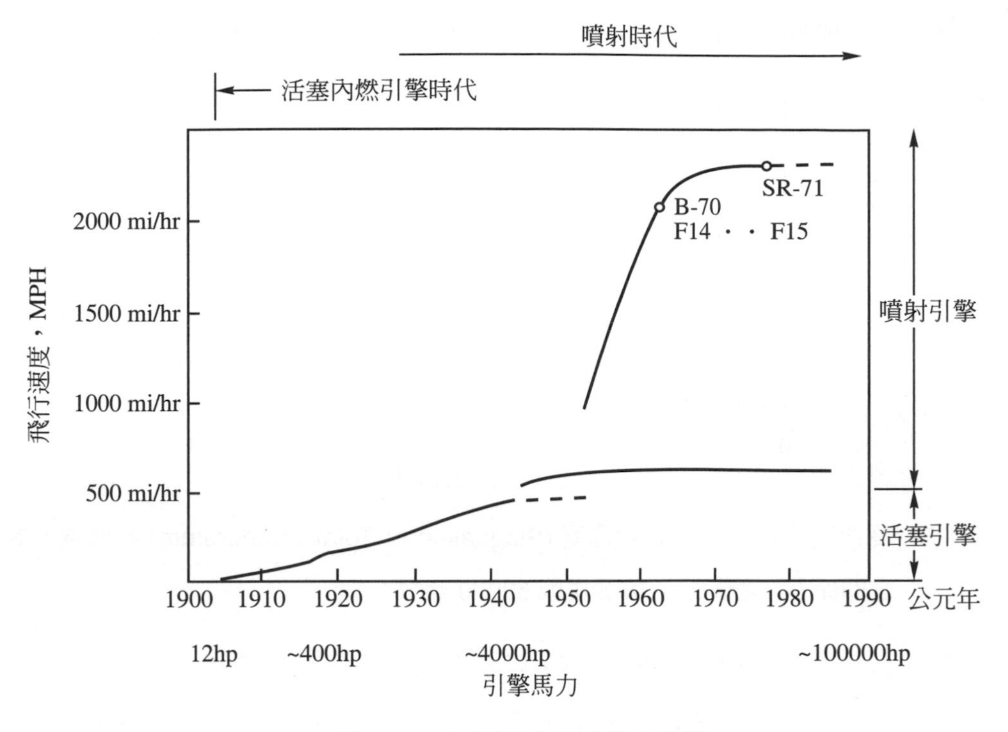

▲ 圖 10-1-2　飛機之航速進步情形

$$T_T = T_0\left(1+\frac{\gamma-1}{2}M_0^2\right) \tag{10-1}$$

這裡， T_T = 全溫度或靜止溫度 (Total or Stagnation Temperature)

T_0 = 大氣溫度

M_0 = 飛行馬赫數 = 航速 / 音速

γ = 空氣比熱比 = 1.33 ≅ 常數 (大氣層內)

圖 10-1-3 表示上式在大氣層高度 18 公里 (或 59000 英呎) 處，機身之全溫度與飛行馬赫數之關係。

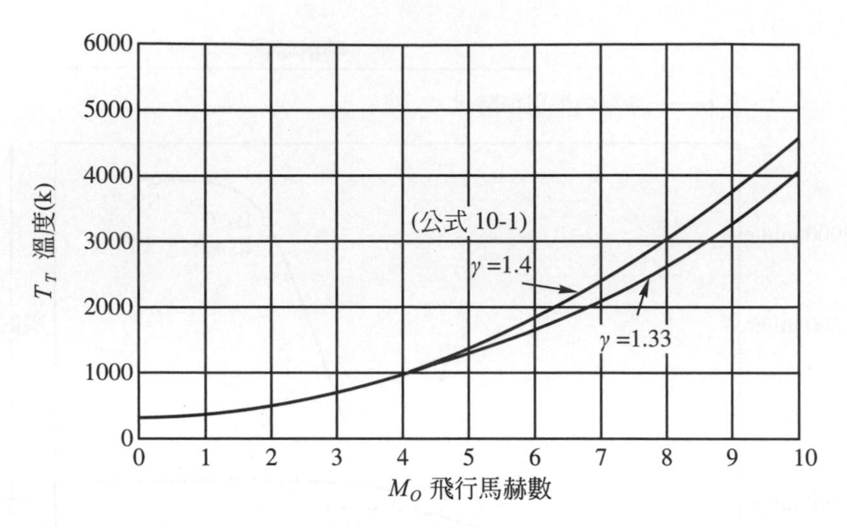

▲ 圖 10-1-3 高速航行時，機身之全溫度 (Stagnation or Total Temperature) 與航速 (馬赫數) 之關係 (大氣層高度 18 公里或 59000 英呎)

由圖 10-1-3 可以看出超音速航行 (馬赫數 3.0 以下) 機身溫度尚不是大問題，但極音速航行時 (馬赫數 6.0 以上) 其全溫度可至 1800°K(= 6.0)，2400°K(= 7.0)，3100°K(= 8.0) 及 4000°K(= 9.0) 如此之高溫一般金屬 (鋁、鈦等) 已不能承受，必須採用先進的耐火或複合材料 (碳或陶瓷纖維) 才能應付。這些將於宇航機或太空機 (NASP) 時再討論。

圖 10-1-4 是在高速航行時一些飛行器外形的構想設計，目標仍在減少飛行時的阻力及利用機翼產生升力，故高速時，機身必須細長，如錐形，主要是在減少由震力波產生的阻力 (Shock Wave Drag)。

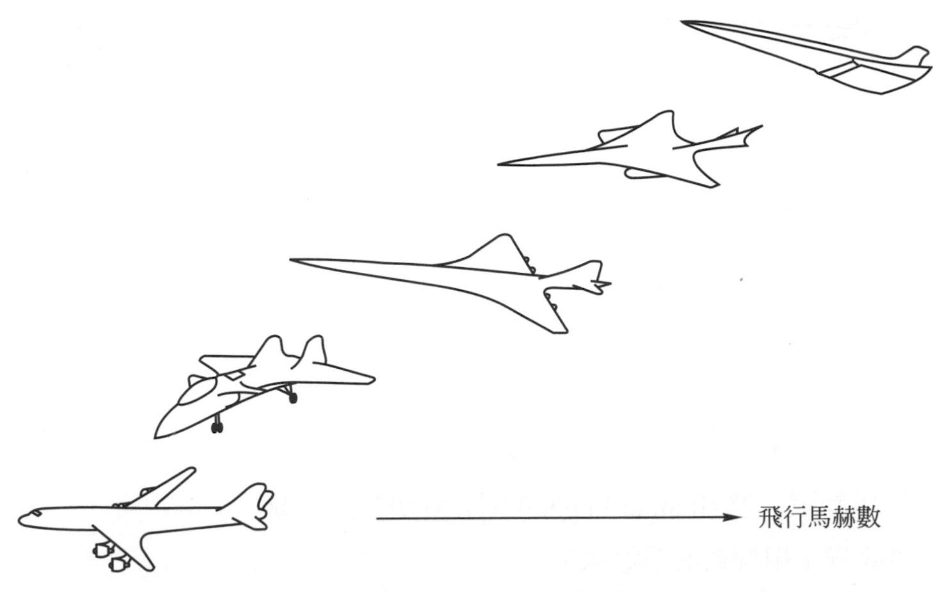

▲ 圖 10-1-4 飛機器外形構想設計與飛行高度及飛行速度關係示意圖

10-2 高速民用交通計劃(HSCT)及第二代超音速機(Second SST)

在歐洲開發協和號超音速機時，幾乎在同時，美國亦有類似的計劃稱為 SST(Supersonic Speed Transport)。波音公司設計的飛機以 B2707 為代表，推進系統則以 GE 公司的 GE4 為代表，但是因為種種政治及經濟、環保問題。(噪音及空氣汙染，更嚴重的是臭氧層的破壞)。這些研製計畫均在 1971 年被美國政府取消，當時筆者已在 GE 公司服務，曾參與 GE4 引擎設計及驗證，這是當時最大推力 (75000 磅) 的渦噴引擎 (Turbojet Engine)。今天這個引擎放在美京華盛頓特區史密松尼國家科技館內，與萊特兄弟的世界上第一架動力飛行的小鷹號 (Kitty Hawk) 放在一室供人憑弔。嗣後鑒於航空工業之可為，美國政府又恢復了對超音速航行的興趣，復于 1990 年成立了所謂 HSCT 計劃 (High Speed Civil Transport)，可稱為高速民用交通運輸計劃，其發展內容與前取消之 SST 計劃大同小異，圖 10-2-1 表示 HSCT 計劃中需開發之新科技，為應付高速航行，這些科技領域包括了下面這些項目：

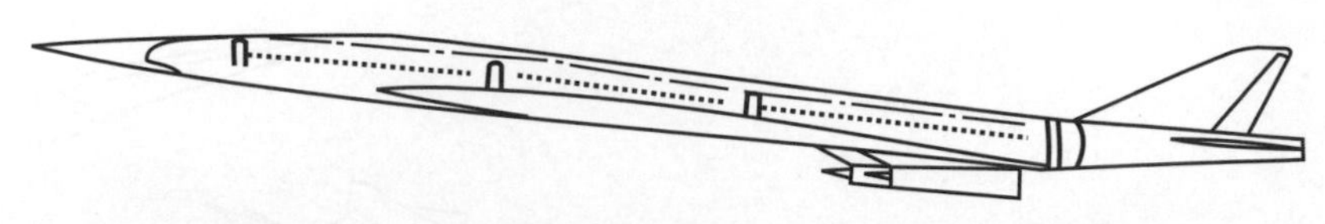

▲ 圖 10-2-1　高速航行 (馬赫數 6.0 以上) 之科技需求

1. 機械 / 結構設計之整合。
2. 全機之控制及感測系統。
3. 全機之溫度控制系統。
4. 安全及可靠度。
5. 先進之推進系統 (噪音及汙染問題)。
6. 如採用衝壓引擎 (Ramjet Engine) 則先解決加速系統。
7. 燃油系統 (甲烷或液態氫氣)。

在前面第九章內已談到航行速度在 3.0 馬赫數以上，一般用的渦輪航空引擎已不敷應用，而必須採用衝壓引擎 (Ramjet) 或高速燃燒衝壓引擎 (Scramjet)。圖 10-2-2 及圖 10-2-3 顯示高速航行時推進系統之需求，不但引擎型式要改變，燃油一般航空用油是碳氫化合物的 JP4 油，也不能用了，必須改用甲烷 (Methane) 或 Endothermic，後者是一種用金屬的粉末 (例如易燃的鎂或鈦) 滲和在 JP4 內的一種燃料，在火箭固體燃料中有少量用過，但用於航空引擎則尚未有記錄，這種配合的目的，在于提高燃油的比熱量 (Specific Heating Value) 亦即單位體積內釋放的熱量。

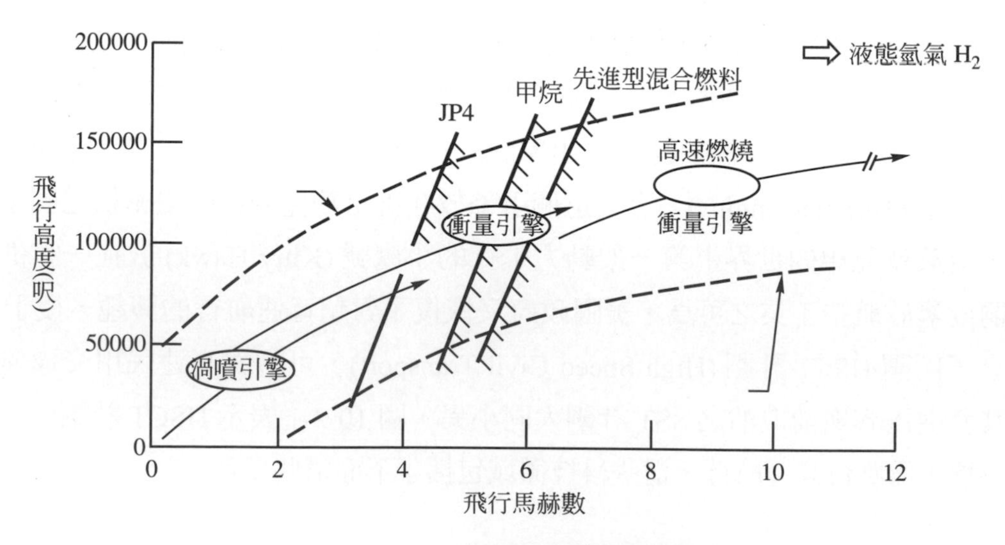

▲ 圖 10-2-2　高速航行推進系統需求

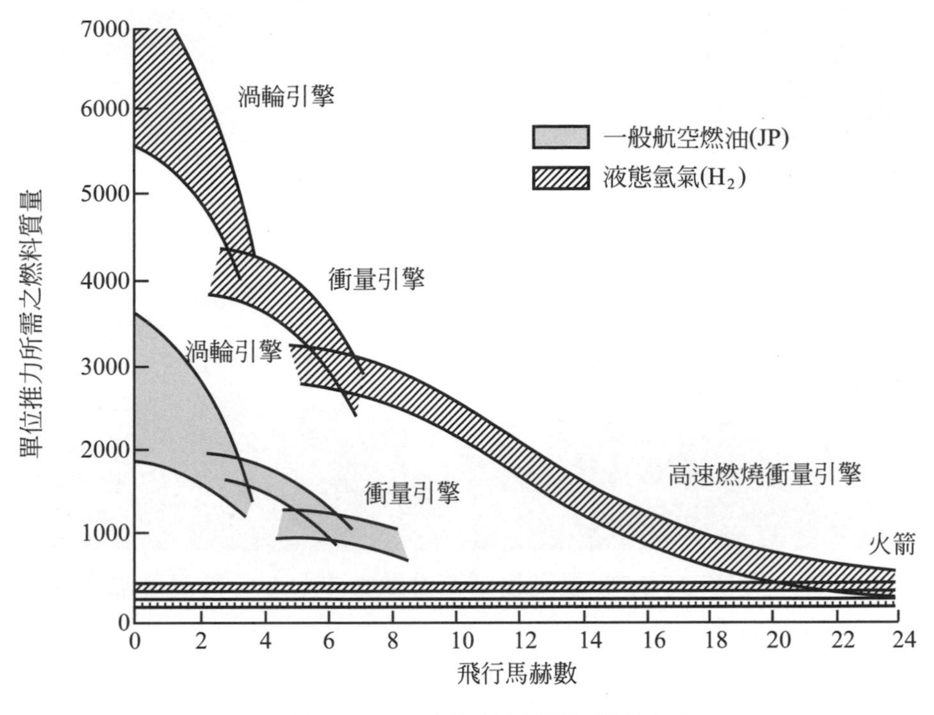

▲ 圖 10-2-3　高速航行推進系統需求

最終目標是用氫氣做燃料，但安全及漏氣爲最大問題，而且極低溫狀態 (液態氫) 之燃油貯放及運送問題更多。

波音的 HSCT 計劃進展非常順利，在 1993 ～ 1994 年間，其 HSCT 風洞模型已陸續在美航太總署的愛默士研究中心做過 2.7% 尺寸模型超音速風洞吹試，主要的是量測全機的壓力分佈情形以及尾後四具引擎與機身互相干擾的問題，此模型，圖 10-2-4，採用了極高度後掠 (Sweepback) 設計的機翼以及連續結合的機身與機翼 (Wing and Body)。在圖 10-2-4 中可以看出。圖 10-2-5 表示同一模型，不過大了一些，是 6% 尺寸模型在 NASA-Langley Research Center 之低音速風洞吹試情形。圖 10-2-6 列出了美國 HSCT 計劃對高速航空器材料之新需求。圖 10-2-5 表示 HSCT 6% 尺寸模型眞實尺寸，此模型爲鋁製，重約 185 磅，19 英呎長，翼展爲 14 英呎，翼下安裝四具低旁通比渦扇引擎 (最近訊息爲在 1998 年已決定採用 4 具可變循環能力 (Variable Cycle Engine) 的低旁通比渦扇引擎 (每具出力 70000 磅推力)，GE 及 PW 公司各有競標的能力，在推進系統上，歐洲的 Rolls-Royce 及 SNECMA 公司另有打算，他們建議用中置渦輪風扇引擎 (Mid Tandem Fan Engine)，此引擎亦是具有可變循環能力，不過機構較美國建議的複雜很多。

▲ 圖 10-2-4 波音公司 HSCT 2.7% 風洞模型在愛默士中心 9' × 7' 高速風洞吹試 (AWST，NOV.1994)

▲ 圖 10-2-5 波音公司 HSCT 6% 風洞模型在朗內中心 14' × 22' 低速風洞吹試 (AWST，NOV.1994) 模型為鋁製，重 185 磅 19 英呎長，翼展 14 英呎

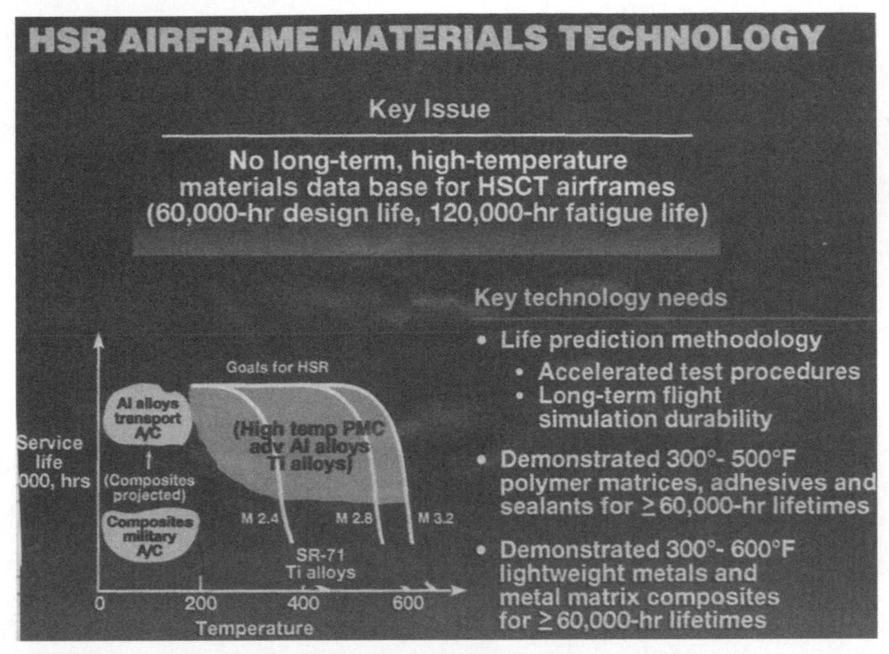

▲ 圖 10-2-6 美國 HSCT 計劃中對飛行器新材料發展之需求 (AWST JUNE 1993)

再談談第二代超音速機情況，前已言在第一代協和號以後，歐美及日本均有更進一步開發第二代 SST 飛機的計劃。根據歐洲超音速機研究聯合小組，ESRP(European Supersonic Research Program) 指出超音速機必須符合下列 4 個需求：

1. 市場潛力 (至少應有 250 架的銷售量)。
2. 噪音及空氣汙染 (特別是高空的臭氧層的保護)。
3. 材料及空氣動力學 (安全及設計精密度)。
4. 跨國合作。

因此之故，超音速客貨機之飛行軌跡初步定義為：

1. 起飛至 35000 英呎高度：次音速航行，$M \leqq 0.85$。
2. 高空巡航 (35000 英呎以上)：超音速航行，2.2 ～ 2.4。
3. 降落至陸地上空：保持次音速 $M \approx 0.8$。

如此則可避免在城市上空噪音及環保問題，只在越洋部份採用超音速飛行，如此折衷的辦法，雖將航行時速限制，飛行時間加長了，失去了超音速機最吸引人的地方，但亦不失為一可行之道。

日本的 SST 計劃野心頗大，初步設計為 300 人座，較協和號之 144 人座增加了一倍，航程為 6000 海浬，馬赫數為 2.25，由三菱、川崎、富士等重工負責機身，石

川島播磨 (IHI) 負責發動機，預定 2003 初試，2005 年服役，但其進展情形並無公開報導。

美國的超音速機仍以波音公司 HSCT 為主，其機身細長，極大後掠翼及翼下 4 具 VCE 發動機，載客量為 250 ～ 300 人座，6000 海裡航程，飛行馬赫數；越洋為 = 2.5；陸上 M = 0.9 ～ 1.1，亦為 2005 年服役。

10-3 太空機或宇航機(NASP)發展情況

在第九章中，我們提到了高速航行時所需的衝壓引擎 (Ramjet 及 Scramjet)，在 1960 ～ 1970 年代，美國的航太總署在這方面做了許多基礎及應用的研究工作，由在克利夫藍的路易士研究中心 (NASA-Lewis Res. Ctr. 總其成，試驗工作在朗內中心 (Langley Res. Ctr.) 極音速風洞中完成。(Hypersonic Wind Tunnel)。當時認為極音速航行之推進系統應可解決。其實不然，問題反而更多 (後來才知道)。美國政府在 1986 年成立了所謂太空飛機或有人譯為宇航機的計劃，此計劃簡稱 NASP(National Aerospace Plane)。其主要目的是取代日益昂貴的太空梭 (Space Shuttle)，運送人員或物質自地球上太空的任務，此計劃是尋求一飛行物可以自地面至太空一次完成，而取代太空梭之多節火箭多次完成，此即所謂之 OSTO(One Stage to Orbit) 需求。也就是太空機可由地面任何機場之跑道上起飛，升空後能加速至 25 馬赫左右進入太空站軌道。在 NASP 這個大計劃中附屬了一分項計劃，即是設計並驗證一極音速飛機 (Hypersonic Aircraft) 約 8 ～ 10 馬赫飛行速度，如與前述的 SST 相比，這個應是第三代的超音速飛機了。極音速飛機 (Hypersonic Aircraft) 所遭遇的技術問題，簡言之可分為下列幾方面：

1. 機身與引擎之高溫問題：前已言之，在極音速航行時，機身或是引擎外匝之氣流滯留區 (Stagnation Region) 內，其全溫度可高達 3200°K ～ 4000°K，如圖 10-1-3 所示。如此之高溫一般金屬材料已不能應用，必須採用先進的耐火或是複合材料 (陶瓷或石墨纖維) 才可應付。此即圖上所謂之 TPS(Thermal Protection System) 以及材料開發的方向。
2. 高速衝壓引擎及燃燒穩定問題：尤其是高速燃燒時如何有效完成油氣的混合及連續穩定的燃燒等等。

▲ 圖 10-3-1 美國航太總署 (NASA) 宇航機 (NASP) 之試驗機 X-30 之雄姿 (AWST Sept.18,1995)

3. 推進系統之整合：此時必須使用非傳統性的燃料 - 液態氫氣，安全及運送皆是問題。
4. 極音速空氣動力學理論尚有待基礎研究，主要是因爲高溫環境下，空氣之組成已因高溫而分解及離子化了 (Dissociation and Ionization)，此時傳統之空氣動力學定律已不能應用了。

除了風洞可模擬極音速航行外，眞實的飛行體例如太空梭、火箭或是飛彈亦可達到如此高速 (馬赫數 6.0 以上)，但爲時甚短而飛行體振動關係，取得任何有價值數據不容易且不可能。故在 1980 年後期，美航太總署有利用太空試驗飛機作實體試驗獲取數據之計劃，這一系列計劃有 X-30、X-31、X-32 至 X-33 諸太空試驗之試飛，亦列入 NASP 大計劃之內。圖 10-3-1 爲 1995 年 X-30 試驗機試飛之雄姿，此時筆者在想，美國 NASA 機構自 1948 年開始即有 X-1 火箭試驗機計劃開始至後來的 X-15(1958 年)，直至今日的 X-33 太空試驗機，其間不少的試驗飛機問世，這些飛機皆以 X 代表 Experimental(試驗) 之意，這些飛機爲時甚短且“僅此一架”，筆者想讀者中或有時間及興趣收集這些試驗機自 X-1 到 X-33 考究其造型、目的及成果，如能編集成冊那將是非常有價值且有意義的工作。

X-33 太空試驗機，曾公開招標，圖 10-3-2 是洛克希德 - 馬丁公司 (Lockheed-Martin) 所建議的飛試型。已經入選且飛試過。圖 10-3-3 則是洛克威爾公司 (Rockwell) 的建議，但未入選。另外麥道的建議是垂直起飛垂直降落型，亦未入選。

▲ 圖 10-3-2　美國宇航機 (NASP) 之試驗機 X-33 之雄姿 (Lockheed-Martin 公司承製)

▲ 圖 10-3-3　美國宇航機 (NASP) 之試驗機 X-33 構想設計 (Rockwell 公司建議，未入選)

X-33 體積與一架波音 737 噴射客機大致相當，是結合了現代空氣動力學的科技綜合體，具有很大的鼻錐以及獨特的引擎，另外尙有敷有絕熱的外衣塗層，可以載運十二萬五千磅人員或貨物，X-33 被視爲取代老化的太空梭的新一代低成本往返太空的載具，往返時間定爲 2 ～ 7 天，且地面操作人員不超過 50 人，可大量降低太空梭操作之費用。太空總署目標是初步降低至 1000 美元 (每磅之運送太空成本)。然後逐步降低至 250 美元。由圖 10-3-3 中可以看出 X-33 之機體設計有彎曲及凸起的部份，這是使 X-33 重返地球時須具備滑翔飛行的能力。

最後我們看看將來極音速飛行的飛機的模樣。圖 10-3-4 則是麥道公司的構想。推進系統爲在機身下方的高速衝壓引擎 (Scramjet)。

▲ 圖 10-3-4 極音速飛機之構想設計 (麥道公司構想)

人類科技的進步是無限的，在航空方面，我們可以回顧 1903 年人類第一架動力飛行的小鷹號 (Kitty Hawk) 飛行時速只有約 30 英哩，到今日的飛行記錄增加了將近百倍 (1970 年左右即有 SR71、F14、F15 等機航速近 2200mpH)，因此我們深信在可見的未來，極音速飛行是可能的 (時速約爲 6000mpH)，即每小時航速 6000 英哩，人類將享有極音速航行，由台北至紐約只是一個多小時的事，多麼舒服！又太空之旅亦僅是呎尺之事，多麼令人神往！在此値得一提的是在 2001 年 3 月 X-33 太空試驗機在完成階段性任務後，竟遭當時美國小布希總統下令取消繼續試驗，當然原因很多，但最大的仍是太多人認爲花太多錢在加州之故。

參考資料

Ref.1：Shevell, Richard S. “Fundamentals of Flight” second Edition, prentice-Hall, Inc. New Jersey, 1979。

Ref.2：Cox, R.N. and Crabtree, L.F., “Elements of Hypersonic Aerodynamics” English Universities Press Ltd., London, 1965。

Ref.3：Anderson, J.D. “Fundamentals of Aerodynamics”, McGraw-Hill, New York, 1984。

Ref.4：Hayes, W.D. and Probstein, R.F. “Hypersonic Flow Theory”, Academic press, New York, 1959。

航空引擎國際市場簡介

——兼談區間客機引擎需求及國際合作

工研院航太中心正研究員　夏樹仁

一、航空引擎技術比較分析

1. 台灣之航空引擎技術評估

國內於 1969 年成立之航空工業技術發展中心 (AIDC) 簡稱航發中心，擁有目前國內獨一無二的引擎技術。無論設計分析以及製造和試驗，人才及必須設備均具有開發一新型引擎的領導能力。航發中心自 1972 年起裝配試車 AT-3 機用之 TFE731 渦扇引擎起至 1983 年與 Allied Signal 之 Garrett Engine Division 合作研製 IDF 機之 TFE1042 低旁通比之渦扇引擎，尤其在後者，實際參與國際間之合作，無論是設計分析、製造及驗證，以迄裝配、試車皆有一定的成長，尤其歷年來建立了東亞獨一無二的發動機試車設備，以及相當多的製造技術 (例如精密鑄造 / 陶心製作、雷射加工、化學蝕銑等在亞洲可稱首創)。但問題是 AIDC 素爲一軍事單位，一向以任務爲導向，忽略作事效率，以至成本一向高於國外業者，又多年來沒有其他主要引擎業務接替，早年 (約 10 年前) 培養的人才與經驗，想已不能派上用場，如何排除此一問題，應及早未雨綢繆。

又國內引擎技術一直集中於航發中心，雖然有些技術投資民間，然其效果實在太小，也可說民間企業完全沒有這些引擎技術，當然基本製造技術民間亦有一些，例如寶一公司的鈑金技術 (可製引擎之外罩及燃燒筒)，全特公司之精鍛技術 (扇葉片、機環等等) 以及亞航之維修技術等等，再者如民間眾多之精細鑄造業者 (如高爾夫球頭製作) 稍加輔導則可以生產許多引擎零件。問題在於整合這些散佈民間的相關產業技術，必須花費很大的時間及心力方能奏效。

航發中心之引擎技術包括設計、測試及製造方面，其製造方面完全集中在介壽二廠，該廠自民國 62 年成立以來，原以裝配、維修爲主。而以 Garrett 之 TFE 731 以及 Lycoming 之 T53 引擎最重要。但自 IDF 之 TFE 1042 引擎研製 (民國 72 年) 以後，與美國之 Garrett 公司合作，其製造能量大幅提升，許多先進之製造方法及特別製程均次第建立，如今已可產製 TFE 1042 引擎 90% 以上之零件，而且另建立之裝配試車能量，以及附件試驗工廠，能量及設備均相當可觀。引擎設計及分析以及測試能量則建立在第一研究所 (台中航空研究所)，設計及測試能量亦於 TFE 1042 引擎研製期間 (1982 ～ 1988) 次第建立。關於引擎之各主要組件 (扇、壓縮機、燃燒器、渦輪及推力器、齒輪箱、附件系統等) 均有設計分析能力，專業人員約有 450 人之多。但目前舊有人力已漸分散，重聚恐不易。又航發中心具有甚爲精密之引擎測試設備，此設備包括了全自動數據擷取系統以及下列幾個獨立試驗室：

(1) 海平面試驗室 (可試 15,000 磅引擎，但稍爲改裝設備可試至 20,000 磅)。
(2) 高空試驗室 (可試至 60,000 呎高空，爲軍用引擎驗證必須，商用引擎可能不需此驗證)。
(3) 扇組件試驗室 (可試至 8000 匹馬力)。
(4) 渦輪組件試驗室 (可試至 3500 匹馬力)。
(5) 附件齒輪箱試驗室 (可試至 300 匹馬力)。

又所謂環境試驗 (冰雹、外物、飛鳥以及腐蝕噴砂等) 設備亦一應俱全。此設備簡稱 EDTF(Engine Development Test Facility) 於 1984 年建造完成。多年前筆者曾任職中科院雲漢計劃主持人，督導 TFE 1042 試車高達 10,000 小時以上，而其高空試驗設備爲亞洲僅有。

假如有國際合作引擎機會，我們可以看看航發能負擔什麼任務或工作：

以 15,000 ～ 20,000 磅推力之 Turbofan 爲例：

以過去五年之能力 (不是目前，因人力已分散)，航發可以承製下列零組件 (Component)，包括規劃、設計、分析試製 (Prototype) 測試及驗證一系列完整開發工作：

(1) 風扇 (Fan) 組件及低壓壓縮器。

(2) 中高壓壓縮器。

(3) 燃燒器 (燃油噴嘴 (Fuel Nozzel) 可能有困難。

(4) 高壓渦輪。

(5) 低壓渦輪。

(6) 反推力器。

(7) 全引擎整合測試 (驗證試驗或試車試驗等等)。

(8) 零組件生產 (不含複合材料件)

航發中心目前所久缺之航空引擎技術爲電子數位燃油控制器技術，即所謂之 FADEC(Full Authority Digital ElectronicControl)，此爲現代引擎之必須。多年前筆者在航發中心曾倡導研製此系統，但因缺乏經費，以致功敗垂成。近年資策會、台翔、工研院航太中心擬合作開發，但距成功應用恐是四、五年後之事了。

2. 國際引擎公司技術評估

(1) 中大型渦扇引擎公司

此處所謂大型渦扇引擎 (Medium and Large TurbofanEngine)，大型係指可供民航機 150 人座以上之動力設備者，即如 Boeing 737-300 及以之大型客機者，其每具推力應在 25,000 磅以上，中型者係指推力在 15,000 磅左右可供 90 ～ 120 人座之客貨機者，依公司分：

① GE/SNECMA-CFMI

GE 公司爲美國第一大引擎公司，其軍民用之引擎生產規模甚大，自 1945 年起即研製世界第一具噴射式之引擎，GEI-A，其大型渦扇引擎有 CF6-6、CF6-50、CF6-80，迄今 GE90 問世，GE 又在 1979 年左右與法國 SNECMA 公司合資成立 CFMI 國際公司，生產供給民間客機用之 CFM 56 系列引擎，其推力從 18,500 磅至 35,000 磅不等，一共有七種型式問世，佔有市場極爲可觀，迄今有銷售 10,000 具引擎之成績。客機自 737 至 747 皆可配用，此類引擎之可靠度 (Reliability) 及維護度 (Maintainability) 甚爲客戶接受，因此引擎係由軍用引擎 F101 衍生而來。F101 原爲 B1B 重型轟炸機所用，因由軍機而研發成功之多項設計技術，皆收納於 CFM 56 引擎中，無形中成就了 CFM 56 之優於其他引擎的條件，此也是其佔有大量市場之原因。大致上 GE 公司負責高壓高溫部份，SNECMA 公司則負責低壓低溫部份，此項合作兩公司各取所長，配合極爲良好，也是業務蒸蒸日上的原因。又兩國政府 (美、法) 對此合作皆大力支持 (有時竟動用到總統來解決問題)，CFMI 公司可說是近代國際合作極爲成功的一個例子。

在美國或是全界中，大運量之引擎市場，除 RR 公司佔少部份外 (約 15 ～ 20%)，則是 GE 及 PW 兩公司平分天下的局勢，此局勢保持了近 20 年，未見改變。

② PW

PW 引擎公司爲聯合技術公司 (United Technologies Inc.) 的一部門 (Division)，爲一大小引擎皆生產的公司，與 GE 公司處處皆爲市場之競爭者。除軍民用引擎外，其他陸用、海用、工業用以迄發電用之氣渦輪機 (Gas Turbine) 各有相當產品。多年來此二公司可以說獨佔市場，尤其軍用引擎方面，第三者無法插足其間。因此許多軍用引擎研發時獲得的高科技，皆爲兩家公司擁有而可自由應用至民用引擎中。因而在競爭中，此兩家公司之利基較其他小公司爲優之故在此。PW 此公司產品在中大型運量客機應用方面，有 PW2000 及 PW4000 二系列產品，推力自 30,000 磅至 60,000 磅皆有。如 PW4064 即示有 64,000 磅推力，目前 PW 最新引擎爲 PW4084 即 84,000 磅以供 Boeing 777 客機用 (GE 有 GE90，87,000 磅推力，也供 B777 用)。

PW 公司亦有國際合作之經驗，例如 IAE、Project Blue 等，將於下面簡述之。

③ RR

爲英國一家公司，該公司歷史悠久，二次大戰時即生產往復式發動機供航空用，在中大運量客機方面，該司產品爲 RB 211 系列，其推力亦有多型，自 35,000 至 65,000 磅皆有產品問世。惟該公司近年財務不佳有可能關閉。旋即與德國 BMW 公司合作研製中型之渦輪扇引擎以爭取區間噴射客機市場。RR/ BMW 之產品可分列於下：

BR 700：12,000 磅推力以下 (60 人座以下)

BR 710：14,000 磅推力以上 (75 人座客機)

BR 715：15,000 ～ 22,000 磅推力 (90 ～ 130 人座皆可)

BR 720：20,000 ～ 25,000 磅推力 (120 ～ 140 人座)(仍在紙上作業)

目前 BR 700 已被選爲 Gulfstaeam 5 及加航之 Global Express 之動力設備，BR 710、715 及 720 仍在紙上或研製構想階段，授證時間爲 1995 ～ 1998 年。

BR 系列引擎爲英德合作合資公司負責，市場目前已打開，其下一目標在於爭取區間客機使用之 BR 715 及 BR 720，其成功與否要看其 BR 700 在市場上之反應及表現如何。

④ IAE

IAE 國際引擎公司爲一國際之大組合包含了五個工業國家 (美、日、義、德、英)，各依各國所長負責引擎之一部份，例如日本之川島磨公司負責低壓渦輪機部份 (Low Pressure Turbine)。IAE 目前之產品爲 38,000 磅推力之 IAE 2500 可用於 150 ～ 200 人座之中運量客貨機，目前惟一新引擎設計則爲可供給成長型區間客機用的 23,000 磅左右推力之渦扇引擎，V2500-VID5，但目前仍在紙上作業，認證當在 1998 年以後。

(2) 小型渦扇及渦槳引擎公司

小型渦扇 (Small Turbofan Engine) 係指 3,000 ～ 10,000 磅推力可供 20 ～ 75 人座之通勤客機應用者。小型渦槳 (SmallTurboprop Engine) 係指 1,500 ～ 3,000 馬力可供螺旋槳飛機 (20 ～ 50 人座) 應用者。

① GE

前已言 GE 公司大小引擎皆生產，在小型引擎領域內有：

GT7：1,500 ～ 2,000 馬力 (渦槳引擎)

CF34：8,000 ～ 10,000 磅推力 (渦扇引擎)

CT7 之市場廣大，除商務客機 (Business Jet，4 ～ 19 人座) 外，其直升機市場亦相當好，此引擎由軍用 T700 引擎而來，CF34 早期爲加航之競爭者客機採用 (Challenger Jet)，此引擎亦由軍用引擎衍生而來 (TF34/A10 攻擊機用)。近聞 GE 公司有意提升 CF34 推力至 14,500 磅以因應 130 座之區間客機需求，然目前仍在初步設計階段，認證可能在 1998 年以後。

② PW-Canada

PW 公司在此領域內之代表產品爲其加拿大分部產製之渦槳引擎 PT6A。此引擎市場廣大，且設計良好，市場反應甚佳。PT6A 可提供 2,000 ～ 2,850 馬力。PW-Canada 之 PW200 及 PW 400 系列產量不大，且市場反應不佳。但其 PW120 系列則被廣泛使用。

③ Textron-Lycoming

Lycoming 爲一歷史甚久之小型引擎公司，原爲 Textron 之一部份。其小型渦輪引擎產品甚多，自 500 ～ 2,000 馬力均有型式生產，較著名者爲美國陸軍 M1A1 坦克車之動力設備，出力 1,500 匹馬力之 AGT1500，產量超過 4,000 具，且性能極爲客戶推讚。航空方面有 LF 502 渦扇引擎，有 7,000 磅推力，每架 BAe 146 區間客機採用 4 具。又該公司亦有推力提升計劃，新引擎爲 LF 514，構想爲將來之區間機用，推力爲 15,000 磅。不過目前仍在構想設計階段，認證可能在 1999 年左右。

④ Garrett/Allied Signal

Allied Signal 公司所屬之 Garrett 引擎部門爲一以生產飛機上之輔助動力 (APU-Auxillary Power Unit) 起家之引擎公司，亦爲我國 IDF 機用之 TFE1042 引擎之美國合作夥伴。其小型渦扇引擎以 TFE731 爲代表，每具可產生 3,000 ～ 3,500 磅推力，我國航發中心研製之攻擊教練機 AT3 即採用兩具。又小型渦槳引擎，則以 TPE331-20 爲代表，每具可出力 2,250 匹馬力，廣泛爲通勤客機 (20 人至 60 人座者) 採用，此家引擎公司素以售後服務良好聞名於客戶中，近年 Garette 已收購 Lycoming 公司，小型引擎市場又多一強大力量。

⑤ Allison/GMC

Detroit Allison 爲 General Motor 公司之一部份，但已於今年開始出售，然無人問津而獨立於 GM 外，自成一自負盈虧之企業。Allison 原爲軍用引擎之大戶，近年來漸次伸展至中小型客運航空方面。其渦扇引擎代表作爲 GMA3007，出力可達 7000 磅左右。而其成長型爲 GMA 3014，出力可達 14,500 磅，但仍在紙上作業，認證時期可能排至 2000 年了。去年八月間，英國之 RR 公司已購合併 Allison 公司，仍有可能推出發展新 GMA 3014 引擎以應區間客機 RJX 需求。

⑥ Williams International

此小型引擎公司以生產小型飛彈引擎起家，其小型渦扇引擎可以 FJ44 爲代表，每具出力 2,000 磅爲商務噴射機 (4 ～ 19 人座) 最佳選擇。又較大型之 FJ77 可出力 7,000 ～ 8,000 磅，設計新穎，但認證時期排在 1997 年，尚無市場經驗。FJ44 及 FJ77 皆爲 Williams I. 公司與 Rolls Royce 之合作產品，FJ44 甚受市場歡迎，又 WI 公司以製造小引擎之技術獨步全球。

⑦ APIC

APIC 爲一美 (Sunstrand 公司)、法 (Labinal 公司) 合作之合資公司，並不生產航空動力用之引擎，僅生產航空用之輔助動力系統 APU，提供機上空調，電力及增壓等之動力，因之不在此論 (APU-Auxiliary Power Unit)。

綜上所論，茲列表 A.1 於後顯示可能合作之國際引擎公司，就技術能力、市場、行銷能力及資金充裕度分別加以評估。總分最高的中大型渦扇引擎公司包括奇異、普惠、羅一羅及 BMW/R-R，總分最高之渦槳或小型引擎公司爲普惠 (加拿大 0。這些公司均當爲可爭取合作的對象。

▼ 表 A.1　飛機引擎製造公司評估表

公司名稱	技術能力	市場行銷能力	資金充裕度	綜合
(1) 中大型渦扇引擎				
普惠	3	3	2	3
奇異	3	3	3	3
羅—羅	3	3	2	3
CFM	3	3	3	3
SNECMA	3	2	2	2
IAE	3	2	2	2
tl	2	2	1	2
Allied Signal/Garrett	2	2	2	2
BMW/R-R	3	3	2	3
(2) 渦槳引擎及小引擎				
Allison	2	2	1	2
普惠 (加拿大)	3	3	2	3
奇異	3	2	2	2
Allied Signal/Garrett	3	2	2	2
Williams International	3	2	2	2

評分 (3：理想；2：可以；1：不足)

引擎生產技術包含甚廣，如以推力大小及性能爲主，則涉及整引擎之零組件之設計匹配，製造以及驗證測試諸項技術之優劣。今以 15,000 ～ 20,000 磅推力之高旁通比之渦扇引擎 (High Bypass Ratio Turbofan) 爲例，表 A.2 顯示主要國際公司之技術強弱勢，此表內一些小型引擎公司未計在內，因爲這些小公司並無生產如此大推力引擎經驗而且目前亦無開發新引擎之計劃。此表內列之技術以引擎零組件 (Components) 爲主，但包含了此零組件之設計、分析、製造及測試等技術。

▼ 表 A.2 主要國際引擎公司技術 * 比較

	風扇	壓縮器	燃燒室	渦輪	電子控制
GE/CFM	4	4	4	4	4
PW	3	3	3	3	3
RR/BMW	3	3	3	3	3
IAE	2	2	3	2	3
航發中心	3	3	2	3	1

* 各組件技術爲設計、分析、製造、測試驗證等一系列技術之總稱。
註：4：技術甚爲完備且成熟
3：技術尚可，但需更進一步以臻完美
2：技術不夠成熟，改進之處仍多
1：目前尚付缺如，待開發

除技術比較外，這些主要公司中以 GE/CFM 公司之售後服務爲各客戶稱讚。此亦爲該公司之銷售賣點，又 GE/CFM 公司以高溫冷卻及風扇設計領先群倫有獨到之技術。

二、區間客機引擎比較及評估

區間客機爲一航通勤用之客機可載 80 ～ 140 人而以舒適、中、短程 (傳統航距：500 ～ 2,000 公里；擴大航距可 4,000 公里) 爲號召之客貨機而言，世界航空公司對此類飛機預估在以下 20 年內有 2,600 架之銷售量，因此群雄並起。其間以 BAe 最爲積極，自 1984 年之 BAe 125-800(14 人座) 及 1991 年之 BAe 125-1000(22 人座)，其間又有 1987 年之 BAeATP(64 ～ 72 人) 以及 1991 年之 RJ70(70 人) 和 1992 年之 BAe Jetstream41(41 人座)，其所屬之 AVRO 公司亦有 RJ70、RJ85、RJ100、RJ115 等四型問世。德國之 DASA/Fokker 亦有 –70、–100 等加入競爭。區間客機再向上則爲 Boeing 737 型之 100 ～ 150 人座機，或 MD80/90/95 系列機型，因爲稍大，因此小航空公司皆不願加入競爭，因此 150 人座以上之客機則爲 Boeing、Airbus、MD 三大航空公司壟斷，區間噴射機 (RJ) 除 BAe 及 Fokker 以外，日本亦可能發展 YSX(75 人座)，德國之 DASA 亦有推出全新的 (90 ～ 122 人) 之構想，以及大陸及波音公司亦皆有推出 100 人座客機構想，然近年來航空運輸市場成長快速，50 年代之渦槳引擎推動之 (50 ～ 70 人) 之 Turboprop 中型飛機已不敷使用，現在所要的是較大 (至 120

或 130 人座) 以及用 Turbofan 渦扇引擎推動之中型客機，以應付大航空公司所 (可以 AVRO 擬發展之 RJX 為代表) 之中心幅射 (Hubto Spoke) 及區域航空公司之幅射點對點 (Spoke to Spoke) 的運輸觀念，因此下一代之噴射區間機之基本需求應為：

1. 80 ～ 140 人座。
2. Twin Turbofan Engine(兩具渦扇引擎)。
3. Hub and Spoke 及 Spoke to Spoke 應用 (由大城分散至中小城及中小城之間的客運，並可做大城市間客運的配套機種。
4. 低噪音、低燃油量。
5. 有大客機之舒適及寬敞度。
6. 高可靠度及低維護費用。

因為渦槳引擎之噪音及高耗油量無法達到客戶需求，因此之故區間客機之推動系統應為 15,000 ～ 22,000 磅推力之中型渦扇引擎 (2 具)，以此為準，環顧世界各國之引擎公司有下列產品較為恰當：

1. GE/SNECMA：CFM56-3(23,000 磅推力)。
2. RR/BMW：BR710(15,000 磅)(1996 年認證)。
3. IAE：V2500-A1(D5)(23,500 磅)。
4. 下列引擎尚在構想階段，認證皆在 1998 年以後：
   (1) GE/SNECMA：CFM56-F5(21,000 磅)
   (2) Project Blue：RTF180(20,000 磅)
   (3) GE/SNECMA：CFM88-XS55(19,000 磅)
   (4) Lycoming：LF514(14,500 磅)
   (5) Allison：GMA3014(14,500 磅)
   (6) RR/BMW：BR715(19,500 磅)

上述之 Project Blue 為一國際合資合作集團，包括了 MTU(德)、SNECMA(法)、PW(美)、GE(美) 四個公司，著眼於區間機之引擎市場，推力範圍為 12,000 ～ 23,000 磅，設計推力為 20,000 磅。目前適合我國即時加入合作參與者應為 BR 系列及 Project Blue 之引擎開發工作。但此兩計劃已逐漸形成，其成員皆為引擎界之好手，台灣如要參與恐不能說動對方，我們以什麼技術或好處參與，誠然我們台灣可以負責低壓渦輪、風扇之設計、製造、測試工作，或負責部份開發資金以及市場，如此才有可能讓對方同意台灣加入。筆者認為台灣如要發展民用機引擎，則與大陸合作可以更能快些成功。大陸擬開發之百人座左右區間客機，迄今未決定用何種引擎，且大陸並無中型渦扇引擎研發經驗。不論購買或開發 15,000 ～ 22,000 磅之 Turbo-fan Engine，台灣可以其 TFE 1042 及 TFE 731 之實作經驗，正可出面主導此計劃。一方面在購買之引擎上可爭取較大合作生產之工份 (譬如 BR 715)；一方面在新開發之引擎上可爭取更大的研製參與 (譬如為 140 人座中程客機發展之 BR 720)。而大陸之引擎業也因此而得到較大的發展。

表 A.3 顯示一綜比較上述這些中型渦扇引擎，此表中會有一些仍在紙上作業之引擎， 並無市場經驗以及性能數據， 列於此僅作參考用。

▼ 表 A.3　RJX 可用之渦扇引擎比較 (15,000 ～ 20,000 磅推力渦扇引擎)

引擎名稱	CFM56-F5/C5	CFM88-X555	BR 715	V2500-A1D5
製造商	GE/SNECMA	GE/SNECMA	RR/BMW	IAE
應用	100-150 人座 RJX	80-120RJ/RJX	RJ/RJX	RJX-A320
認證時間	12/1986 FOR-3	EARLY 1997	LATE 1996	MID 1988
耗油率 (SFC)	0.60	0.62	0.57	0.58
起飛推力 (每具 / 磅)	18000-25000	15000-19000	14000-22000	22000-25000
引擎重量 (磅)	4720	3680	3800	5000
扇級數	3	2	2	3
旁通比	5.0	5.8	4.7	5.4
全壓比	30	25	34	30
扇直徑 (英吋)	60	90	95	125
市場反應	良好	尚未服役	尚未服役	尚未服役

RJ：Reginal Jet 區間客機 (100 人座以下)
RJX：Reginal Jet-X 成長型區間客機 (120 人座以上)

Pylon Tail Spoiler Wing Rudder Slat Flap Fuselage Aileron

經國號戰機引擎 TFE1042 研製經驗

TFE1042 是一低通比渦扇引擎 (Low Bypass Ratio Turbofan Engine)，旁通比爲 0.74，具有一三級風扇，然後是 5 級的軸流壓縮機，最後一級即第 6 級爲一徑流式的壓縮機，然後是一環狀的燃燒室，接著就是一高壓渦輪 (一級)，用來轉動壓縮機，及一低壓動力渦輪 (二級) 其輸出軸馬力用來轉動前置的風扇，高低壓渦輪之軸是同心套在一起，即軸中軸之設計，此引擎一共用了五個軸承支座，動力渦輪之後有後燃器，此地再注入燃油可將推力由 5400 磅推高至 9600 磅，最後是一推力噴嘴。與我們在前幾節所談的 LBR Turbofan 引擎沒有兩樣。

原先是利用美國之蓋瑞公司產品 TFE731，利用其核心引擎或是氣體產生器 (Core Engine 或 Gas Generator)，再加上風扇及後燃器，但推力太小 (最大僅 6000 磅上下)，TFE731 爲我國之教練機或攻擊機 AT3 所用 (兩具)TFE 三字代表渦扇引擎之意，即 Turbofan Engine。

因此之故，不採用 TFE731 之核心部份 (如採用則省去不少時間及經費) 而整個引擎從新開始設計，仍然是低旁通比渦扇引擎之造型，其最大推力仍定在 9600 磅。經國號配用兩具，一共有一萬九千二百磅的推力 (後燃器全開)。

研製引擎需要不少的驗證設備，這套設備 (上節已述及) 在民國 73 年已在台中水湳營區建造完成，引擎的試驗主要包括了下列的各種不同目的的試驗，依序爲：

一、全機試驗

1. 性能驗證 (海平面及高空)。
2. 加速任務試驗 (可與可靠度試驗並行)。
3. 生產合格試驗 (凍結設計試驗)。
4. 飛行試驗 (首次及最後)。
5. 耐久試驗。
6. 環境試驗 (側風、冰雹等)。

二、組件試驗

1. 風扇試驗 (包括鳥擊試驗)(台中完成)。
2. 壓縮機試驗 (在美國蓋瑞公司完成)。
3. 燃燒室試驗 (在美國蓋瑞公司完成)。
4. 渦輪試驗 (台中完成)。
5. 後燃器試驗 (在美國蓋瑞公司完成)。
6. 推力噴嘴試驗 (在美國 AEROCA 公司完成)。

首先要做的是組件試驗，這包括了簡單的模型試驗 (Model Test)，可以利用簡單的風洞或水洞作流體力學或空氣動力學上之驗證或問題解答。

全機驗證 (Full Scale Testing) 是將所有主要的組件組合成一首型引擎 (Proto-type Engine) 然後再經過各種不同目的的性能試驗 (PerformanceTesting)，此時經由性能試驗務必求得各組件達成預定的任務及性能。此時可經由工程部門更改設計，求取最佳化之設計，此時之工程上之修改，必須與製造部門合作無間。

加速任務試驗 (Accelerated Mission Test) 簡稱 AMT。這個試驗是在地面上加速試驗模擬引擎在空中機上操作的情形，我們可以在地面上設計一任務循環，例如可以在數秒內加速引擎至設計推力，停留一分鐘或更長，然後數秒內開後燃器至最大推力，停留數分鐘，然後又數秒內減速至慢車 (Idle) 狀況，如此在地面做一循環則相當於引擎在空中操作 100 ～ 150 小時，當然任務循環之設計依引擎應用之機種而異。因此在地面上試驗加速任務循環若干次，即可預估此引擎在空中操作若干小時，依此可以推算此引擎耐久或可靠度，是一種非常有效的試驗。

生產合格試驗，簡稱 MQT(Manufacturing Qualification Test)，這個試驗非常重要，通常在長時間試驗後，必須大拆 (Tear Down)，拆至細小的零件爲止，每一零件必須再做不同目的材料試驗，觀察有無破裂的跡象，以及採取必需的措施，更改設計或重新設計，更改材料或其他方法，因爲這是最後一次工程更改的機會，MQT 試驗後即可預留材料、預購零件、安排生產線及裝配工具設計等工作，此時生產用之夾具與量具也可開始設計了。

飛行試驗 (Flight Test) 可分爲兩部份：

1. IFR(Initial Flight Release) 首次飛試型。
2. FFR(Final Flight Release) 最後飛試型。

飛行試驗首在了解引擎之潤滑及燃油燃燒系統，尤其是在高速及高速 g 力及急轉彎時，引擎之性能如何？

耐久試驗較爲不重要，亦可在引擎服役後做都可以。

我們一共生產了 8 具引擎以應付這些不同目的的試驗，在台中我們一共試驗了 15000 小時各種不同的試驗。今日 TFE1042 引擎在空軍的高妥善率記錄，不是偶然得到的。圖 B-1 及 B-2 表示此引擎之剖面圖，又圖 B-3、B-4 及 B-5 表示此引擎與世界其他先進引擎性能的比較。圖 B-6、B-7、B-8 記錄了這個我國國人自力研製成功的引擎。

▲ 圖 B-1　經國號戰機推進系統 -TFE1042 低旁通比渦扇發動機，推力 9600 磅 (後燃器全開)，美軍軍品編號為 F125

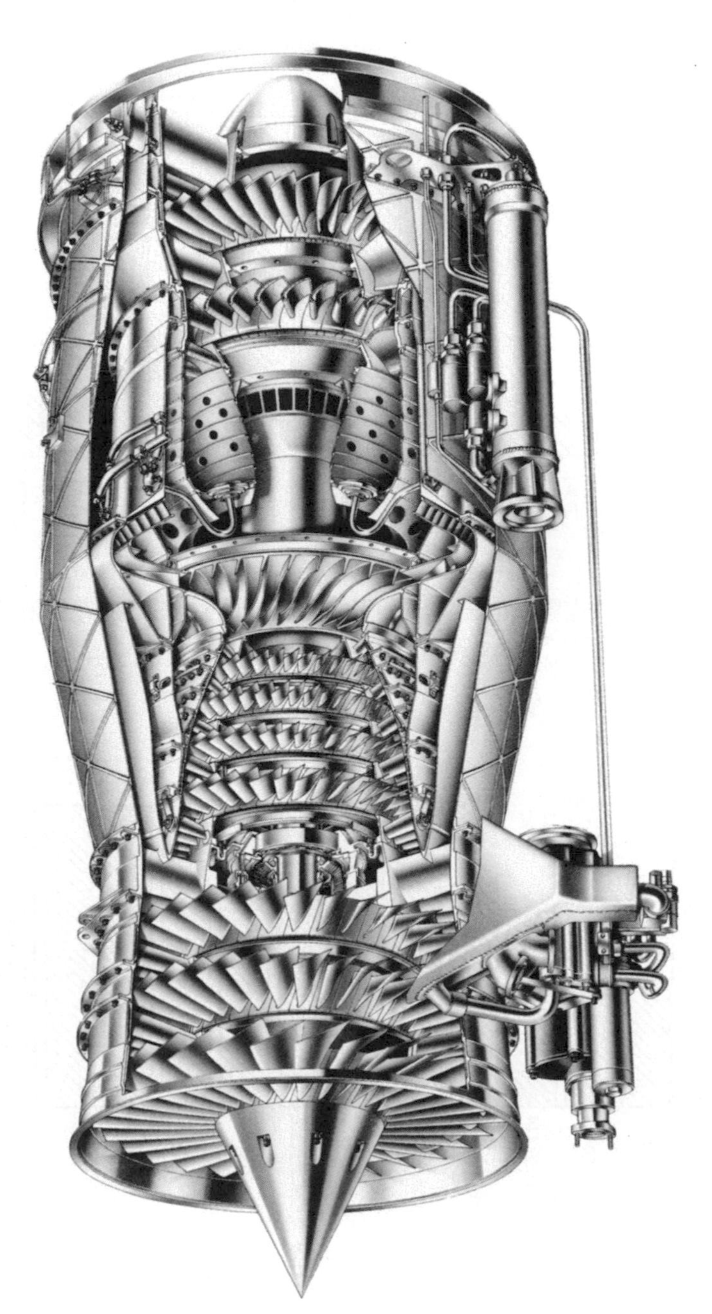

▲ 圖 B-2 經國號戰機之推進系統 -TFE1042 低旁通比渦扇發動機，無後燃器時推力為 5400 磅，(旁通比約為 0.74)，美軍軍品編號為 F124

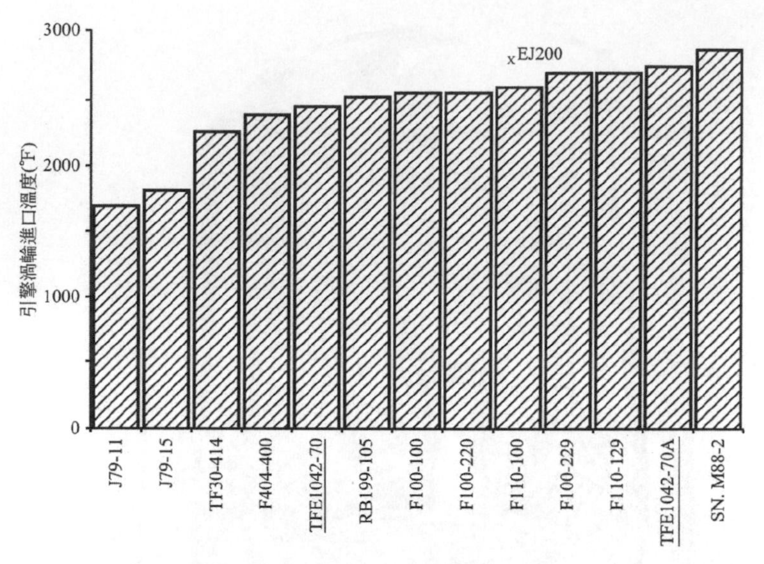

▲ 圖 B-3 TFE1042 引擎與世界其他先進渦扇引擎壓縮比比較 (EJ200 為歐洲戰機新研製之引擎)

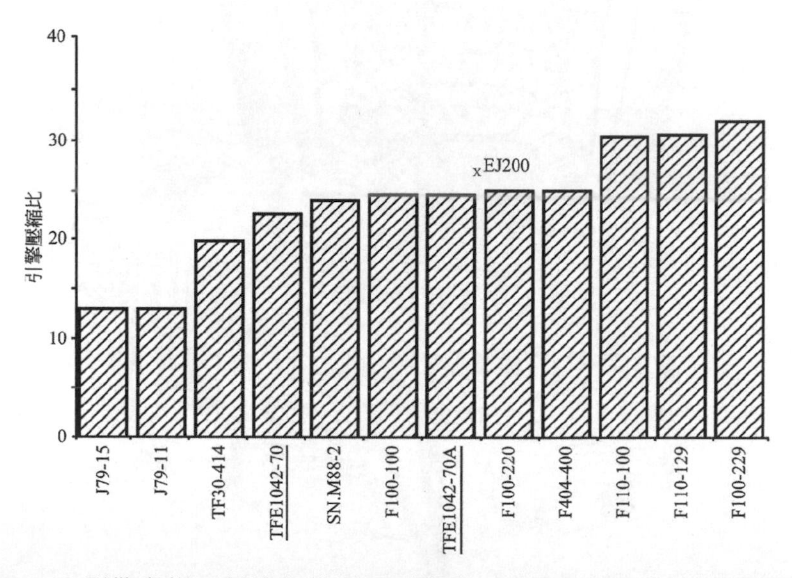

▲ 圖 B-4 TFE1042 引擎與世界其他先進渦扇引擎進口溫度比較 (EJ200 為歐洲戰機新研製之引擎)

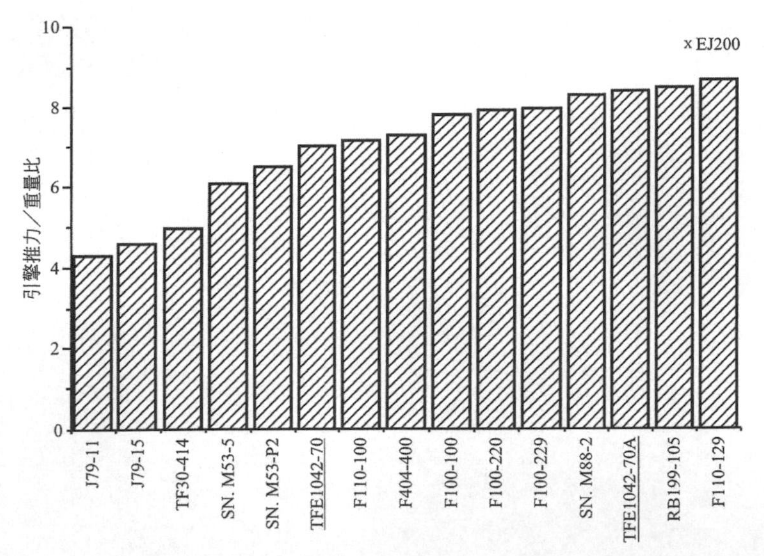

▲ 圖 B-5　TFE1042 引擎與世界其他先進渦扇引擎推力／重量比比較 (EJ200 為歐洲戰機新研製之引擎)

▲ 圖 B-6　本書作者於民國 76 年 8 月向前總統府資政李國鼎先生及前參謀總長郝柏村先生簡報 TFE1042 發動機研製情況

▲ 圖 B-7 美國前國防部長溫伯格 Casper Weiuberger 先生於民國 76 年 7 月參觀 TFE1042 引擎研製情況。圖中背景為引擎置於高空試驗室待試情況

▲ 圖 B-8 前總統李登輝先生及前參謀總長郝柏村先生在 TFE1042 引擎試驗室內聽取本書作者簡報引擎性能試驗情況 (民國 76 年 6 月)

後記

自民國 78 年 TFE1042 引擎研製完成至今日提筆已是 14 年光陰匆匆逝去，猶記當時有提升推力至 12500 磅之建議，筆者當時曾詳加規劃，以當時之設備及科技人力 (設計工程人員約 650 人，多爲中科院第一研究所之優秀工程師，及製造工程人員約 450 人，多爲中科院航發中心引擎製造廠 (岡山) 之工作人員。) 筆者曾向政府建議只要追加預算 3 億美元及再加 3 年的時間，保證可以完成提昇推力的工作，可惜當時政府之主政者已迷惘於 F16 及幻象 2000 戰機之採購，已無意於推力之提升工作。對我國當時唱入雲霄之發展航空工業，無啻當頭棒喝，眼光短拙如此，井蛙之見，誠令人扼腕、沉痛不已。

MEMO

國家圖書館出版品預行編目資料

飛行工程概論 / 夏樹仁編著. – 三版. --
新北市：全華圖書股份有限公司，
2022.09
面 ； 公分
ISBN 978-626-328-309-1(平裝)

1. CST:航空工程 2. CST:航空力學
447.5 111013776

飛行工程概論

作者／夏樹仁
發行人／陳本源
執行編輯／蔣德亮
封面設計／楊昭琅
出版者／全華圖書股份有限公司
郵政帳號／0100836-1 號
印刷者／宏懋打字印刷股份有限公司
圖書編號／0521602
三版一刷／2022 年 09 月
定價／新台幣 420 元
ISBN／978-626-328-309-1(平裝)
全華圖書／www.chwa.com.tw
全華網路書店 Open Tech／www.opentech.com.tw
若您對本書有任何問題，歡迎來信指導 book@chwa.com.tw

臺北總公司(北區營業處)
地址：23671 新北市土城區忠義路 21 號
電話：(02) 2262-5666
傳真：(02) 6637-3695、6637-3696

南區營業處
地址：80769 高雄市三民區應安街 12 號
電話：(07) 381-1377
傳真：(07) 862-5562

中區營業處
地址：40256 臺中市南區樹義一巷 26 號
電話：(04) 2261-8485
傳真：(04) 3600-9806(高中職)
(04) 3601-8600(大專)

得　分

全華圖書

飛行工程概論

課後評量

CH1　飛行史話

班級：

學號：

姓名：

1 試述三角翼的優缺點？

2 試述除課本內容外幾種特殊功能的飛行器？

3 試述協和號客機爲何不再量產而停飛？

4 試述波音797採用機翼機身混和設計的空氣動力優點。

5 試述超音速客機發展歷程。

（請沿虛線撕下）

得 分

飛行工程概論

課後評量

CH2 航空氣象與大氣概況

班級：________

學號：________

姓名：________

1 試說明機身及機翼積冰對飛行的影響。

2 試繪圖說明飛機飛入低空風切(Low-Level Wind Shear或稱微風暴Microburst)前、後對升力的影響？與可能發生的狀況？

3 民航機失事多發生於哪一個飛行階段？

4 試述對流層的區域範圍與特性。

5 試述平流層的區域範圍與特性，與民航客機航行的關聯。

（請沿虛線撕下）

得 分

飛行工程概論

課後評量

Ch3　飛機基本之架構

班級：________________

學號：________________

姓名：________________

1 試述襟翼(Flap)的功能與原理。

2 試述擾流板(Spoiler)的功能。

3 若飛機要穩定控制時，其相對的控制舵面分別為何？試說之。

4 試述輔助動力系統(APU)的主要功能。

5 試述尾翼的功能。

（請沿虛線撕下）

得 分

飛行工程概論

課後評量

Ch4 機翼概論升力與阻力

班級：________

學號：________

姓名：________

1 繪出一典型機翼剖面(airfoil)，標示出“mean camber line”、“camber”、“chord line”及“chord”，並說明各名詞之定義。

2 試述展弦比(Aspect Ratio)與平均空氣動力弦長(Mean Aerodynamic Chord)之定義。

3 試述為何不可以利用伯努利方程式解釋失速(Stall)現象？

4 何謂臨界攻角(Critical Angle of Attack)與臨界馬赫數(Critical Mach Number)，試述二者間的差異(所代表的物理意義)？

5 試述一架飛機以慢速飛行時所受到的阻力有哪些？如果以超音速飛行時，則又有哪些阻力產生？

（請沿虛線撕下）

得 分

飛行工程概論
課後評量
CH5 基本空氣動力學

班級：______________
學號：______________
姓名：______________

1 何謂可壓縮流(compressible flow)與不可壓縮流(incompressible flow)？一般民航機在進行巡航(cruise)飛行時，其機身外面的流場是屬於哪一種？試解釋說明之。

2 試由$P_V = RT$，證明$P = \rho RT$。

3 試完整描述伯努利方程式與靜壓、動壓及全壓之定義。

4 試討論皮氏管(Pitot tube)作爲飛機空速計的工作原理爲何？以及討論其產生誤差的原因，同時如何做修正或校正以減低誤差的方法？

5 試利用伯努利方程式，求出空速$V = \sqrt{\dfrac{2(P_1 - P)}{2}}$之公式。

（請沿虛線撕下）

得 分

飛行工程概論

課後評量

Ch6 風洞與實驗空氣動力學

班級：

學號：

姓名：

1 何謂二維機翼升力理論。

2 請以二維機翼升力理論說明爲何對稱機翼，零升力功角爲0，而不對稱機翼，零升力攻角爲負。

3 請以薄翼理論說明升力與功角的關係。

4 試述對稱機翼升力係數與攻角定性關係，並以薄翼理論說明該圖的特性。

5 請以有限機翼升力理論(三維機翼升力理論)說明升力與展弦比的關係。

（請沿虛線撕下）

得 分

飛行工程概論

課後評量

CH7 飛行器材料

班級：

學號：

姓名：

1 試述飛行器材料的機械性質。

2 試繪圖說明飛行器金屬材料之應力-應變特性。

3 試述飛行器金屬材料之疲勞之問題。

4 試述飛行器複合材料之特性及種類。

5 試述飛行器非破壞性檢驗之種類。

（請沿虛線撕下）

得 分

全華圖書

飛行工程概論

課後評量

CH8 控制與平衡

班級：________________

學號：________________

姓名：________________

1 試述飛機穩定的定義。

2 試說明所謂俯仰(Pitch)、偏航(Yaw)以及滾轉(Roll)之意義。

3 試述飛機飛行時，縱軸(Longitudinal axis)、側軸(Lateral axis)與垂直軸(Vertical axis)的意義。

4 試述上反角保持側軸穩定的原理。

5 試述後掠角保持方向穩定的原理。

(請沿虛線撕下)

得 分

飛行工程概論

課後評量

CH9 推進系統

班級：＿＿＿＿＿＿＿＿

學號：＿＿＿＿＿＿＿＿

姓名：＿＿＿＿＿＿＿＿

1 試述渦輪發動機的種類。

2 試述衝壓噴射發動機的基本架構與渦輪噴射發動機的差異，並討論其爲何不能在靜止狀態中操作運轉。

3 試述渦輪噴射發動機的優缺點。

4 試述壓縮器(發動機)失速的原因與改善方式。

5 試述壓縮器出口氣流進入燃料室參與燃燒所佔比例，並說明其餘氣流的功用。

（請沿虛線撕下）

得 分

飛行工程概論

課後評量

CH10　高速航行及展望

班級：________

學號：________

姓名：________

1 大型客機巡航速度為0.85馬赫，因此機翼均後掠角的設計，請說明此設計的功能與可減少何種阻力？

2 以民航客機波音747及英法合製協和號飛機為例，敘述此二飛機之機頭、機翼、機身及引擎進氣道等外型特徵。就空氣動力學而言，說明為何有此設計上差異？

3 協和號客機自70年代服役後，到目前為止，為何未再有類似協和號商業客機服役？

4 試論述為何高展弦比機翼的飛機在攻角增加時，升力系數會比低展弦比機翼的飛機增加快？

5 試述太空旅遊的發展現況。

（請沿虛線撕下）

（請由此線剪下）

讀者回函卡

掃 QRcode 線上填寫 ▶▶▶

姓名：＿＿＿＿＿＿ 生日：西元＿＿＿＿年＿＿＿月＿＿＿日 性別：□男 □女

電話：（ ）＿＿＿＿＿＿ 手機：＿＿＿＿＿＿

e-mail：（必填）＿＿＿＿＿＿

註：數字零，請用 Φ 表示，數字 1 與英文 L 請另註明並書寫端正，謝謝。

通訊處：□□□□□

學歷：□高中・職 □專科 □大學 □碩士 □博士

職業：□工程師 □教師 □學生 □軍・公 □其他

學校／公司：＿＿＿＿＿＿ 科系／部門：＿＿＿＿＿＿

・需求書類：

□A. 電子 □B. 電機 □C. 資訊 □D. 機械 □E. 汽車 □F. 工管 □G. 土木 □H. 化工 □I. 設計

□J. 商管 □K. 日文 □L. 美容 □M. 休閒 □N. 餐飲 □O. 其他

・本次購買圖書為：＿＿＿＿＿＿ 書號：＿＿＿＿＿＿

・您對本書的評價：

封面設計：□非常滿意 □滿意 □尚可 □需改善，請說明＿＿＿＿＿＿

內容表達：□非常滿意 □滿意 □尚可 □需改善，請說明＿＿＿＿＿＿

版面編排：□非常滿意 □滿意 □尚可 □需改善，請說明＿＿＿＿＿＿

印刷品質：□非常滿意 □滿意 □尚可 □需改善，請說明＿＿＿＿＿＿

書籍定價：□非常滿意 □滿意 □尚可 □需改善，請說明＿＿＿＿＿＿

整體評價：請說明＿＿＿＿＿＿

・您在何處購買本書？

□書局 □網路書店 □書展 □團購 □其他＿＿＿＿＿＿

・您購買本書的原因？（可複選）

□個人需要 □公司採購 □親友推薦 □老師指定用書 □其他＿＿＿＿＿＿

・您希望全華以何種方式提供出版訊息及特惠活動？

□電子報 □DM □廣告（媒體名稱＿＿＿＿＿＿）

・您是否上過全華網路書店？（www.opentech.com.tw）

□是 □否 您的建議＿＿＿＿＿＿

・您希望全華出版哪方面書籍？＿＿＿＿＿＿

・您希望全華加強哪些服務？＿＿＿＿＿＿

感謝您提供寶貴意見，全華將秉持服務的熱忱，出版更多好書，以饗讀者。

填寫日期： / /

2020.09 修訂

親愛的讀者：

感謝您對全華圖書的支持與愛護，雖然我們很慎重的處理每一本書，但恐仍有疏漏之處，若您發現本書有任何錯誤，請填寫於勘誤表內寄回，我們將於再版時修正，您的批評與指教是我們進步的原動力，謝謝！

全華圖書 敬上

勘誤表

書號		書名		作者	
頁數	行數	錯誤或不當之詞句		建議修改之詞句	

我有話要說：（其它之批評與建議，如封面、編排、內容、印刷品質等・・・）